[개정판]

대수·기초해석·조합의 탐구문제들(상)

Prasolov V.V. 지음

한인기 옮김

KyoWooSa 教友社

머릿글

러시아의 유명한 수학자인 Kolmogorov는 ⟨일반적인 수준의 보통 사람들은 좋은 책과 훌륭한 교사의 지도를 통해, 중등학교 수학 교과 내용 뿐만 아니라, 미적분학의 기초까지 완전하게 터득할 수 있는 충분한 재능을 가지고 있다⟩고 하였다. 즉, 대부분의 사람들은 초등수학(고등학교에서 다루는 수학, 대학교에서 다루는 교양수학, 초보적인 전공수학)을 즐기면서 공부하고, 중등학교 및 대학교 수학교육에서 성공할 수 있을만한 충분한 가능성을 가지고 있다.

우리 모두가 아는 것처럼, 수학은 우리 사회에 고유한 문화의 일부분이다. 그러므로, 수학을 배우는 것은 한 개인이 사회의 건전한 일원이 되도록 준비시키는 사회화라고 할 수 있다. 이런 측면에서 보면, 수학교육의 필요성 또는 가치를 부정하는 것은 이 사회의 존속 및 발전을 위협하는 중대한 오류라 할 수 있다.

우리 사회의 수학 및 수학교육을 이끌고 있는 수학자들, 수학교육학자들, 수학교사들, 수학애호가들은 이러한 잘못된 편견을 극복하고, 우리 문화에서 수학의 폭을 넓히고, 많은 사람들이 수학을 접하고, 수학에서 성공의 경험, 긍정적인 정서를 가질 수 있도록 부단히 노력해야 할 것이다.

좋은 책 한 권이 한 사람의 인생을 바꾸듯이, 좋은 수학책 한 권이, 좋은 문제 하나가 수학에 대한 사람들의 생각과 신념을 바꿀 수 있을 것이다. 역자는 이 책이 여러분 독자 개개인의 수학적 생각과 신념을 긍정적으로 바꾸어 주고, 수학적 식견을 넓힐 수 있는 좋은 책이라고 생각한다. 특히, 이 책에는 대수학, 기초해석학, 조합론 분야의 좋은 문제들이 제시되어 있고, 이들 문제를 인내심을 가지고 꾸준히 풀면, 여러분 독자 개개인의 인생이 수학적 인생으로 환하게 빛날 것으로 확신한다.

이 책은 수학을 심화하여 배우고자 하는 고등학생들, 초등수학에 대한 깊은 식견과 문제해결 능력을 갖추고자 하는 수학관련 대학생들, 중등학교 수학과 전공수학의 연결고리를 찾는 수학교사들에게 적합하다. 이 책의 저자인 Prasolov교수는 중등학교 수학과 전공수학의 연결, 초등수학과 고등수학의 연결에 관련된 많은 저술과 논문으로 유명한 러시아의 수학자로, 현재도 왕성한 저술활동을 하고 있다.

이 책은 상, 하의 두 권으로 구성되며, 이들이 기초, 심화와 같은 단계적인 성격을 가지는 것은 아니다. 이 책은 초등수학, 초등수학과 고등수학의 관련성, 고등수학의 초보 등에 관련된 수학 주제들을 39개장으로 구성되어 있으며, 이들 중에서 처음 19개장을 상권으로, 나머지 20개장을 하권으로 하였다. 상권에서는 이차삼항식, 방정식, 나누어떨어짐, 항등식, 유리수와 무리수, 부등식, 합과 곱의 계산, 다항식, 삼각함수, 수학적 귀납법, 조합론, 점화수열, 예들과 조직들, 비둘기집의 원리 및 극단의 원리, 불변량와 반불변량, 논리 등의 주제를 다루었다. 한편, 하권에서는 게임 및 전략, 수체계, 그래프, 복소수, 근호에서 풀리는 방정식들, 수열의 극한, 연속 및 불연속함수, 로그함수와 지수함수, 도함수, 적분, 급수, 수론의 기초, 다항식, 알고리즘과 계산, 함수방정식, 연분수, 평면에서 곡선, 집합론 등의 주제를 다룬다.

이 책에 제시된 문제들에 대해서는 각 장의 끝부분에 ⟨힌트 및 풀이⟩를 두어, 상세한 풀이 또는 문제해결을 위한 개괄적인 방향을 제시하였다. 수학의 학습에 있어, 가장 중요한 것은 여러분 독자 개개인의 힘을 기르는 것이다. 제시된 풀이를 많이 볼수록, 제시된 풀이가 상세할수록, 여러분 독자 개개인에게는 수학적인 힘이 길러지지 않을 것이다. 여러분 독자 개개인이 수학문제의 정글에서 정답의 도움없이 살아남는다면, 진정으로 수학을 즐기면서, 수학을 잘하면서 행복해하는 순간이 올 것이다.

마지막으로, ⟨대수 · 기초해석 · 조합의 탐구문제들⟩의 번역, 출판을 허락해 준 Prasolov교수와 물심양면으로 도와주신 교우사 오판근 사장님께 감사의 말씀을 드린다.

2006년 3월

가좌동 연구실에서 역자씀

차 례(상)

차 례(하)

제 1 장

이차삼항식

제 1 절 이차삼항식의 최소값

1.1. $x > 0$이라 할 때, 부등식 $x + \frac{1}{x} \geq 2$을 증명하여라.

1.2. (a) 부등식 $x(1-x) \leq 1/4$을 증명하여라.
(b) 부등식 $x(a-x) \leq a^2/4$을 증명하여라.

1.3. 0과 1사이에 속하는 양수 a, b, c가 주어졌다. 이때, 부등식 $a(1-b) > 1/4$, $b(1-c) > 1/4$, $c(1-a) > 1/4$은 동시에 성립할 수는 없다는 것을 증명하여라.

1.4. 함수 $f(x) = (x-a_1)^2 + \cdots + (x-a_n)^2$이 최소값을 가지는 x를 구하여라.

1.5. x, y, z는 양수이며, 이들의 합은 1이다. 이때, 다음 부등식을 증명하여라.

$$\frac{1}{x} + \frac{1}{y} + \frac{1}{z} \geq 9$$

1.6. 점 (x_0, y_0)에서 직선 $ax + by + c = 0$까지의 거리 d에 대해, 다음을 증명하여라.

$$d = \frac{|ax_0 + by_0 + c|}{\sqrt{a^2 + b^2}}$$

1.7. 음이 아닌 수들 $a_1, \ldots, a_n$에 대해, $a_1 + \cdots + a_n = a$이 성립한다. 이때, $a_1a_2 + a_2a_3 + \cdots + a_{n-1}a_n \leq a^2/4$을 증명하여라.

제 2 절 판별식

1.8. (a) a, b, c는 실수라 하자. 이때, 다음 이차방정식이 실근을 가진다는 것을 증명하여라.

$$(x-a)(x-b) + (x-b)(x-c) + (x-c)(x-a) = 0$$

(b) 부등식 $(a+b+c)^2 \geq 3(ab+bc+ca)$을 증명하여라.

1.9. 실수 $a_1, \ldots, a_n$, $b_1, \ldots, b_n$에 대해, 다음 부등식을 증명하여라(**Cauchy 부등식**).

$$(a_1b_1 + \cdots + a_nb_n)^2 \leq (a_1^2 + \cdots + a_n^2)(b_1^2 + \cdots + b_n^2)$$

1.10. 만약, $(a+b+c)c < 0$이 성립하면, $b^2 > 4ac$이 성립한다는 것을 증명하여라.

제 3 절 다양한 문제들

1.11. (a) 선분을 두 부분으로 나누려고 한다. 이때, 전체 선분과 긴 선분의 비가 긴 선분과 작은 선분의 비가 되도록 나누면, 그러한 분할을 **황금분할**이라 부른다. 이러한 경우에, 작은 선분과 긴 선분의 비를 구하여라.

(b) 밑변에서의 각이 $72°$인 이등변삼각형의 밑변을 a라 하고, 옆변을 b라 하자. 선분 a, b는 $a+b$의 황금분할이라는 것을 증명하여라.

1.12. 모든 정수 x에 대해 이차삼항식 ax^2+bx+c이 정수값을 가질 필요충분조건은 수 $2a$, $a+b$, c가 정수라는 것임을 증명하여라.

1.13. 방정식 $x^2+ax+b=0$와 $x^2+cx+d=0$은 x_0보다 작은 근을 가지지 않는다. 이때, 방정식 $x^2+\frac{a+c}{2}x+\frac{b+d}{2}=0$도 x_0보다 작은 근을 가지지 않는다는 것을 증명하여라.

1.14. 정수인 계수를 가지는 방정식 $x^2+p_1x+q_1=0, x^2+p_2x+q_2=0$이 정수가 아닌 공통근을 가진다면, $p_1=p_2$이고 $q_1=q_2$임을 증명하여라.

1.15. 임의의 양수 p에 대해, 방정식 $ax^2+bx+c+p=0$의 모든 근이 양의 실수라면, 계수 a는 0임을 증명하여라.

1.16. (a) 모든 정수 x에 대해, 삼항식 ax^2+bx+c은 네제곱수[1]이다. 이때, $a=b=0$임을 증명하여라.
(b) 모든 정수 x에 대해, ax^2+bx+c은 제곱수이다. 이때, $ax^2+bx+c=(dx+e)^2$임을 증명하여라.

1.17. x_1과 x_2는 이차방정식 $x^2+ax+b=0$의 근이고, $s_n=x_1^n+x_2^n$이다. 이때, 다음 등식을 증명하여라.

$$\frac{s_n}{n}=\sum_m(-1)^{n+m}\frac{(n-m-1)!}{m!(n-2m)!}a^{n-2m}b^m$$

단, $0\le m\le n/2$인 모든 정수 m에 대해 합을 구한다(**Waring 공식**).

[1] 어떤 수를 네 제곱하여 얻어지는 수

제 4 절 중간값 정리

이차삼항식에 대한 문제를 풀 때에, 이차삼항식에 대한 중간값 정리를 종종 사용한다: $a \neq 0$인 $f(x) = ax^2 + bx + c$이 주어졌다고 하자. 만약, $f(\alpha)f(\beta) \leq 0$이면, 이차방정식 $ax^2 + bx + c = 0$의 근들 중에서 적어도 한 근이 폐구간 $[\alpha, \beta]$에 속한다.

$f(x) = \varphi(x) - \psi(x)$라 하자. 예를 들어, $\varphi(\alpha) \geq \psi(\alpha)$이고 $\varphi(\beta) \leq \psi(\beta)$라 하면, $\varphi(x_0) = \psi(x_0)$인 점 x_0가 폐구간 $[\alpha, \beta]$에 존재한다.

1.18. 이차삼항식에 대한 중간값 정리를 증명하여라.

1.19. α를 방정식 $x^2 + ax + b = 0$의 근, β를 방정식 $x^2 - ax - b = 0$의 근이라 하자. 이때, 수 α와 β사이에 방정식 $x^2 - 2ax - 2b = 0$의 근이 존재한다는 것을 증명하여라.

1.20. 이차삼항식 $f(x)$는 두 실근을 가지며, 이들의 차는 자연수 $n \geq 2$보다 작지 않다. 이때, 이차삼항식 $f(x) + f(x+1) + \cdots + f(x+n)$이 두 실근을 가진다는 것을 증명하여라.

1.21. 방정식 $ax^2 + bx + c = 0$와 $-ax^2 + bx + c = 0$이 주어졌다. 만약, x_1이 첫 번째 방정식의 근이고 x_2가 두 번째 방정식의 근이면, $x_1 \leq x_3 \leq x_2$ 또는 $x_1 \geq x_3 \geq x_2$을 만족하는 방정식 $\frac{a}{2}x^2 + bx + c = 0$의 근 x_3를 찾을 수 있다는 것을 증명하여라.

1.22. 폐구간 $[-1, 1]$에서 이차삼항식 $f(x) = x^2 + ax + b$의 값들의 절대값은 $1/2$보다 작지 않다는 것을 증명하여라.

1.23. 모든 $|x| \leq 1$에 대해 $|ax^2 + bx + c| \leq 1/2$이면, 모든 $|x| \geq 1$에 대해 $|ax^2 + bx + c| \leq x^2 - \frac{1}{2}$임을 증명하여라.

1.24. $|x| \leq 1$에 대해 $|ax^2 + bx + c| \leq 1$이면, $|x| \leq 1$에 대해 $|cx^2 + bx + a| \leq 2$임을 증명하여라.

제 5 절 이차곡선에 대한 접선 방정식

1.25. 점 (x_0, y_0)에서 이차곡선 $ax^2 + bxy + cy^2 + dx + ey + f = 0$에 대한 접선의 방정식을 구하여라.

1.26. (a) 점 (x_0, y_0)에서 타원(또는 쌍곡선) $ax^2 + by^2 = 1$에 대한 접선의 방정식은 $ax_0x + by_0y = 1$임을 증명하여라.
(b) 점 (x_0, y_0)에서 쌍곡선 $xy = a$에 대한 접선의 방정식은 $x_0y + y_0x = 2a$임을 증명하여라.

제 6 절 종결식

1.27. 이차방정식 $x^2 + p_1x + q_1 = 0$와 $x^2 + p_2x + q_2 = 0$이 공통근(복소수 근도 가능)을 가질 필요충분조건은 $(q_2 - q_1)^2 + (p_1 - p_2)(p_1q_2 - q_1p_2) = 0$ 임을 증명하여라.

참고. 식 $(q_2 - q_1)^2 + (p_1 - p_2)(p_1q_2 - q_1p_2)$을 이차삼항식 $x^2 + p_1x + q_1$과 $x^2 + p_2x + q_2$의 **종결식(resultant)**이라 부른다.

1.28. 수 p_1, p_2, q_1, q_2이 부등식 $(q_2 - q_1)^2 + (p_1 - p_2)(p_1q_2 - q_1p_2) < 0$을 만족시키면, 이차삼항식 $x^2 + p_1x + q_1$과 $x^2 + p_2x + q_2$은 실근들을 가지며, 한 삼항식의 근들 사이에 다른 삼항식의 근이 속한다는 것을 증명하여라.

힌트 및 증명

1.1. 주어진 부등식은 부등식 $x^2 - 2x + 1 \geq 0$, 즉 $(x-1)^2 \geq 0$와 동치이다.

1.2. (a) 이차삼항식 $x^2 - x$은 $x = 1/2$에서 최소값을 가지며, 이때의 최소값은 $-1/4$이다.
(b) 이차삼항식 $x^2 - ax$은 $x = a/2$에서 최소값을 가지며, 이때의 최소값은 $-a^2/4$이다.

1.3. 문제 1.2(b)에 의해, $a(1-a) \le 1/4$, $b(1-b) \le 1/4$, $c(1-c) \le 1/4$이 성립한다. 그러므로, $a(1-b)b(1-c)c(1-a) = a(1-a)b(1-b)c(1-c) \le (1/4)^3$.

1.4. $f(x) = nx^2 - 2(a_1 + \cdots + a_n) + x + a_1^2 + \cdots + a_n^2$이다. 이 이차삼항식은 $x = \frac{a_1+\cdots+a_n}{n}$에서 최소값을 가진다.

1.5. 조건에 의해, $\frac{1}{x} = \frac{x+y+z}{x} = 1 + \frac{y}{x} + \frac{z}{x}$이다. $\frac{1}{y}$와 $\frac{1}{z}$에 대해서도 유사한 식을 생각하자. 문제 1.1에 의해, $\frac{y}{x} + \frac{x}{y} \ge 2$이 성립한다. 이로부터, 증명하려는 부등식을 얻을 수 있다.

1.6. 점 (x, y)가 직선 $ax + by + c = 0$에 속한다고 하자. 그러면, $y = -\frac{ax+c}{b}$이므로,

$$(x - x_0)^2 + (y - y_0)^2 = (x - x_0)^2 + \left(\frac{ax + c}{b} + y_0\right)^2 =$$
$$= \frac{a^2 + b^2}{b^2} x^2 + 2\left(-x_0 + \frac{ac}{b^2} + \frac{ay_0}{b}\right) x + x_0^2 + \frac{c^2}{b^2} + \frac{2cy_0}{b} + y_0^2.$$

얻어진 이차삼항식의 최소값은 다음과 같다.

$$-\frac{b^2}{a^2 + b^2}\left(-x_0 + \frac{ac}{b^2} + \frac{ay_0}{b}\right)^2 + x_0^2 + \frac{c^2}{b^2} + \frac{2cy_0}{b} + y_0^2 = \frac{(ax_0 + by_0 + c)^2}{a^2 + b^2}.$$

1.7. $x = a_1 + a_3 + a_5 + \ldots$라 하자. 그러면, $a - x = a_2 + a_4 + a_6 + \ldots$ 그러므로, 문제 1.2에 의해, 다음이 성립한다.

$$a^2/4 \ge x(a - x) = (a_1 + a_3 + a_5 + \ldots)(a_2 + a_4 + a_6 + \ldots) \ge$$
$$\ge a_1a_2 + a_2a_3 + \cdots + a_{n-1}a_n.$$

1.8. (a) $a \le b \le c$라 하자. 그러면, $x = b$인 경우에 방정식의 좌변은 $(b-c)(b-a) \le 0$인 값을 가진다. 그리고, 아주 큰 x에 대해 좌변이 양의 값을 가지므로, 방정식은 실근을 가진다.

(b) (a)에서 살펴본 방정식의 판별식이 음이 아니라는 것을 생각하면 된다.

1.9. 이차삼항식 $(a_1x + b_1)^2 + \cdots + (a_nx + b_n)^2$은 모든 x에 대해 음이 아니므로, 이것의 판별식은 양이 아니다. 판별식을 계산하면, 구하는 것을 얻을 수 있다.

1.10. 이차삼항식 $f(x) = x^2+bx+ac$을 생각하자. 조건에 의해, $f(c) < 0$이다. x^2의 계수가 양수이므로, 이 이차삼항식은 두 실근을 가진다. 결국, 이차삼항식의 판별식 $D = b^2-4ac$은 양수이다.

1.11. (a) 답: $\frac{\sqrt{5}-1}{2}$.
선분을 길이가 y, z인 두 부분으로 나누었다고 하자($y < z$). 구하는 값을 x라 하면 황금분할이 될 필요충분조건은 $\frac{y}{z} = \frac{z}{y+z} = x$이다. 이로부터, x에 대한 방정식 $x(x+1) = \frac{y}{z}\frac{y+z}{z} = 1$을 얻을 수 있다. 방정식을 풀어서 음의 근을 버리면, $x = -\frac{1}{2} + \frac{\sqrt{5}}{2}$이 된다.

(b) ABC를 각이 $\angle A = 36°$, $\angle B = \angle C = 72°$인 삼각형이라 하자. 그리고, $a = BC$, $b = AC$라 하자. 이제, 삼각형에 각의 이등분선 BK를 긋자. 그러면, $\angle KBC = 36°$이므로, 삼각형 BCK는 밑변에서의 각이 $72°$인 이등변삼각형이 된다. 게다가, $\angle ABK = 36° = \angle BAK$이므로, $AK = BK$이다. 즉, $KC = b - a$이므로, 등식 $\frac{AB}{BC} = \frac{BC}{KC}$을 $\frac{b}{a} = \frac{a}{b-a}$와 같이 쓸 수 있다. 이로부터, $b^2 - ba = a^2$이다. 결국, $\frac{a+b}{b} = \frac{b}{a}$이다.

1.12. 모든 정수 x에 대해, 이차삼항식 $f(x) = ax^2 + bx + c$이 정수값을 가진다고 가정하자. 그러면, $f(0) = c$는 정수이다. 그리고, 수 $f(\pm 1) - c = a \pm b$도 정수이다. 즉, 수 $2a = (a + b) + (a - b)$는 정수가 된다.

이제, 수 $2a$, $a + b$, c가 정수라고 가정하자. 그러면, 수 $x(ax + b)$는 모든 짝수 x에 대해 정수가 된다. 그리고, 만약 $x = 2k + 1$이면, 수 $ax + b = 2ka + a + b$는 정수가 된다.

1.13. 조건으로부터, $x \geq x_0$이면, $x^2 + ax + b > 0$와 $x^2 + cx + d > 0$이 유도된다. 그러므로, 만약, $x \geq x_0$이면, $2x^2 + (a + c)x + (b + d) > 0$이다.

1.14. 만약, 정수인 계수를 가지는 방정식 $x^2+p_1x+q_1 = 0$이 정수가 아닌 근 x_1을 가지면, 이 근은 무리수가 된다. 실제로, $x_1 = m/n$을 기약분수라 하자. 그러면, $m^2+p_1mn+q_1n^2 = 0$이고, 이로부터 m^2은 n으로 나누어 떨어진다. 그리고, 가정에 의해, 수 m과 n은 서로소이다. 결국, 수 x_1은 정수이다.

이와 같이, 주어진 방정식들은 공통근 $x_1 = a + \sqrt{b}$을 가지며(a와 b는 유리수), 수 $\sqrt{b}$는 무리수이다. Viete의 정리에 의해, 첫 번째 방정식의 두 번째 근은 $-p_1 - a - \sqrt{b}$이고, 이때 $q_1 = (a+\sqrt{b})(-p_1-a-\sqrt{b})$이다. 결국, $q_1 = (-p_1-2a)\sqrt{b}+r$이고, 이때 수 $r = -ap_1-a^2-b$은 유리수이다. 그러므로, $p_1 = -2a$이고, $q_1 = (a + \sqrt{b})(a - \sqrt{b}) = a^2 - b$이다. 같은 방법으로, 수 p_2, q_2에 대해, 같은 식들을 얻는다.

1.15. $a > 0$이라 가정하자. 그러면, 큰 양수 p에 대해, 판별식 $D = b^2 - 4ac - 4ap$은 음이다. 그러므로, 주어진 방정식은 실근을 가지지 않는다. $a < 0$라 가정하자. 그러면, 큰 양수 p에 대해, 근들의 곱은 $\frac{c+p}{a}$이 되며, 이것은 음이다.

1.16. (a) $a \geq 0$과 $c \geq 0$이 성립한다. $1, 2, \ldots, n$인 x값들을 생각하자. 만약, 수 a와 b중의 하나가 0이 아니라면, 삼항식 $ax^2 + bx + c$은 x값들에 대해 최소한 $n/2$개의 서로 다른 값들을 가진다. 이들 값은 0과 $an^2 + |b|n + c$사이에 속한다. 한편, 0과 $an^2 + |b|n + c$사이에 포함된 서로 다른 네제곱수의 개수는 $\sqrt[4]{an^2 + |b|n + c} + 1$을 넘지 않는다. 그러므로, $\sqrt[4]{an^2 + |b|n + c} + 1 \geq n/2$, 즉 $an^2 + |b|n + c \geq \left(\frac{n}{2} - 1\right)^4$이다. 아주 큰 n에 대해, $(n/2)^4$은 an^2보다 아주 큰 값이 되므로, 부등식은 성립할 수 없다.

(b) $f(x) = \sqrt{ax^2 + bx + c}$라 하자. 그러면,

$$f(x+1) - f(x) = \frac{\big(f(x+1)\big)^2 - \big(f(x)\big)^2}{f(x+1) + f(x)} = \frac{a(2x+1) + b}{f(x+1) + f(x)},$$

이므로, $\lim_{x \to \infty}\big(f(x+1) - f(x)\big) = \sqrt{a}$이 성립한다. 정수 x에 대해, $f(x+1) - f(x)$은 정수이다. 그러므로, $\sqrt{a} = d$이다(단, d는 정수). 게다가, 정수 $x \geq x_0$에 대해, 차 $f(x+1) - f(x)$는 극한값 d와 같아야 한다. $y = x_0 + n$라 놓자. 그러면, 모든 자연수 n에 대해 $f(y) = f(x_0) + nd$이다. 이와 같이, 모든 $y = x_0 + n$(단, n은 자연수)에 대해, 다음이 성립한다.

$$ay^2 + by + c = \big(f(x_0) + nd\big)^2 = \big(dy - dx_0 + f(x_0)\big)^2$$

이러한 등식은 모든 y에 대해 성립한다. 결국, $d = \sqrt{a}$이고 $e = f(x_0) - dx_0$이다(x_0는 임의의 정수).

1.17. Viete의 정리에 의해, $x_1 + x_2 = -a$이고 $x_1 x_2 = b$이다. $n = 1$과 $n = 2$에 대해 증명하려는 등식은 $x_1 + x_2 = -a$, $\frac{1}{2}(x_1^2 + x_2^2) = \frac{1}{2}a^2 - b$와 같은 형태가 된다. 두 번째 등식은 쉽게 확인될 수 있다. 이제, 증명하려는 등식이 $n-1$을 넘지 않는 모든 자연수에 대해 증명되었다고 가정하자($n \geq 3$). 그러면, 다음이 성립한다.

$$\frac{s_n}{n} = \frac{1}{n}(-as_{n-1} - bs_{n-2}) = \frac{n-1}{n}\sum_m (-1)^{n+m}\frac{(n-m-2)!}{m!(n-2m-1)!}a^{n-2m}b^m +$$
$$+ \frac{n-2}{n}\sum_m (-1)^{n+m-1}\frac{(n-m-3)!}{m!(n-2m-2)!}a^{n-2m-2}b^{m+1}.$$

$m+1$을 m으로 바꾸면, 두 번째 합을 다음과 같이 쓸 수 있다.

$$\frac{n-2}{n}\sum_m (-1)^{n+m}\frac{(n-m-2)!}{(m-1)!(n-2m)!}a^{n-2m}b^m.$$

이제,

$$\frac{(n-m-2)!(n-1)}{m!(n-2m-1)!n}+\frac{(n-m-2)!(n-2)}{(m-1)!(n-2m)!n}=$$
$$=\frac{(n-m-2)!}{(m-1)!(n-2m-1)!n}\left(\frac{n-1}{m}+\frac{n-2}{n-2m}\right)=\frac{(n-m-1)!}{m!(n-2m)!}.$$

결국, 증명하려는 등식을 얻게 된다.

1.18. 만약, 이차삼항식이 근을 가지지 않는다면, 삼항식의 모든 값들은 같은 부호를 가질 것이다. 만약, 이차삼항식이 정확히 하나의 근을 가지면, 삼항식의 값들은 모두 음이 아니거나 또는 모두 양이 아니다. 만약, 이차삼항식이 근 x_1, x_2를 가지면($x_1 < x_2$), $x < x_1$에서의 삼항식의 값들과 $x > x_2$에서의 값들은 같은 부호를 가진다. 그리고, $x_1 < x < x_2$에서는 서로 다른 부호의 값들을 가진다. 그러므로, 만약 이차삼항식이 두 점에서 다른 부호의 값을 가지면, 이들 점사이에 x_1 또는 x_2가 놓여있게 된다.

1.19. $f(x) = x^2 - 2ax - 2b$라 하자. 조건에 의해, $\alpha^2 = -a\alpha - b$이고, $\beta^2 = a\beta + \beta$이므로, $f(\alpha) = \alpha^2 + 2\alpha^2 = 3\alpha^2$, $f(\beta) = \beta^2 - 2\beta^2 = -\beta^2$이다. 결국, $f(\alpha)f(\beta) \le 0$이다. 그러므로, 이차방정식 $x^2 - 2ax - 2b = 0$의 적어도 한 근이 폐구간 $[\alpha, \beta]$에 속한다.

1.20. 이차삼항식 $f(x)$이 실근 x_1과 $x_2 = x_1+n+a$을 가진다고 하자($a \ge 0$). 편의상, x^2의 계수가 양수라고 하자. 이제, $x_0 = x_1 + \frac{a}{2}$라 놓자. 그러면, $x_0 \ge x_1$이고, $x_0+n \le x_2$이다. 그러므로, $f(x_0)+f(x_0+1)+\cdots+f(x_0+n) < 0$이 성립한다. 이차삼항식 $f(x)+\cdots+f(x+n)$에서 x^2의 계수가 양수이므로, 충분히 큰 x에 대해, 삼항식은 양수값을 가진다.

1.21. $x = x_1$과 $x = x_2$에서 삼항식 $\frac{a}{2}x^2 + bx + c$은 각각 $-ax_1^2/2$, $3ax_2^2/2$을 값으로 가진다. 그런데, 이들 값은 서로 다른 부호이므로, 삼항식의 근들 중의 하나는 x_1과 x_2사이에 속한다.

1.22. $|x| \le 1$에 대해 $|f(x)| < 1/2$이라고 가정하자. 점 $\pm1, 0$에서 이차삼항식 $g(x) = x^2 - \frac{1}{2}$은 $1/2$, $-1/2$을 값으로 가진다. 그러므로, $f(\pm1) < g(\pm1)$이고, $f(0) > g(0)$이다. 즉, 함수 f와 g의 그래프는 적어도 두 점에서 교차한다: 이들 점의 하나는 폐구간 $[-1, 0]$에 속하고, 다른 점은 $[0, 1]$에 속한다.

함수 f와 g의 그래프가 오직 한 점에서 교차한다는 것을 보이자. 등식 $x^2 + ax + b = x^2 - \frac{1}{2}$로부터, $ax + b = -\frac{1}{2}$이 유도된다. 특히, 조건 $f(0) > g(0)$은 $b \ne -1/2$을 의미한다.그러므로, 방정식 $ax + b = -\frac{1}{2}$은 유일한 해를 가진다.

1.23. 부등식 $ax^2+bx+c \le x^2-\frac{1}{2}$을 증명하면 된다(다항식 $-ax^2-bx-c$에 대해 유사한 부등식을 사용할 수 있음). $f(x) = ax^2+bx+c$, $g(x) = x^2-\frac{1}{2}$라 하자. 그러면, $f(0) \ge g(0) = -1/2$이고, $f(\pm 1) \le g(\pm 1) = 1/2$이다. 그러므로, 함수 f와 g의 그래프는 폐구간 $[-1,1]$에서 두 개의 공통점을 가지지만, 두 개보다 많은 공통점은 가질 수 없다(f와 g가 항상 겹치지 않는 경우에).

만약, $f(\pm 1) < g(\pm 1)$이면, 부등식 $f(x) < g(x)$은 $|x| \ge 1$인 경우에 성립할 것이다. $f(1) = g(1)$ 또는 $f(-1) = g(-1)$인 경우를 좀더 자세히 살펴볼 필요가 있다. 예를 들어, $f(1) = g(1)$이고, 충분히 1에 가까운 모든 x에 대해 $f(x) \ge g(x)$이면, 원치않는 결과가 발생할 수 있다. 이때, $x \ne 1$에 대해 이차삼항식 $f(x)-g(x)$은 양의 값이다. 특히, $f(-1) > g(-1)$인데, 이것은 불가능하다.

1.24. 문제 1.23에 의해, $|y| \ge 1$에 대해 $|ay^2+by+c| \le 2y^2-1$이다. 그러면, $y=1/x$이라 두면, $|y| \ge 1$, 즉 $0<|x| \le 1$에 대해, 다음이 성립한다.

$$|cx^2+bx+a| = \frac{1}{y^2}|ay^2+by+c| \le \frac{1}{y^2}(2y^2-1) \le 2$$

0에 가까운 모든 x에 대해, 부등식이 성립하므로, $x=0$에 대해 부등식이 성립한다.

1.25. 점 (x_0, y_0)이 이차곡선 $ax^2+bxy+cy^2+dx+ey+f=0$에 속한다고 가정하자. 점 (x_0, y_0)을 지나는 임의의 직선은 방정식 $y-y_0 = k(x-x_0)$으로 표현된다(또는 방정식 $x=x_0$). 직선과 이차곡선의 두 번째 교점을 구하자. 이를 위해, 직선의 방정식을 이차곡선의 방정식에 대입하고(즉, 이차곡선의 방정식에서 y 대신에 $k(x-x_0)+y_0$을 대입), x^2과 x의 계수 A, B를 계산하자(상수항 C에 대해서는 고려하지 않을 것임).

$$\begin{aligned} A &= a+bk+Ck^2; \\ B &= -bkx_0+by_0-2ck^2x_0+2cky_0+d+ke. \end{aligned}$$

직선이 이차곡선에 대한 접선일 필요충분조건은 직선이 이차곡선과 오직 한 점 (x_0, y_0)에서 교차하는 것이다[2]. 이 조건은 $2x_0 = -B/A$와 동치이며, 즉 $k(bx_0+2cy_0+e) = -(2ax_0+by_0+d)$이다. 이처럼, 접선의 방정식은 다음과 같은 꼴이다.

$$(x-x_0)(2ax_0+by_0+d)+(y-y_0)(bx_0+2cy_0+e) = 0.$$

[2] 이 설명은 완전히 정확한 것은 아니다. 예를 들어, 직선 $x=x_0$와 $y=y_0$은 쌍곡선 $xy=1$와 한 점에서 교차하지만, 접선은 아니다. 그러나, 실제로 이들 직선은 무한히 멀리떨어진 점에서 쌍곡선과 또 교차한다. 무한히 떨어진 점을 고려하면, 설명은 옳은 것이 된다.

조건에 의해, 점 (x_0, y_0)은 이차곡선에 속한다. 즉, $ax_0^2 + bx_0y_0 + cy_0^2 + dx_0 + ey_0 + f = 0$이 성립한다. 이 등식을 이용하면, 접선의 방정식을 다음과 같은 다른 꼴로 나타낼 수 있다.

$$(2ax_0 + by_0 + d)x + (bx_0 + 2cy_0 + e)y + dx_0 + ey_0 + 2f = 0.$$

1.26. 문제 1.25로부터 곧바로 유도된다.

1.27. x_1을 주어진 방정식들의 공통근이라 하자. 한 방정식에서 다른 방정식을 빼면, $(p_1 - p_2)x_1 = q_2 - q_1$을 얻을 수 있다. 만약, $p_1 = p_2$이면, $q_1 = q_2$이다. 만약, $p_1 \neq p_2$이면, $x_1 = \frac{q_2 - q_1}{p_1 - p_2}$이다. x_1에 대한 이 식을 두 이차삼항식들 중의 하나에 대입하면, 구하는 관계식을 얻을 수 있다. $p_1 = p_2$, $q_1 = q_2$인 경우에도 이 관계식은 성립한다.

역으로, $(q_2 - q_1)^2 + (p_1 - p_2)(p_1q_2 - q_1p_2) = 0$라 하자. 만약, $p_1 = p_2$이면, $q_1 = q_2$이고, 이때 방정식들은 공통근을 가지므로 일치한다. 만약, $p_1 \neq p_2$이면, $x_1 = \frac{q_2 - q_1}{p_1 - p_2}$라 하자. 쉽게, $x_1^2 + p_1x_1 + q_1 = 0$, $x_1^2 + p_2x_1 + q_2 = 0$을 확인할 수 있다.

1.28. 조건으로부터, $p_1 \neq p_2$이 유도된다. 이제, $x_1 = \frac{q_2 - q_1}{p_1 - p_2}$라 두자. 그러면, 다음이 성립한다.

$$x_1^2 + p_1x_1 + q_1 = x_1^2 + p_2x_1 + q_2 = \frac{(q_2 - q_1)^2 + (p_1 - p_2)(p_1q_2 - q_1p_2)}{(p_1 - p_2)^2} < 0$$

이것은 함수 $f_1(x) = x^2 + p_1x + q_1$와 $f_2(x) = x^2 + p_2x + q_2$의 그래프가 한 점 (x_1, y_1)에서 교차한다는 것을 의미한다$(y_1 < 0)$. 그러한 경우에 이차삼항식 $x^2 + p_1x + q_1$과 $x^2 + p_2x + q_2$는 실근들을 가지며, 한 삼항식의 근들 사이에 다른 삼항식의 근이 속한다.

제 2 장

방정식

제 1 절 변수들의 치환

2.1. 다음 방정식을 풀어라.

$$(x^2 - x - 1)^3 + (x^2 - 3x + 2)^3 = (2x^2 - 4x + 1)^3$$

2.2. 방정식 $x^4 + ax^3 + bx^2 + ax + 1 = 0$을 풀어라.

2.3. 방정식 $x^4 + ax^3 + bx^2 - ax + 1 = 0$을 풀어라.

2.4. 방정식 $x^4 + ax^3 + (a+b)x^2 + 2bx + b = 0$을 풀어라.

2.5. 다음 방정식을 풀어라.

$$\frac{1}{x^2} - \frac{1}{(x+1)^2} = 1$$

제 2 절 근들의 어림

2.6. $a > 1$인 경우에, 다음 방정식을 풀어라.

$$\frac{(x^2-x+1)^3}{x^2(x-1)^2} = \frac{(a^2-a+1)^3}{a^2(a-1)^2}$$

2.7. 다음 방정식을 풀어라.

$$1 - \frac{x}{1} + \frac{x(x-1)}{2!} - \cdots + (-1)^n \frac{x(x-1)\ldots(x-n+1)}{n!} = 0$$

2.8. $n > 1$을 자연수라 하자. 방정식 $x^n - nx + n - 1 = 0$의 양수인 모든 해를 구하여라.

제 3 절 근호를 가진 방정식

문제 2.9–2.15에서 제곱근의 값은 음이 아닌 것으로 가정하고, 실수인 근들만을 생각하자.

2.9. 방정식 $\sqrt{2x-6} + \sqrt{x+4} = 5$을 풀어라.

2.10. 다음 방정식을 풀어라.

$$\sqrt[m]{(1+x)^2} - \sqrt[m]{(1-x)^2} = \sqrt[m]{1-x^2}$$

2.11. 다음 방정식을 풀어라.

$$3\sqrt{x^2-9} + 4\sqrt{x^2-16} + 5\sqrt{x^2-25} = \frac{120}{x}$$

2.12. 방정식 $x + \sqrt{3+\sqrt{x}} = 3$을 풀어라.

2.13. 방정식 $\sqrt{a-\sqrt{a+x}}=x$을 풀어라.

2.14. 다음 방정식을 풀어라.

$$\sqrt{x+3-4\sqrt{x-1}}+\sqrt{x+8-6\sqrt{x-1}}=1$$

2.15. 임의의 실수 p에 대해, 방정식 $\sqrt[3]{1-x}+\sqrt[3]{1+x}=p$을 풀어라.

제 4 절 다양한 문제들

2.16. 다음 방정식을 풀어라.

$$|x+1|-|x|+3|x-1|-2|x-2|=x+2$$

2.17. 방정식 $x^3-[x]=3$을 풀어라. 단, $[x]$는 x를 넘지않는 최대 정수를 의미한다.

힌트 및 증명

2.1. $u=x^2-x-1$, $v=x^2-3x+2$라 놓자. 그러면, 주어진 방정식을 $u^3+v^3=(u+v)^3$, 즉 $3uv(u+v)=0$와 같이 쓸 수 있다. 이제, 세 이차방정식 $x^2-x-1=0$, $x^2-3x+2=0$, $2x^2-4x+1=0$을 풀면 된다.

2.2. $y=x+\frac{1}{x}$로 치환하면 된다.

2.3. $y=x-\frac{1}{x}$로 치환하면 된다.

2.4. $y=\frac{1}{x}+\frac{1}{x^2}$로 치환하면 된다.

2.5. 이 방정식은 방정식 $x^4 + 2x^3 + x^2 - 2x - 1 = 0$와 동치이다. 문제 2.4에서 $a = 2$, $b = -1$인 경우에 방정식이 그러한 형태를 취한다.

2.6. x를 $1/x$ 또는 $1-x$로 치환해도 유리함수 $R(x) = \frac{(x^2-x+1)^3}{x^2(x-1)^2}$는 변함이 없다. 그러므로, 문제에서의 방정식은 근으로 a, $1/a$, $1-a$, $1/(1-a)$, $1-\frac{1}{a}$, $a/(1-a)$을 가진다. $a > 1$인 경우에 이들 여섯 개의 수는 서로 다르다. 방정식이 6차이므로, 방정식은 6개보다 많은 근을 가질 수 없다.

2.7. 답: $x = 1, 2, \ldots, n$.
등식
$$1 - \frac{k}{1} + \frac{k(k-1)}{2!} - \cdots + (-1)^k \frac{k(k-1)\ldots 2\cdot 1}{k!} = (1-1)^k = 0$$
은 수 $k = 1, 2, \ldots, n$이 주어진 방정식의 근임을 의미한다. 방정식의 차수가 n이므로, 방정식은 n개보다 많은 근을 가질 수 없다.

2.8. 답: $x = 1$.
$x^n - nx + n - 1 = (1 + x + \cdots + x^{n-1} - n)(x-1)$이 성립한다. 만약, $x > 1$이면, $1 + x + \cdots + x^{n-1} - n > 0$이고, $0 < x < 1$이면, $1 + x + \cdots + x^{n-1} - n < 0$이다.

2.9. $y = \sqrt{x+4}$라 놓자. 그러면, $x = y^2 - 4$이므로, $2x - 6 = 2y^2 - 14$이다. 이와 같이, 방정식 $\sqrt{2y^2 - 14} + y = 5$을 얻을 수 있다. y를 우변으로 이항하고, 양변을 제곱하자. 그러면, 방정식 $y^2 + 10y - 39 = 0$을 얻게 된다. 이 방정식의 근은 3과 -13이다. 그리고, $y \geq 0$이므로, 근은 $y = 3$이며, 이때 $x = 5$이다. 쉽게, $x = 5$가 주어진 방정식의 근이 됨을 확인할 수 있다.

2.10. $x \neq \pm 1$이다. 그러므로, 방정식의 양변을 $\sqrt[m]{1-x^2} = \sqrt[m]{(1-x)(1+x)}$으로나누자. 그러면, 다음 방정식을 얻을 수 있다.
$$\sqrt[m]{\frac{1+x}{1-x}} - \sqrt[m]{\frac{1-x}{1+x}} = 1$$
이제, $z = \sqrt[m]{\frac{1+x}{1-x}}$라 놓자. 그러면, z에 대한 이차방정식 $z^2 - z - 1 = 0$을 얻는다. 이로부터, $z = \frac{1\pm\sqrt{5}}{2}$이고, 이때 $x = \frac{z^m - 1}{z^m + 1}$이다.

2.11. x를 크게 하면 좌변의 식은 증가되며, 우변의 식은 감소된다. 그러므로, 방정식은 하나보다 많지 않는 해를 가진다. 쉽게, $x = 5$가 해임을 확인할 수 있다.

2.12. 만약, $x > 1$이면, $x + \sqrt{3 + \sqrt{x}} > 3$이고, $x < 1$이면, $x + \sqrt{3 + \sqrt{x}} < 3$이다. 이제, 근 $x = 1$만이 남는다.

2.13. 제곱근호를 없애면, 방정식 $x^4 - 2ax^2 - x + a^2 - a = 0$을 얻을 수 있다. 이 방정식은 a에 대한 이차방정식이다. 이것을 풀면, 해 $a = x^2 + x + 1$, $a = x^2 - x$를 구할 수 있다. 이제, x에 대한 이들 이차방정식을 풀면, 다음과 같은 네 개의 해를 얻을 수 있다.

$$x_{1,2} = -\frac{1}{2} \pm \sqrt{a - \frac{3}{4}}; \quad x_{3,4} = \frac{1}{2} \pm \sqrt{a + \frac{1}{4}}$$

2.14. 답: $5 \leq x \leq 10$.
$x + 3 - 4\sqrt{x-1} = (\sqrt{x-1} - 2)^2$, $x + 8 - 6\sqrt{x-1} = (\sqrt{x-1} - 3)^2$임을 생각하자. 그러면, 처음 방정식을 다음과 같이 쓸 수 있다.

$$|\sqrt{x-1} - 2| + |\sqrt{x-1} - 3| = 1$$

단, 모든 근을 양수라고 하자. 이제, 모든 가능한 경우를 차례로 생각하자.

(1) $\sqrt{x-1} - 2 \geq 0$이고 $\sqrt{x-1} - 3 \geq 0$, 즉 $x \geq 10$. 이러한 경우에, 방정식은 유일한 해 $x = 10$을 가진다.

(2) $\sqrt{x-1} - 2 \geq 0$이고 $\sqrt{x-1} - 3 \leq 0$, 즉 $5 \leq x \leq 10$. 이러한 경우에는 항등식을 얻게 된다. 즉, $5 \leq x \leq 10$이면, x는 주어진 방정식의 근이다.

(3) $\sqrt{x-1} - 2 \leq 0$이고 $\sqrt{x-1} - 3 \leq 0$, 즉 $x \leq 5$. 이러한 경우에, 방정식은 유일한 해 $x = 5$를 가진다.

$\sqrt{x-1} - 2 \leq 0$이고 $\sqrt{x-1} - 3 \geq 0$인 경우는 불가능하다.

2.15. 방정식의 양변을 세제곱하면, 다음을 얻을 수 있다.

$$2 + 3\sqrt[3]{1 - x^2}\left(\sqrt[3]{1-x} + \sqrt[3]{1+x}\right) = p^3$$

$\sqrt[3]{1-x} + \sqrt[3]{1+x}$대신에 p를 대입하자. 그러면, 방정식 $2 + 3p\sqrt[3]{1 - x^2} = p^3$을 얻게 되며, 이로부터 다음을 구할 수 있다.

$$x = \pm\sqrt{1 - \left(\frac{p^3 - 2}{3p}\right)^3}$$

이 식은 $p = -1$이고 $0 < p \le 2$인 경우에 의미를 가진다. 이때, 우리는 비동치변환을 사용했다: 근을 잃지는 않겠지만, 무연근이 생길 수도 있다.

변환과정을 자세히 살펴보자. $u = \sqrt[3]{1-x}$, $v = \sqrt[3]{1+x}$라 두자. 방정식 $u+v = p$의 양변을 세제곱하자(이것은 동치변환임). 그러면, $u^3+v^3+3uv(u+v) = p^3$을 얻을 수 있다. 이제, $u+v$대신에 p를 대입하자. 그러면, $u^3+v^3+3uvp = p^3$, 즉 $(u+v)^3-p^3-3uv(u+v-p) = 0$이 된다. 이제, $(u+v)^3-p^3$을 세제곱의 차에 대한 공식 $a^3-b^3 = (a-b)(a^2+ab+b^2)$을 이용하여 정리한 후에, $(u+v-p)$을 괄호 밖으로 꺼내자. 그러면, 다음 방정식을 얻을 수 있다.

$$(u+v-p)(u^2+v^2+p^2+up+vp-uv) = 0$$

무연근은 방정식 $(u^2+v^2+p^2+up+vp-uv) = 0$, 즉 $(u+p)^2+(v+p)^2+(u-v)^2 = 0$에 관련된다. 결국, $u = v = -p$, 즉 $\sqrt[3]{1-x} = \sqrt[3]{1+x} = -p$이면, 무연근이 얻어질 수 있다. 이 연립방정식은 유일한 근 $x = 0, p = -1$을 가진다. 실제로, $p = -1$인 경우에 근 $x = 0$은 무연근이다.

2.16. 답: $x = -2$ 또는 $x \ge 2$.
만약, $x \ge 2$이면, 항등식이 얻어진다. 만약, $1 \le x < 2$이면, 방정식 $4x = 8$이 얻어지며, 이것은 주어진 구간에서 근을 가지지 않는다. 한편, $0 \le x < 1$이면, 방정식 $-2x = 2$을 얻으며, 이것은 주어진 구간에서 근을 가지지 않는다. $-1 \le x < 0$이면, $0 = 2$를 얻으며, 이것은 불가능하다. $x < -1$이면, 근 $x = -2$를 얻는다.

2.17. 답: $x = \sqrt[3]{4}$.
$[x] = n$이고, $x = n+\alpha$라 하자(단, $0 \le \alpha < 1$). 주어진 방정식을 $x^3-x+\alpha = 3$와 같이 쓸 수 있다. 부등식 $0 \le \alpha < 1$은 $2 < x^3-x \le 3$을 의미한다. 만약, $x \ge 2$이면, $x(x^2-1) \ge 2 \cdot 3 = 6$이므로, 이 경우에 부등식 $x^3-x \le 3$은 성립하지 않는다. 만약, $x < -1$이면, $x(x^2-1) < 0$이므로, 부등식 $2 < x^3-x$은 성립하지 않는다. 이와 같이, 우리는 $-1 \le x < 2$, 즉 $[x] = -1$, 0 또는 1인 경우를 생각하면 된다. 이때, $x^3+1 = 3$, $x^3 = 3$, $x^3-1 = 3$을 각각 얻을 수 있다. 이들 방정식의 근을 구하면, $x = \sqrt[3]{2}$, $x = \sqrt[3]{3}$, $x = \sqrt[3]{4}$이다. 이때, $[\sqrt[3]{2}] \ne -1$, $[\sqrt[3]{3}] \ne 0$, $[\sqrt[3]{4}] = 1$이므로, 주어진 방정식의 해는 오직 $\sqrt[3]{4}$이다.

제 3 장

연립방정식

제 1 절 모든 해를 구하기

문제 3.1–3.8에서는 제시된 연립방정식을 풀어라.

3.1.

$$\begin{cases} x(y+z) &= 35, \\ y(x+z) &= 32, \\ z(x+y) &= 27. \end{cases}$$

3.2.

$$\begin{cases} x+y+xy &= 19, \\ y+z+yz &= 11, \\ z+x+zx &= 14. \end{cases}$$

3.3.

$$\begin{cases} 2y &= 4-x^2, \\ 2x &= 4-y^2. \end{cases}$$

3.4.

$$\begin{cases} x+y+z &= a, \\ x^2+y^2+z^2 &= a^2, \\ x^3+y^3+z^3 &= a^3. \end{cases}$$

3.5.

$$\begin{cases} 1-x_1x_2 &= 0, \\ 1-x_2x_3 &= 0, \\ 1-x_3x_4 &= 0, \\ \cdots & \cdots \\ 1-x_{n-1}x_n &= 0, \\ 1-x_nx_1 &= 0. \end{cases}$$

3.6.

$$\begin{cases} x^3-y^3 &= 26, \\ x^2y-xy^2 &= 6. \end{cases}$$

3.7.

$$\begin{cases} 3xyz-x^3-y^3-z^3 &= b^3, \\ x+y+z &= 2b, \\ x^2+y^2-z^2 &= b^2. \end{cases}$$

3.8.

$$\begin{cases} x^2+y^2-2z^2 &= 2a^2, \\ x+y+2z &= 4(a^2+1), \\ z^2-xy &= a^2. \end{cases}$$

제 2 절 실근 구하기

문제 3.9–3.14에서는 제시연 연립방정식의 모든 실근을 구하여라.

3.9.

$$\begin{cases} x+y+xy &= 2+3\sqrt{2}, \\ x^2+y^2 &= 6. \end{cases}$$

3.10.

$$\begin{cases} x^3+y^3 &= 1, \\ x^4+y^4 &= 1. \end{cases}$$

3.11.

$$\begin{cases} x+y &= 2, \\ xy-z^2 &= 1. \end{cases}$$

3.12.

$$\begin{cases} x+\frac{3x-y}{x^2+y^2} &= 3, \\ y-\frac{x+3y}{x^2+y^2} &= 0. \end{cases}$$

3.13.

$$\begin{cases} (x_3+x_4+x_5)^5 &= 3x_1, \\ (x_4+x_5+x_1)^5 &= 3x_2, \\ (x_5+x_1+x_2)^5 &= 3x_3, \\ (x_1+x_2+x_3)^5 &= 3x_4, \\ (x_2+x_3+x_4)^5 &= 3x_5. \end{cases}$$

3.14.

$$\begin{cases} \frac{2x_1^2}{1+x_1^2} &= x_2, \\ \frac{2x_2^2}{1+x_2^2} &= x_3, \\ \frac{2x_3^2}{1+x_3^2} &= x_1. \end{cases}$$

제 3 절 양수근 구하기

문제 3.15에서는 제시된 연립방정식의 모든 양수근을 구하여라.

3.15.

$$\begin{cases} x_1 + x_2 &= x_3^2, \\ x_2 + x_3 &= x_4^2, \\ x_3 + x_4 &= x_5^2, \\ x_4 + x_5 &= x_1^2, \\ x_5 + x_1 &= x_2^2. \end{cases}$$

제 4 절 연립방정식의 해의 개수

3.16. 이차연립방정식은 일반적으로 네 개의 해를 가진다. 다음 연립방정식이 해를 세 개까지 혹은 두 개까지 가지기 위한 a의 값을 구하여라.

$$\begin{cases} x^2 - y^2 &= 0, \\ (x-a)^2 + y^2 &= 1 \end{cases}$$

제 5 절 선형연립방정식

3.17. 다음 선형연립방정식을 풀어라.

$$\begin{cases} x_1 + 2x_2 + 2x_3 + 2x_4 + 2x_5 &= 1, \\ x_1 + 3x_2 + 4x_3 + 4x_4 + 4x_5 &= 2, \\ x_1 + 3x_2 + 5x_3 + 6x_4 + 6x_5 &= 3, \\ x_1 + 3x_2 + 5x_3 + 7x_4 + 8x_5 &= 4, \\ x_1 + 3x_2 + 5x_3 + 7x_4 + 9x_5 &= 5 \end{cases}$$

3.18. 다음 연립방정식을 풀어라.

$$\begin{cases} x_1 + 2x_2 + 2x_3 + 2x_4 + 2x_5 &= 1, \\ x_1 + 3x_2 + 4x_3 + 4x_4 + 4x_5 &= 2, \\ x_1 + 3x_2 + 5x_3 + 6x_4 + 6x_5 &= 3, \\ x_1 + 3x_2 + 5x_3 + 7x_4 + 8x_5 &= 4, \\ x_1 + 3x_2 + 5x_3 + 7x_4 + 9x_5 &= 5 \end{cases}$$

3.19. 다음 연립방정식을 풀어라.

$$\begin{cases} x_1 + x_2 + x_3 &= 6, \\ x_2 + x_3 + x_4 &= 9, \\ x_3 + x_4 + x_5 &= 3, \\ x_4 + x_5 + x_6 &= -3, \\ x_5 + x_6 + x_7 &= -9, \\ x_6 + x_7 + x_8 &= -6, \\ x_7 + x_8 + x_1 &= -2, \\ x_8 + x_1 + x_2 &= 2 \end{cases}$$

3.20. a, b, c는 서로 다른 수들이다. 다음 연립방정식을 풀어라.

$$\begin{cases} x + ay + a^2z + a^3 &= 0, \\ x + by + b^2z + b^3 &= 0, \\ x + cy + c^2z + c^3 &= 0. \end{cases}$$

3.21. $a_1, \ldots, a_n$는 서로 다른 수들이다. 다음 선형연립방정식은 해가 0밖에 없다는 것을 증명하여라.

$$\begin{cases} x_1 + \cdots + x_n &= 0, \\ a_1x_1 + \cdots + a_nx_n &= 0, \\ a_1^2x_1 + \cdots + a_n^2x_n &= 0, \\ \cdots \qquad \cdots & \quad \cdots \\ a_1^{n-1}x_1 + \cdots + a_n^{n-1}x_n &= 0 \end{cases}$$

3.22. $n = 1, 2, 3, 4, \ldots$ 일 때, 다음 연립방정식의 모든 해를 구하여라.

$$x\left(1 - \frac{1}{2^n}\right) + y\left(1 - \frac{1}{2^{n+1}}\right) + z\left(1 - \frac{1}{2^{n+2}}\right) = 0$$

3.23. 다음 조건을 만족시키는 100개의 수 a_1, a_2, a_3, $\ldots$, a_{100}이 주어졌다. 모든 수들 a_i가 서로 같다는 것을 증명하여라.

$$\begin{aligned}
a_1 - 3a_2 + 2a_3 &\geq 0, \\
a_2 - 3a_3 + 2a_4 &\geq 0, \\
a_3 - 3a_4 + 2a_5 &\geq 0, \\
\cdots \quad \cdots & \quad \cdots \\
a_{99} - 3a_{100} + 2a_1 &\geq 0, \\
a_{100} - 3a_1 + 2a_2 &\geq 0
\end{aligned}$$

3.24. 다음 연립방정식을 풀어라.

$$\begin{aligned}
10x_1 + 3x_2 + 4x_3 + x_4 + x_5 &= 0, \\
11x_2 + 2x_3 + 2x_4 + 3x_5 + x_6 &= 0, \\
15x_3 + 4x_4 + 5x_5 + 4x_6 + x_7 &= 0, \\
2x_1 + x_2 - 3x_3 + 12x_4 - 3x_5 + x_6 + x_7 &= 0, \\
6x_1 - 5x_2 + 3x_3 - x_4 + 17x_5 + x_6 &= 0, \\
3x_1 + 2x_2 - 3x_3 + 4x_4 + x_5 - 16x_6 + 2x_7 &= 0, \\
4x_1 - 8x_2 + x_3 + x_4 - 3x_5 + 19x_7 &= 0.
\end{aligned}$$

3.25. 다음 연립방정식이 적어도 하나의 양수인 해, $x_1 > 0$, $x_2 > 0$, $x_3 > 0$, $x_4 > 0$를 가질 필요충분조건은 $|a| + |b| < 1$임을 증명하여라.

$$\begin{aligned}
x_1 - x_2 &= a, \\
x_3 - x_4 &= b, \\
x_1 + x_2 + x_3 + x_4 &= 1
\end{aligned}$$

3.26. 다음 연립방정식이 주어졌다.

$$\begin{aligned} *x + *y + *z &= 0, \\ *x + *y + *z &= 0, \\ *x + *y + *z &= 0 \end{aligned}$$

두 사람이 순서대로 별표대신에 수를 하나씩 써 넣는다고 하자. 첫 번째 사람은 연립방정식이 0이 아닌 해를 항상 갖도록 할 수 있다는 것을 증명하여라.

힌트 및 증명

3.1. 주어진 연립방정식은 미지수 $x_1 = yz$, $y_1 = xz$, $z_1 = xy$에 대해 선형이다. x_1을 구하려면, 마지막 두 방정식을 더한 다음, 이로부터 첫 번째 방정식을 빼면 된다. 그러면, $x_1 = (32 + 27 - 35)/2 = 12$을 얻을 수 있다. 그리고, $y_1 = 15$, $z_1 = 20$을 얻는다.

결국, $yz = 12$, $xz = 15$, $xy = 20$이므로, $x^2 = \frac{(xy)(xz)}{yz} = \frac{20 \cdot 15}{12} = 25$, 즉 $x = \pm 5$이다. 게다가, $y = 20/x = \pm 4$, $z = 15/x = \pm 3$이다. 결국, 해 (5, 4, 3), (−5, −4, −3)을 구할 수 있다.

3.2. 주어진 연립방정식을 $x_1y_1 = 20$, $y_1z_1 = 12$, $x_1z_1 = 15$와 같이 쓸 수 있다(단, $x_1 = x + 1$, $y_1 = y + 1$, $z_1 = z + 1$). 그러므로, $(x_1, y_1, z_1) = (5,\ 4,\ 3)$ 또는 $(-5,\ -4,\ -3)$, 즉 $(x,\ y,\ z) = (4,\ 3,\ 2)$ 또는 $(-6,\ -5,\ -4)$.

3.3. 첫 번째 방정식에서 두 번째 방정식을 빼면, $2(y - x) = y^2 - x^2 = (y - x)(y + x)$이다. 즉, $y = x$ 또는 $y + x = 2$. 만약, $y = x$이면, $2x = 4 - x^2$, 즉 $x = -1 \pm \sqrt{5}$. 만약, $y + x = 2$이면, $2(2 - x) = 4 - x^2$, 즉 $x^2 = 2x$. 결국, 네 개의 해 $(-1+\sqrt{5},\ -1+\sqrt{5})$, $(-1-\sqrt{5},\ -1-\sqrt{5})$, $(0,\ 2)$, $(2,\ 0)$를 구할 수 있다.

3.4. 답: $(0, 0, a)$, $(0, a, 0)$, $(a, 0, 0)$.
항등식 $(x+y+z)^2 - (x^2+y^2+z^2) = 2(xy+yz+xz)$으로부터 $xy+yz+xz = 0$을 알 수 있다. 항등식 $(x+y+z)^3 - (x^3+y^3+z^3) = 3(x+y)(y+z)(z+x)$로부터 $(x+y)(y+z)(z+x) = 0$을 알 수 있다. 등식 $xy+yz+xz = 0$을 고려하면, $xyz = (xy+yz+xz)(x+y+z) - (x+y)(y+z)(z+x) = 0$을 얻을 수 있다. 만약, $x = 0$이면, 등식 $xy + yz + xz = 0$로부터 $yz = 0$이다. 그러므로, $y = 0$이고 $z = a$ 또는 $z = 0$이고 $y = a$이다. 마찬가지 방법으로, 나머지 경우에 대해서도 생각할 수 있다. 결국, 해 $(0, 0, a)$, $(0, a, 0)$, $(a, 0, 0)$을 얻을 수 있다.

3.5. 답: 홀수 n에 대해, $x_1 = x_2 = \cdots = x_n = \pm 1$이고, 짝수 n에 대해 $x_1 = x_3 = \cdots = x_{n-1} = a$이고 $x_2 = x_4 = \cdots = x_n = \frac{1}{a}$ $(a \neq 0)$.
n을 홀수라 하자. 그러면, $x_2 \neq 0$이므로, 첫 번째와 두 번째 방정식으로부터 $x_1 = x_3$을 얻을 수 있다. 그리고, 두 번째와 세 번째 방정식으로부터 $x_2 = x_4$를 얻는다 등등. 게다가, 첫 번째와 마지막 방정식으로부터 $x_n = x_2$을 얻을 수 있다. 결국, $x_1 = x_3 = \cdots = x_n = x_2 = x_4 = \cdots = x_{n-1}$을 얻게 된다. 그러므로, 첫 번째 방정식으로부터 $x_1^2 = 1$, 즉 $x_1 = \pm 1$을 얻는다. 쉽게, 답에 제시된 미지수들의 쌍은 실제로 연립방정식의 해임을 알 수 있다.

n이 짝수인 경우에도 마찬가지 방법으로, $x_1 = x_3 = \cdots = x_{n-1}$, $x_2 = x_4 = \cdots = x_{n-2} = x_n$을 얻을 수 있다. 그리고, 답에 제시된 미지수들의 쌍이 주어진 연립방정식의 해임을 쉽게 알 수 있다.

3.6. $y = kx$라 하자. 그러면, $k \neq 1$임을 알 수 있다. 방정식

$$\begin{aligned} x^3 - k^3x^3 &= 26, \\ kx^3 - k^2x^3 &= 6 \end{aligned}$$

으로부터, $x^3 = \frac{26}{1-k^3}$와 $x^3 = \frac{6}{k-k^2}$을 얻을 수 있다. 결국,

$$\frac{26}{1-k^3} = \frac{6}{k-k^2}.$$

이 방정식에 $1-k$을 곱하면,

$$\frac{26}{1+k+k^2} = \frac{6}{k}$$

이고, 이로부터 $k = 3$ 또는 $\frac{1}{3}$을 얻게 된다. 그러므로, $x^3 = -1$ 또는 $x^3 = 27$이다. 결국, 다음과 같은 해를 얻을 수 있다: $(-1, -3)$, $\left(\frac{1 \pm i\sqrt{3}}{2}, \frac{3}{2}(1 \pm i\sqrt{3})\right)$, $(3, 1)$, $\left(\frac{-3 \pm 3i\sqrt{3}}{2}, \frac{1}{2}(-1 \pm i\sqrt{3})\right)$.

3.7. $b = 0$인 경우부터 살펴보자. 이 경우에 마지막 두 방정식을 $z = -x - y$, $z^2 = x^2 + y^2$와 같이 쓸 수 있다. 첫 번째 방정식을 제곱하면, $xy = 0$을 얻게 된다. 즉, $x = 0$, $z = -y$ 또는 $y = 0$, $z = -x$. 이때, 첫 번째 방정식은 성립된다.

이제, $b \neq 0$인 경우를 살펴보자. 항등식

$$3xyz - x^3 - y^3 - z^3 = (x + y + z)(xy + yz + xz - x^2 - y^2 - z^2)$$

을 이용하자. 첫 번째와 두 번째 방정식으로부터, $xy + yz + xz - x^2 - y^2 - z^2 = \frac{b^2}{2}$이 유도된다. 방정식 $x + y + z = 2b$의 양변을 제곱하면, $x^2 + y^2 + z^2 + 2xy + 2yz + 2xz = 4b^2$이 된

다. 결국, $x^2+y^2+z^2=b^2$와 $xy+yz+xz=\frac{3}{2}b^2$이다. 이들 중에서 첫 번째 방정식을 처음 연립방정식의 마지막 방정식과 비교하면, $z=0$을 얻을 수 있다. 이와 같이, $x^2+y^2=b^2$이고, $xy=\frac{3}{2}b^2$이다. 이 연립방정식을 풀면, $x=\left(1\pm i\sqrt{\frac{1}{2}}\right)b$, $y=\left(1\mp i\sqrt{\frac{1}{2}}\right)b$을 구할 수 있다.

3.8. 이들 방정식을 다음과 같이 나타내자.

$$\begin{cases} x^2+y^2 &= 2z^2+2a^2, \\ x+y &= 4(a^2+1)-2z, \\ -xy &= a^2-z^2. \end{cases}$$

두 번째 방정식을 제곱한 다음, 세 번째 방정식에 2를 곱하여 더하고, 그리고 나서 첫 번째 방정식을 빼면, 다음을 얻을 수 있다:

$$0=16(a^2+1)^2-16(a^2+1)z$$

즉, $z=a^2+1$. 이제, 두 번째와 세 번째 방정식을 다음과 같이 나타내자.

$$\begin{cases} x+y &= 2(a^2+1), \\ xy &= a^4+a^2+1. \end{cases}$$

이 연립방정식의 풀이는 이차방정식의 풀이로 귀착되며, 이것을 풀면, 다음을 얻을 수 있다:

$$x=a^2\pm a+1, \quad y=a^2\mp a+1.$$

3.9. $u=x+y$, $v=xy$라 하자. 그러면, $u+v=2+3\sqrt{2}$, $u^2-2v=6$이므로, $u^2+2u=6+2(2+3\sqrt{2})=10+6\sqrt{2}$이다. $u=-1\pm\sqrt{11+6\sqrt{2}}=-1\pm(3+\sqrt{2})$, 즉 $u=2+\sqrt{2}$ 또는 $-4-\sqrt{2}$. 이때, $v=2+3\sqrt{2}-u=2\sqrt{2}$ 또는 $6+4\sqrt{2}$. 만약, $u=-4-\sqrt{2}$이고 $v=6+4\sqrt{2}$이면, $(x-y)^2=(x+y)^2-4xy=(4+\sqrt{2})^2-4(6+4\sqrt{2})<0$이다. 그러므로, $x+y=2+\sqrt{2}$이고 $xy=2\sqrt{2}$이다. 이 연립방정식은 두 개의 근 $(x,y)=(2,\sqrt{2})$ 또는 $(\sqrt{2},2)$을 가진다. 이들 두 근은 모두 처음 연립방정식의 근이다.

3.10. 두 번째 방정식으로부터, 만약 $x=0$ 또는 ±1이면, $y=\pm1$ 또는 0임이 유도된다. 그리고, $x\neq-1$이고 $y\neq-1$이다. 그러므로, 그러한 형태의 근들은 정확히 두 개 $x=0$, $y=1$과 $x=1$, $y=0$이다. 이제, 다른 근들이 존재하지 않는다는 것을 보이자.

$0 < |x|, |y| < 1$인 경우를 살펴보자. 그러한 경우에 $|x|^3 + |y|^3 < x^4 + y^4 = 1$이다. 그러므로, 만약 x와 y가 모두 양수이면, 해는 존재하지 않는다. 만약, 이들이 모두 음수라면, 이때에도 해가 존재하지 않는다. 이제, $x > 0$이고 $y < 0$이라 하자. 그러면, $x^3 + y^3 < x^3 < 1$이다. 이 경우에도 해는 존재하지 않는다.

3.11. 두 번째 방정식으로부터, $xy \geq 1$이 유도된다. 수 x와 y는 합이 2이므로, 두 수는 음수가 될 수 없다. 결국, 수 x와 y는 양수이고 $x + y \geq 2\sqrt{xy} \geq 2$이며, 등식 $x + y = 2$은 $x = y = 1$인 경우에만 성립한다. 그러한 경우에 $z = 0$이다.

3.12. 첫 번째 방정식에 y를 곱하고, 두 번째 방정식에 x를 곱하여, 얻어진 방정식들을 더하자. 그러면, $2xy - 1 = 3y$을 얻게 된다. 특히, $y \neq 0$이므로, $x = \frac{3}{2} + \frac{1}{2y}$이다. 이 식을 두 번째 방정식에 대입하여 식을 변형시키면, $4y^4 - 3y^2 - 1 = 0$을 얻는다. $y^2 \geq 0$임을 고려하면, $y^2 = 1$, 즉 $y_1 = 1$이고 $y_2 = -1$을 얻을 수 있다. 이들 값 y에 $x_1 = 2$, $x_2 = 1$가 대응된다.

3.13. 첨자를 다시 붙여서 $x_1 \geq x_i$이 되도록 할 수 있다($i = 2, 3, 4, 5$). 함수 $f(x) = x^5$는 단조증가함수이므로, $3x_2 = (x_4 + x_5 + x_1)^5 \geq (x_3 + x_4 + x_5)^5 = 3x_1$이다. 즉, $x_1 = x_2$이고 $x_3 = x_1$이다. 게다가, $3x_4 = (x_1 + x_2 + x_3)^5 \geq (x_5 + x_1 + x_2)^5 = 3x_3$이다. 즉, $x_4 = x_3$이고 $x_5 = x_3$이다.

$x_1 = x_2 = x_3 = x_4 = x_5 = x$임을 알았다. 이 수 x는 방정식 $(3x)^5 = 3x$을 만족시켜야 한다. 그러므로, 세 근 $x = 0, \pm 1/3$을 구할 수 있다.

3.14. $x_1 = x_2 = x_3 = 0$는 연립방정식의 근이다. 그리고, 수 x_1, x_2, x_3중의 하나가 0이면, 나머지 두 수들도 0이 된다. 그러므로, $x_1x_2x_3 \neq 0$라고 가정하자. 그러면, 방정식들을 다음과 같이 쓸 수 있다.

$$1 + \frac{1}{x_1^2} = \frac{2}{x_2}, \quad 1 + \frac{1}{x_2^2} = \frac{2}{x_3}, \quad 1 + \frac{1}{x_3^2} = \frac{2}{x_1}$$

이제, 이들 방정식을 더하자. 그러면,

$$\left(1 - \frac{1}{x_1}\right)^2 + \left(1 - \frac{1}{x_2}\right)^2 + \left(1 - \frac{1}{x_3}\right)^2 = 0.$$

이제, $x_1 = x_2 = x_3 = 1$을 구할 수 있다.

3.15. $x_{\min} = x_i$를 수들 $x_1, \ldots, x_5$의 최소값이라 하고, $x_{\max} = x_j$을 최대값이라 하자. 그러면, $x_{\min}^2 = x_{i-2} + x_{i-1} \geq 2x_{\min}$(여기서 $x_0 = x_5$, $x_{-1} = x_4$임을 고려함), $x_{\max}^2 = x_{j-2} + x_{j-1} \leq 2x_{\max}$이다. 수 $x_{\min}$와 $x_{\max}$이 양수이므로, $x_{\min} \geq 2 \geq x_{\max}$이다. 결국, $x_{\min} = x_{\max} = 2$.

3.16. 답: $a = \pm 1$일 때, 해의 수는 세 개까지 줄어들고, $a = \pm\sqrt{2}$이면 해의 수는 두 개까지 줄어든다.
첫 번째 방정식으로부터, $y = \pm x$를 얻을 수 있다. 이 식을 두 번째 방정식에 대입하면,

$$(x-a)^2 + x^2 = 1. \tag{1}$$

만약, 방정식 (1)의 해들 중의 하나가 0이 되면, 연립방정식의 해의 개수는 세 개까지 줄어들 수 있다. (1)에 $x = 0$을 대입하면, $a^2 = 1$을, 즉 $a = \pm 1$을 얻게 된다. 만약, 방정식 (1)이 유일한 해(즉, 이중근)을 가지면, 연립방정식의 해의 개수는 두 개까지 줄어든다. 방정식 (1)의 판별식을 0이라 놓으면, $a = \pm\sqrt{2}$을 구할 수 있다.

3.17. 마지막 방정식에서 바로 앞의 방정식을 빼면, $x_5 = 1$를 얻을 수 있다. 그리고 나서, 마지막 바로 앞의 방정식에서 그 앞의 방정식을 빼고 등등과 같은 방법을 이용하자. 그러면, $x_4 + 2x_5 = 1$, $x_3 + 2x_4 + 2x_5 = 1$, $x_2 + 2x_3 + 2x_4 + 2x_5 = 1$을 얻을 수 있다. 그러므로, $x_4 + x_5 = 0$, $x_3 + x_4 = 0$, $x_2 + x_3 = 0$, $x_1 + x_2 = 0$, 즉 $x_1 = x_3 = x_5 = 1$, $x_2 = x_4 = -1$.

3.18. 답: $x_1 = x_3 = x_5 = 1$, $x_2 = x_4 = -1$.
우선, 첫 번째 방정식을 쓰고, 그리고 나서 두 번째 방정식에서 첫 번째 방정식을 뺀 것을 쓰고, 그 다음에 세 번째 방정식에서 두 번째 방정식을 뺀 것을 등등과 같이 쓰면, 다음을 얻을 수 있다.

$$\left\{\begin{array}{rcl} x_1 + 2x_2 + 2x_3 + 2x_4 + 2x_5 & = & 1, \\ x_2 + 2x_3 + 2x_4 + 2x_5 & = & 1, \\ x_3 + 2x_4 + 2x_5 & = & 1, \\ x_4 + 2x_5 & = & 1, \\ x_5 & = & 1. \end{array}\right.$$

이제, 순차적으로 x_5, x_4, x_3, x_2, x_1을 구할 수 있다.

3.19. 답: $x_1 = -x_8 = 1,\ \ x_2 = -x_7 = 2,\ \ x_3 = -x_6 = 3,\ \ x_4 = -x_5 = 4$.
모든 방정식을 더하면, $3(x_1+x_2+\cdots+x_8) = 0$을 얻을 수 있다. 이제, 첫 번째 방정식, 네 번째, 일곱 번째 방정식을 더하자. 그러면, $2x_1+x_2+x_3+\cdots+x_8 = 1$을 얻는다. 즉, $x_1 = 1$이다. 나머지 미지수들도 유사한 방법으로 구할 수 있다.

3.20. 다항식 $P(t) = t^3+t^2z+ty+x$을 생각하자. 서로 다른 수 a, b, c가 다항식 $P(t)$의 근이다. 그러므로, $P(t) = (t-a)(t-b)(t-c)$, 즉 $x = -abc,\ \ y = ab+bc+ca,\ \ z = -(a+b+c)$.

3.21. 수 $a_1, \ldots, a_n$이 서로 다르다는 것을 이용하여, $t = a_2, \ldots, a_n$일 때에 0이고 $t = a_1$때에 1인 다항식 $P(t)$를 만들자. 이를 위해, $P(t) = \lambda(t-a_2)\cdots(t-a_n)$라 두자. 이때, $\lambda(a_1-a_2)\cdots(a_1-a_n) = 1$, 즉

$$\lambda = \frac{1}{(a_1-a_2)\cdots(a_1-a_n)}$$

다항식 $P(t)$를 $P(t) = p_0+p_1t+\cdots+p_{n-1}t^{n-1}$와 같이 쓰자. 연립방정식에서 첫 번째 방정식에 p_0를 곱하고, 두 번째 방정식에 p_1을 곱하고 등등과 같은 방법으로, 마지막 방정식에 p_{n-1}을 곱하자. 이들 모든 방정식을 더하면, $P(a_1)x_1+P(a_2)x_2+\cdots+P(a_n)x_n = 0$, 즉 $x_1 = 0$을 얻을 수 있다. 같은 방법으로, $x_2 = 0, \ldots, x_n = 0$을 증명할 수 있다.

참고. 좀더 일반적인 경우에 대해서는, 문제 10.34에 증명되어 있다.

3.22. 답: $y = -3x,\ \ z = 2x$ (x는 임의의 수).
무한연립방정식이 다음 두 방정식으로 된 연립방정식과 동치임을 보이자.

$$x+y+z = 0,$$
$$4x+2y+z = 0.$$

첫 번째로, 만약 첫 번째 방정식에서 두 번째 방정식에 $\frac{1}{2^{n+2}}$을 곱하여 빼면, 주어진 n개의 연립방정식을 얻을 수 있다. 두 번째로, 문제에서 주어진 연립방정식의 처음 두 방정식으로부터 다음 두 방정식이 유도된다.

$$x\left(1-\frac{1}{2}\right)+y\left(1-\frac{1}{4}\right)+z\left(1-\frac{1}{8}\right) = 0,$$
$$x\left(1-\frac{1}{4}\right)+y\left(1-\frac{1}{8}\right)+z\left(1-\frac{1}{16}\right) = 0$$

실제로, 첫 번째 방정식에서 두 번째 방정식을 빼면, $\frac{x}{4}+\frac{y}{8}+\frac{z}{16}=0$을 얻을 수 있다. 이 방정식을 두 번째 방정식에 더하면, $x+y+z=0$을 얻을 수 있다.

3.23. 모든 부등식들을 더하자. a_k에서의 계수는 $1-3+2=0$이 된다. 이처럼, 합은 0이지만 음이 아닌 수들의 모임 $a_1-3a_2+2a_3, \ldots$이 있다. 결국, 이들 각각은 0이다. 즉, 주어진 부등식들은 방정식들이 된다. 이들 방정식을 다음과 같이 쓰자.

$$\begin{aligned}(a_1-a_2)+2(a_3-a_2) &= 0,\\ (a_2-a_3)+2(a_4-a_3) &= 0,\\ \cdots\quad \cdots\quad \cdots & \quad \cdots\\ (a_{100}-a_1)+2(a_2-a_1) &= 0.\end{aligned}$$

이들 방정식으로부터 순차적으로 $a_2-a_3=(a_1-a_2)/2$, $a_3-a_4=(a_2-a_3)/2=(a_1-a_2)/2^2$, $\ldots$, $a_1-a_2=(a_{100}-a_1)/2=(a_1-a_2)/2^{100}$을 얻을 수 있다. 마지막 등식은 $a_1=a_2$인 경우에만 성립한다. 그러면, $a_2=a_3$, $a_3=a_4$, $\ldots$, $a_{100}=a_1$이다.

3.24. 답: $x_1=x_2=\cdots=x_7=0$.
주어진 방정식들을 $\sum_{i=1}^{7} a_{ij}x_i=0$와 같이 나타내자. 계수 a_{ij}는 다음과 같은 성질을 가진다: 각각의 j에 대해 $|a_{jj}|>\sum_{i\neq j}|a_{ij}|$. 이제, x_1, $\ldots$, x_7을 연립방정식의 근이라 하자. 수 x_1, $\ldots$, x_7들 중에서 적어도 하나는 0이 아니라고 하자. 가령, x_k를 이들 수 중에서 절대값이 가장 큰 수라고 하자. 그러면, $|a_{kk}x_k|>|\sum_{i\neq k}a_{ik}x_i|$이므로, 등식 $\sum_{i=1}^{7}a_{ik}x_i=0$은 성립할 수 없다. 그러므로, 모순이 유도된다.

3.25. 만약, $a\geq 0$이면, 첫 번째 방정식을 $x_1=x_2+a$와 같이 쓰고, 만약 $a<0$이면, 이것을 $x_2=x_1-a$와 같이 나타내자. 두 번째 경우에서 $x_1'=x_2$, $x_2'=x_1$라 하자. 이와 같이, $x_1=x_2+a$, $a\geq 0$라 할 수 있다. 같은 방법으로, $x_3=x_4+b$, $b\geq 0$라 할 수 있다. 그러므로, 만약 주어진 연립방정식이 양의 근을 가지면, $1=x_1+x_2+x_3+x_4=2x_2+2x_4+a+b>a+b$이 된다(만약, 수 a, b중에서 적어도 하나가 음수이면, 부등식 $1>|a|+|b|$을 얻게 됨).

이제, $a+b<1$이고, 수 a, b가 음이 아니라고 가정하자. 그러면, $x_2=x_4=(1-a-b)/4$, $x_1=x_2+a$, $x_3=x_4+b$라 놓을 수 있다. 그리하여, 주어진 연립방정식의 양의 해를 구할 수 있다.

3.26. 첫 번째 사람은 시작할 때에 첫 번째 방정식의 z에 임의의 계수를 쓴다. 그리고 나서, 두 번째부터는 다음과 같이 하면 된다. 만약, 두 번째 사람이 x 또는 y에 어떤 계수를 쓰면, 첫 번째 사람은 같은 방정식에서 y 또는 x에 두 번째 사람이 방금전에 썼던 수를 계수로 쓴다. 만약, 두 번째 사람이 z에 어떤 계수를 쓰면, 첫 번째 사람은 나머지 방정식의 z에 임의의 계수를 쓴다. 그러면, 얻어진 연립방정식은 해 $(1, -1, 0)$를 가진다.

제 4 장

나누어떨어짐

제 1 절 짝수와 홀수

4.1. 등식 $1 * 2 * 3 * \ldots * 10 = 0$에서 별표 대신에 $+$나 $-$를 각각 넣어, 얻어진 등식이 성립하도록 할 수 있는가?

4.2. 자연수 n의 서로 다른 약수(1과 자신을 포함하여)의 개수가 홀수일 필요충분조건은 수 n이 제곱수임을 증명하여라.

4.3. 정수 $a_1, \ldots, a_{2n+1}$이 주어졌다. 주어진 정수의 순서를 바꾸어 $b_1, \ldots, b_{2n+1}$을 얻었다. 수들 $a_k - b_k$(단, $k = 1, 2, \ldots, 2n+1$) 중의 적어도 하나는 짝수임을 증명하여라.

4.4. a, b, c는 정수이고, $a \neq 0$이다. 만약, 이차방정식 $ax^2 + bx + c = 0$이 유리수인 근을 가지면, 수들 a, b, c 중에서 적어도 하나는 짝수임을 증명하여라.

4.5. 정수인 계수를 가지는 다항식

$$a_0x^n + a_1x^{n-1} + \cdots + a_{n-1}x + a_n$$

은 $x = 0$, $x = 1$에서 홀수값을 가진다. 이때, 다항식은 정수인 해를 가지지 않는다는 것을 증명하여라.

4.6. 정수인 계수를 가지는 x에 대한 두 다항식이 주어졌다. 이들 다항식의 곱은 짝수인 계수를 가지는 x에 대한 다항식이지만, 계수들이 모두 4로 나누어 떨어지지는 않는다. 주어진 다항식의 하나는 계수가 모두 짝수이며, 나머지 다항식은 적어도 하나의 홀수인 계수를 가진다는 것을 증명하여라.

4.7. 다음과 같은 수들의 삼각형이 주어졌다. 여기서, 각각의 수는 이전 줄에 있는 세 수의 합과 같다. 세 번째 줄부터 각 줄에 짝수들이 존재한다는 것을 증명하여라.

$$\begin{array}{ccccccccc} & & & & 1 & & & & \\ & & & 1 & 1 & 1 & & & \\ & & 1 & 2 & 3 & 2 & 1 & & \\ & 1 & 3 & 6 & 7 & 6 & 3 & 1 & \\ 1 & 4 & 10 & 16 & 19 & 16 & 10 & 4 & 1 \end{array}$$

제 2 절 유클리드(Euclid) 알고리즘과 산술의 기본정리

자연수 $p > 1$가 1이 아닌 두 자연수의 곱으로 나타내는 것이 불가능하면, 그러한 자연수 p를 **소수**라고 부른다. 만약, 자연수 $n > 1$이 소수가 아니면, 수 n을 **합성수**라고 부른다. 만약, 자연수 n이 합성수이면, $n = n_1 n_2$이다(단, $n_1 < n$, $n_2 < n$). 이로부터, 임의의 자연수 $n > 1$을 소인수로 분해할 수 있다. 이것은 **산술의 기본정리**에서 쉬운 부분이며, 산술의 기본정리에서 어려운 부분은 그러한 소인수분해의 유일성이라 할 수 있다(인수의 순서만 바꾸는 것은 같은 인수분해로 취급함). 소인수분해의 유일성을 증명하려면, Euclid 알고리즘을 이용해야 한다.

a, b를 $a \le b$인 자연수라 하자. 그러면, 음이 아닌 정수 q, r이 존재하여, $b = qa + r$, $r < a$이 성립한다. Euclid 알고리즘은 다음과 같다: a_0, a_1은 $a_0 \ge a_1$인 자연수

라 하자. a_0를 a_1으로 나누면, $a_0 = q_1a_1 + a_2$을 얻는다. 이제, a_1을 a_2로 나누면, $a_1 = q_2a_2 + a_3$ 등등. 이와 같은 과정을 반복하면, $a_{k-1} = q_ka_k$을 얻게 된다. 이로부터, 모든 수 a_0, a_1, $\ldots$, a_k은 $ma_0 + na_1$와 같은 형태로 된다(단, m, n은 정수). 특히, a_k는 수 a_0와 a_1의 임의의 공약수로 나누어 떨어진다.

한편, $a_{k-2} = q_{k-1}a_{k-1} + a_k = (q_{k-1}q_k + 1)a_k$ 등등이므로, 수 a_0와 a_1은 a_k로 나누어 떨어진다. 이것은 a_k가 수 a_0와 a_1의 최대공약수임을 의미한다. 특히, 수 a_0와 a_1의 최대공약수를 $ma_0 + na_1$와 같이 나타낼 수 있다(단, m과 n은 정수). Euclid 알고리즘은 두 수의 최대공약수를 구하는 알고리즘이다. 수 a와 b의 최대공약수를 $\gcd(a, b)$로 나타낸다.

4.8. $a = bc$이고, $\gcd(a, b) = 1$이라 하자. 이때, c가 a로 나누어 떨어진다는 것을 증명하여라.

4.9. 산술의 기본정리를 증명하여라.

4.10. 임의의 자연수 n에 대해, 분수 $\frac{21n+4}{14n+3}$이 기약분수임을 증명하여라.

4.11. 자연수열 $a_1, a_2, \ldots$ 에서 임의의 $m > n$에 대해, $\gcd(a_m, a_n) = \gcd(a_{m-n}, a_n)$이다. $d = \gcd(m, n)$이라 하면, $\gcd(a_m, a_n) = a_d$임을 증명하여라.

4.12. 임의의 자연수 a, m, n에 대해 $\gcd(a^m - 1, a^n - 1) = a^d - 1$임을 증명하여라(단, $d = \gcd(m, n)$).

제 3 절 소인수분해

4.13. p, q는 자연수이고, p/q는 기약분수이다. $f\left(\frac{p}{q}\right) = \frac{p^2q^2}{q_1\cdots q_n}$이고, q_1, $\ldots$, q_n는 q의 서로 다른 소인수이다. 이때, f는 양의 유리수 집합에서 자연수 전체 집합으로 가는 전단사함수임을 증명하여라.

제 4 절 나누어 떨어지는 조건

4.14. $a_n a_{n-1} \ldots a_1 a_0$는 어떤 수의 십진법 표기이다.
(a) 이 수가 3으로 나누어 떨어질 필요충분조건은 $a_0 + a_1 + \cdots + a_n$이 3으로 나누어 떨어지는 것임을 증명하여라.
(b) 이 수가 9로 나누어 떨어질 필요충분조건은 $a_0 + a_1 + \cdots + a_n$이 9로 나누어 떨어지는 것임을 증명하여라.
(c) 이 수가 11로 나누어 떨어질 필요충분조건은 $a_0 - a_1 + a_2 - a_3 + \cdots + (-1)^n a_n$이 11로 나누어 떨어지는 것임을 증명하여라.

4.15. 어떤 정수를 십진법 표기로 나타냈더니 1이 300개이고, 나머지는 0이었다. 그러한 정수는 제곱수가 될 수 있는가?

4.16. $1, 2, 3, 4, 5, 6, 7$가 각각 적힌 동전이 있다. 이들 동전으로 7자리 수들을 만들자. 이때, 만들어진 7자리 수는 이들 동전으로 만들어진 다른 7자리수로 나누어 떨어질 수 없다는 것을 증명하여라.

4.17. $a_n a_{n-1} \ldots a_1 a_0$은 어떤 수의 십진법 표기이다. 이것을 지우고 $a_n a_{n-1} \ldots a_1 + 2a_0$를 쓰자. 이와 같은 과정을 반복하여, 얻어진 수가 19를 넘지 않도록 하자. 이때, 처음 수가 19로 나누어 떨어질 필요충분조건은 마지막에 얻어진 수가 19라는 것임을 증명하여라.

4.18. $a_n a_{n-1} \ldots a_1 a_0$을 어떤 수의 십진법 표기이다. 이것을 지우고 $a_n a_{n-1} \ldots a_1 - 2a_0$를 쓰자. 처음 수가 7로 나누어 떨어질 필요충분조건은 얻어진 수가 7로 나누어 떨어지는 것임을 증명하여라.

제 5 절 최대공약수와 최소공배수

4.19. 다음 등식을 증명하여라.

$$\text{(a)}\ \gcd(a,b)=\frac{ab}{\operatorname{lcm}(a,b)};\quad \text{(b)}\ \gcd(a,b,c)=\frac{abc\operatorname{lcm}(a,b,c)}{\operatorname{lcm}(a,b)\operatorname{lcm}(b,c)\operatorname{lcm}(c,a)};$$
$$\text{(c)}\ \operatorname{lcm}(a,b,c)=\frac{abc\gcd(a,b,c)}{\gcd(a,b)\gcd(b,c)\gcd(c,a)}.$$

4.20. $\gcd(a,\gcd(b,c))=\gcd(\gcd(a,b),c)=\gcd(a,b,c)$임을 증명하여라.

4.21. 다음 등식을 증명하여라.

$$\frac{\operatorname{lcm}(a,a+b)}{\operatorname{lcm}(a,b)}=\frac{a+b}{b}$$

4.22. 자연수 a와 b는 서로소이다. $\gcd(a+b,a^2+b^2)=1$ 또는 2임을 증명하여라.

4.23. 두 수가 주어졌다. 이들 두 수의 합과 두 수의 최소공배수에 대한 최대공약수는 두 수의 최대공약수와 같다는 것을 증명하여라.

4.24. n개의 자연수 $a_1<a_2<\cdots<a_n$의 최소공배수는 na_1보다 작지 않다는 것을 증명하여라.

4.25. 모든 자연수 a,b에서 정의된 함수 $f(a,b)$에 대해, (1) $f(a,a)=a$; (2) $f(a,b)=f(b,a)$; (3) $(a+b)f(a,b)=bf(a,a+b)$이 성립한다. 이때, $f(a,b)=\operatorname{lcm}(a,b)$임을 증명하여라.

4.26. 몇몇 자연수가 주어졌는데, 이들 각각은 자연수 $N\geq 4$보다 작다. 그리고, 이들 중 임의의 두 수의 최소공배수는 N보다 크다. 이때, 이들 수의 역수의 합은 2보다 작다는 것을 증명하여라.

제 6 절 나누어 떨어짐

4.27. $7^{2n} - 5^{2n}$이 24로 나누어 떨어진다는 것을 증명하여라.

4.28. 임의의 자연수 n에 대해, 다음 식은 정수값을 가진다는 것을 증명하여라.

$$\frac{n^5}{5} + \frac{n^3}{3} + \frac{7n}{15}$$

4.29. $20^n + 16^n - 3^n - 1$이 323으로 나누어 떨어지도록 하는 정수 n을 구하여라.

4.30. 임의의 자연수 $k \neq b$에 대해, 수 $a - k^n$이 $b - k$로 나누어 떨어지면, $a = b^n$임을 증명하여라(단, a, b, n은 정해진 자연수임).

4.31. $2^n - 2$이 n으로 나누어 떨어지면, $2^{2^n-1} - 2$는 $2^n - 1$로 나누어 떨어진다는 것을 증명하여라.

4.32. a, b, m, n은 자연수이고, a는 b와 서로소이며, $a > 1$이다. $a^m + b^m$이 $a^n + b^n$으로 나누어 떨어질 필요충분조건은 $m = kn$이라는 것을 증명하여라(단, k는 홀수).

4.33. (a) 다음 합이 정수가 될 수 없음을 증명하여라.

$$\frac{1}{2} + \frac{1}{3} + \cdots + \frac{1}{n}$$

(b) 다음 합이 정수가 될 수 없음을 증명하여라(단, k, n은 자연수).

$$\frac{1}{k} + \frac{1}{k+1} + \cdots + \frac{1}{k+n}$$

4.34. 다음 수들이 정수임을 증명하여라.

(a) $\dfrac{(m+n)!}{m!n!}$;

(b) $\dfrac{(2m)!(2n)!}{m!n!(m+n)!}$;

(c) $\dfrac{(5m)!(5n)!}{m!n!(3m+n)!(3n+m)!}$;

(d) $\dfrac{(3m+3n)!(3n!)(2m)!(2n)!}{(2m+3n)!(m+2n)!m!(n!)^2(m+n)!}$.

제 7 절 소수의 거듭제곱으로 나누어짐

4.35. 1에서 100까지 모든 자연수를 곱하면, 얻어진 수의 십진법 표기는 몇 개의 0으로 끝나는가?

4.36. p는 소수이고, $n!$이 p^a로 나누어 떨어지도록 하는 최대의 정수를 a라 하자. 이때, 다음을 증명하여라.

$$a = \left[\frac{n}{p}\right] + \left[\frac{n}{p^2}\right] + \left[\frac{n}{p^3}\right] + \cdots$$

4.37. $n!$이 2^n으로 나누어 떨어지지 않는다는 것을 증명하여라.

4.38. 수 $(n+1)(n+2)\cdots 2n$을 나누는 2의 거듭제곱을 생각하자. 이때, 2의 최대 거듭제곱을 구하여라.

4.39. $\frac{1}{n}$과 $\frac{1}{n+1}$을 유한 분수가 되도록 하는 모든 자연수 n을 구하여라.

4.40. (a) 임의의 홀수 a와 임의의 자연수 m에 대해, $a^k - 1$이 2^m으로 나누어 떨어지도록 하는 자연수 k는 무한히 많이 존재한다는 것을 증명하여라.
(b) 임의의 홀수 a에 대해, $a^m - 1$이 2^m으로 나누어 떨어지도록 하는 자연수 m이 오직 유한개 존재한다는 것을 증명하여라.

4.41. 다음을 만족시키는 모든 자연수 m을 구하여라.
(a) $3^m - 1$이 2^m으로 나누어 떨어진다.
(b) $31^m - 1$이 2^m으로 나누어 떨어진다.

제 8 절 나머지

4.42. 정수의 제곱을 다음 수들로 나누면, 어떤 나머지를 얻을 수 있는가?
(a) 3
(b) 4
(c) 5
(d) 8

4.43. 다음을 만족시키는 자연수의 최소값을 구하여라.
(a) 5로 나누어 나머지가 4이고, 6으로 나누어 나머지가 5이고, 7로 나누어 나머지가 6이다.
(b) 5로 나누어 나머지가 4이고, 6으로나누어 나머지가 5이고, 8로 나누어 나머지가 7이다.

4.44. 다음을 만족시키는 수를 구하여라.
(a) 5로 나누어 나머지가 a이고, 6으로 나누어 나머지가 b이다.
(b) 5로 나누어 나머지가 a이고, 6으로 나누어 나머지가 b이고, 7로 나누어 나머지가 c이다.

4.45. (a) 수 n을 4로 나누면, 나머지가 3이다. n을 두 정수의 제곱의 합으로 나타낼 수 없다는 것을 증명하여라.
(b) 수 n을 8로 나누면, 나머지가 7이다. n을 세 정수의 제곱의 합으로 나타낼 수 없다는 것을 증명하여라.

4.46. 131로 나누면 나머지가 112이고, 132로 나누면 나머지가 98가 되는, 그러한 네 자리수를 구하여라.

4.47. 수 $523***$에서 별표 대신에 숫자를 하나씩 적어, 얻어진 여섯 자리수가 7, 8, 9로 나누어 떨어지도록 하여라.

4.48. 다음 수를 7로 나눈 나머지를 구하여라.

$$10^{10} + 10^{(10^2)} + 10^{(10^3)} + \cdots + 10^{(10^{10})}$$

4.49. $m_1, \ldots, m_k$은 쌍쌍이 서로소이며, $m = m_1 \cdots m_k$이다. 이때, 임의의 정수 $a_1, \ldots, a_k$에 대해, 연립합동식 $x \equiv a_i \pmod{m_i}$은 해를 가지며(단, $i = 1, \ldots, k$), 만약 x_1, x_2가 해라면, $x_1 - x_2$은 m으로 나누어 떨어진다는 것을 증명하여라(**중국인의 나머지 정리**).

4.50. $2^n - 1$이 7로 나누어 떨어지도록 하는 모든 자연수 n을 구하여라.

4.51. p는 소수이며, p보다 작은 r개의 자연수 $a_1, \ldots, a_r$이 주어졌다고 하자. 만약, $r < p$이면, 주어진 수들을 이용하여 p로 나누어 서로 다른 나머지를 가지는 적어도 $r+1$개의 합을 만들 수 있다는 것을 증명하여라(공집합에 속하는 가수들의 합은 0과 같은 것으로 취급함).

4.52. 임의의 $2n - 1$개의 정수로부터, 합이 n으로 나누어 떨어지는 n개의 정수를 택할 수 있다는 것을 증명하여라.

제 9 절 서로소

자연수 m, n에 대해 $\gcd(m, n) = 1$이면, 이들 수는 **서로소**라고 말한다.

4.53. 어떤 자연수 n에 대해서도, 수 $n(n+1)$은 자연수의 거듭제곱이 될 수 없다는 것을 증명하여라.

4.54. (a) 임의의 정수 n에 대해, 수 n, $n+1$, $n+2$, $n+3$, $n+4$ 중에 다른 네 수와 서로소인 수가 적어도 하나 존재한다는 것을 증명하여라.

(b) 임의의 정수 n에 대해, $n, n+1, n+2, \ldots, n+9$ 중에 나머지 8개의 수와 서로소인 수가 적어도 하나 존재한다는 것을 증명하여라.

4.55. n, m은 서로 다른 자연수이다. 이때, 수 $F_n = 2^{2^{n-1}} + 1$와 $F_m = 2^{2^{m-1}} + 1$은 서로소임을 증명하여라.

제 10 절 소수

4.56. 임의의 소수 $p > 3$의 제곱을 12로 나누면, 나머지가 1이라는 것을 증명하여라.

4.57. 무한히 많은 소수가 존재한다는 것을 증명하여라(**Euclid 정리**).

4.58. $4k-1$과 같은 꼴인 소수가 무한히 많이 존재한다는 것을 증명하여라.

4.59. (a) 수 $2^n - 1$이 소수이면, 수 n도 소수임을 증명하여라.
(b) 수 $2^n + 1$이 소수이면, $n = 2^k$임을 증명하여라.

4.60. 임의의 자연수 n에 대해, $2^{2^n} + 2^{2^{n-1}} + 1$은 n개보다 적지 않은 소인수를 가진다는 것을 증명하여라.

제 11 절 나머지의 산술

4.61. 수 $a \pm b$, ab를 n으로 나눈 나머지는 수 a, b를 n으로 나눈 나머지에 의해 결정된다는 것을 증명하여라.

4.62. p는 소수이고, 수 a는 p로 나누어 떨어지지 않는다. 수 $a, 2a, 3a, \ldots, (p-1)a$을 p로 나누어 얻어진 모든 나머지는 서로 다르다는 것, 즉 1부터 $p-1$까지의 수가 정확히 한번씩 나머지가 된다는 것을 증명하여라.

4.63. 만약, p가 소수이고, a와 b가 p로 나누어 떨어지지 않으면, 수 a를 p로 나누어 얻어진 나머지는 수 b, ab를 p로 나누어 얻어진 나머지에 의해 결정된다는 것을 증명하여라.

힌트 및 증명

4.1. 답: 불가능하다.
수 $1 \pm 2 \pm 3 \pm \cdots \pm 10$의 짝홀성은 부호의 선택에 종속되지 않으며, 이 식에 홀수가 몇 포함되는가에 따른다. 이 식에는 5개의 홀수가 포함되어 있으므로, 식은 항상 홀수가 된다.

4.2. 수 n의 약수 d와 n/d을 비교하자. 만약, 모든 d에 대해, 수 d와 n/d이 다르면(즉, $n \neq d^2$), 수 n의 약수들을 쌍으로 나눌 수 있으며, 약수의 개수는 짝수가 된다. 만약, $n = d^2$이면, d가 아닌 모든 약수들을 쌍으로 나눌 수 있고, 약수의 개수는 홀수가 된다.

4.3. 모든 수 $a_k - b_k$이 홀수라고 가정하자. 그러면, 수 $(a_1 - b_1) + \cdots + (a_{2n+1} - b_{2n+1})$ 또한 홀수이다(홀수를 홀수개 합하면 홀수가 됨). 그리고, $a_1 + \cdots + a_{2n+1} = b_1 + \cdots + b_{2n+1}$이므로, 이 수는 0이다.

4.4. 수 a, b, c가 홀수이고, 어떤 유리수 $x = m/n$(이때, m과 n은 서로소)에 대해 $ax^2 + bx + c = 0$이라고 가정하자. 등식 $am^2 + bmn + cn^2 = 0$으로부터 수 $m^2 + mn + n^2$이 짝수임이 유도된다. 그리고, 수 m과 n은 모두 홀수 또는 하나는 홀수이고 하나는 짝수이다. 이때, 두 가지 경우 모두에서 수 $m^2 + mn + n^2$은 홀수가 된다.

4.5. $P(x) = a_0x^n + a_1x^{n-1} + \cdots + a_{n-1}x + a_n$이라 하자. 조건에 의해, 수 $a_n = P(0)$와 $a_0 + a_1 + \cdots + a_n = P(1)$은 홀수이다. 만약, x가 짝수이면, $P(x) \equiv a_n \pmod 2$이다. 만약, x가 홀수이면, $P(x) \equiv a_0 + a_1 + \cdots + a_n \pmod 2$이다. 두 가지 경우 모두에서 수 $P(x)$는 홀수이므로, 이 수는 0이 될 수 없다.

4.6. 곱의 모든 계수가 4로 나누어 떨어지지는 않는다는 것으로부터, 한 다항식에 홀수인 계수가 있다는 것을 알 수 있다. 이제, 다른 다항식에 홀수인 계수가 존재하지 않는다는 것을 증명하자.

이제, 두 다항식 모두가 홀수인 계수를 가진다고 가정하자. 각각의 계수를 2로 나누어, 그 나머지를 계수 대신에 쓰자. 그러면, 다항식 $a_nx^n + a_{n-1}x^{n-1} + \cdots + x^r$와 $b_mx^m + b_{m-1}x^{m-1} + \cdots + x^s$을 얻게 된다. 만약, 주어진 다항식의 곱에서, 각각의 계수를 2로 나눈 나머지들로 바꾸면, 다항식 $a_nb_mx^{n+m} + \cdots + x^{r+s}$을 얻게 된다. 이와 같이, 주어진 다항식들의 곱에서 x^{r+s}의 계수는 홀수가 되며, 이것은 불가능하다.

4.7. 세 번째 줄로부터 각각의 줄에 적힌 처음 네 수를 생각하자. 이때, 각 수가 짝수이면 0으로, 홀수이면 1로 바꾸자. 그러면, 다음을 얻을 수 있다.

$$\begin{array}{cccccccc}
 & & & & 1 & 0 & 1 & 0 \\
 & & & 1 & 1 & 0 & 1 & \\
 & & 1 & 0 & 0 & 0 & & \\
 & 1 & 1 & 1 & 0 & & & \\
1 & 0 & 1 & 0 & & & & \\
. & . & . & . & & & &
\end{array}$$

이때, 다섯 번째 줄은 첫 번째 줄과 일치하므로, 그 다음에 오는 처음 네 수가 주기적으로 반복될 것이다. 이제, 처음 다섯 개의 줄 각각에 짝수 개의 수가 있다는 것을 생각하면 된다.

4.8. m, n은 $ma + nb = \gcd(a, b) = 1$인 자연수라 하자. 그러면, $mac + nbc = c$, 즉 $a(mc + n) = c$이다. 이것은 c가 a로 나누어 떨어진다는 것을 의미한다.

4.9. $a = p_1 \cdots p_r = q_1 \cdots q_s$라고 가정하자(단, $p_1, \ldots, p_r, q_1, \ldots, q_s$는 소수임). 그러면, $\gcd(p_1, q_1) = 1$ 또는 $\gcd(p_1, q_1) = p_1$이고 $p_1 = q_1$이다. 만약, $\gcd(p_1, q_1) = 1$이면, 문제 4.8에 의해 수 $q_2 \cdots q_s$는 p_1으로 나누어 떨어진다. 만약, $\gcd(p_1, q_2) = 1$이면, 수 $q_3 \cdots q_s$는 p_1으로 나누어 떨어진다 등등. 결국, $p_1 = q_i$을 얻을 수 있다. 이제, 수학적 귀납법으로 증명을 마무리할 수 있다.

4.10. 수 $21n + 4$, $14n + 3$의 최대공약수를 Euclid 알고리즘을 이용하여 구하자. $21n + 4$을 $14n + 3$으로 나누면, 나머지 $7n + 1$을 얻는다. $14n + 3$을 $7n + 1$으로 나누면, 나머지가 1이다. 즉, 수 $21n + 4$와 $14n + 3$는 서로소이다.

4.11. $m > n$인 임의의 자연수 쌍 $\{m, n\}$에 대해, 순차적으로 조작 $\{m, n\} \to \{m-n, n\}$을 수행하면, 쌍 $\{d, d\}$를 얻을 수 있다(단, $d = \gcd(m, n)$). 실제로, m을 n으로 나누는 조작은 그러한 조작들 몇몇 개로 이루어진다.

4.12. 문제 4.11에 의해, 임의의 $m > n \geq 1$에 대해 $\gcd(a^m - 1, a^n - 1) = \gcd(a^{m-n} - 1, a^n - 1)$을 확인하면 된다. 그리고, $a^m - 1 = a^n(a^{m-n} - 1) + a^n - 1$이고, 수 a와 $a^n - 1$은 서로소이다.

4.13. $p = p_1^{a_1} \cdots p_m^{a_m}$, $q = q_1^{b_1} \cdots q_n^{b_n}$라 하자. 그러면, $f(p/q) = p_1^{2a_1} \cdots p_m^{2a_m} q_1^{2b_1-1} \cdots q_n^{2b_n-1}$. 각각의 자연수는 그러한 꼴로 오직 한 가지 방법에 의해 표현될 수 있다.

4.14. (a) 수 10을 3으로 나누면, 나머지가 1이다. 그러므로, 수 10^k를 3으로 나누면, 나머지가 1이다. 결국, $a_k 10^k$을 3으로 나누면, 나머지가 a_k이다.

(b) 문제 (a)와 유사한 방법으로 풀 수 있다.

(c) 수 10을 11로 나누면 나머지가 -1이다. 그러므로, 10^k를 11로 나누면, 나머지가 $(-1)^k$이다. 결국, $a_k 10^k$를 11로 나누면, 나머지가 $(-1)^k a_k$이다.

4.15. 이 수는 3으로 나누어 떨어지지만, 9로는 나누어 떨어지지 않는다.그러므로, 이 수는 제곱수가 될 수 없다.

4.16. a, b를 이들 동전으로 만든 7자리 수라 하자. 이제, a가 b로 나누어 떨어지며, $a \neq b$라고 가정하자. 그러면, $a - b$는 또한 b로 나누어 떨어진다. 그리고, $\frac{a-b}{b} \leq 7$이다. 한편, $a - b$는 9로 나누어 떨어지지만, b는 9로 나누어 떨어지지 않는다. 그러므로, $\frac{a-b}{b}$는 9로 나누어 떨어진다. 이로부터, 모순이 유도된다.

4.17. 수 $10a + b$을 $a + 2b$로 바꾸자. 19보다 큰 임의의 수 $10a + b$에 대해, 부등식 $9a > b$, 즉 $10a + b > a + 2b$이 성립한다. 그러므로, 기술한 방법에 의해, 수는 항상 감소된다. 그리고, $10a + b$가 19로 나누어 떨어질 필요충분조건은 $20a + 2b$가 19로 나누어 떨어지는 것, 즉 $a + 2b$가 19로 나누어 떨어지는 것이다.

4.18. 처음 수를 $10a + a_0$와 같이 나타내자. 이제, 이 수가 7로 나누어 떨어질 필요충분조건은 $a - 2a_0$가 7로 나누어 떨어지는 것임을 증명하자. $10a + a_0$가 7로 나누어 떨어질 필요충분조건은 $20a + 2a_0$가 7로 나누어 떨어지는 것이다. 이제, 수 $20a + 2a_0$을 7로 나눈 나머지가 수 $-a + 2a_0$을 7로 나눈 나머지와 같다는 것을 생각하면 된다.

4.19. (a) $a = p_1^{\alpha_1} \cdots p_k^{\alpha_k}$, $b = p_1^{\beta_1} \cdots p_k^{\beta_k}$이라 하자. 그러면,

$$\gcd(a, b) = p_1^{\min\{\alpha_1,\beta_1\}} \cdots p_k^{\min\{\alpha_k,\beta_k\}},$$
$$\operatorname{lcm}(a, b) = p_1^{\max\{\alpha_1,\beta_1\}} \cdots p_k^{\max\{\alpha_k,\beta_k\}}.$$

그러므로, 증명을 각각의 소인수에 대해 개별적으로 진행할 수 있다.

만약, $a = p^\alpha$, $b = p^\beta$이고 $\alpha \le \beta$이면, $\gcd(a, b) = p^\alpha$, $\frac{ab}{\operatorname{lcm}(a,b)} = \frac{p^\alpha p^\beta}{p^\beta} = p^\alpha$.

(b) $a = p^\alpha$, $b = p^\beta$, $c = p^\gamma$이며, $\alpha \le \beta \le \gamma$인 경우만 살펴보면 된다. 이 경우에, $\gcd(a, b, c) = p^\alpha$,

$$\frac{abc \operatorname{lcm}(a, b, c)}{\operatorname{lcm}(a, b) \operatorname{lcm}(b, c) \operatorname{lcm}(c, a)} = \frac{p^\alpha p^\beta p^\gamma p^\gamma}{p^\beta p^\gamma p^\gamma} = p^\alpha.$$

(c) 다음을 생각하면 된다.

$$\frac{p^\alpha p^\beta p^\gamma p^\alpha}{p^\alpha p^\beta p^\alpha} = p^\gamma.$$

4.20. 수 a, b, c를 나누는 소수 p의 최대 지수를 α, β, γ라 하자. 이제, $\min(\alpha, \min(\beta, \gamma)) = \min(\min(\alpha, \beta), \gamma)) = \min(\alpha, \beta, \gamma)$을 증명하면 된다(단, $\min(x, y)$는 x, y의 최소값). 이것은 가장 작은 수들에 대해서는 자명하다.

4.21. 문제 4.19(a)에 의해,

$$(a + b) \operatorname{lcm}(a, b) = \frac{(a + b)ab}{\gcd(a, b)} = \frac{(a + b)ab}{\gcd(a, a + b)}$$
$$= b \operatorname{lcm}(a, a + b).$$

4.22. 수 $a+b$, a^2+b^2이 d로 나누어 떨어진다고 가정하자. 그러면, 수 $2ab = (a+b)^2-(a^2+b^2)$ 또한 d로 나누어 떨어진다. 그러므로, 수 $2a^2 = 2a(a + b) - 2ab$과 $2b^2 = 2b(a + b) - 2ab$은 d로 나누어 떨어진다. 조건에 의해, 수 a와 b는 서로소이므로, 수 a^2과 b^2도 서로소이다. 즉, $d = 1$ 또는 2이다.

4.23. 수 a와 b의 최소공배수에는 a, b의 약수인 소수들이 포함된다. 그리고, 오직 이들만이 합과 최소공배수에 대한 최대공약수에 포함된다. 그러므로, 각 소인수의 거듭제곱에 대해 생각하면 된다. 가령, $a = p^\alpha \dots$, $b = p^\beta \dots$이고, $\alpha \le \beta$라고 하자. 그러면, 수 a와 b의 합은 $p^\alpha \dots$와 같은 꼴이며, 이들의 최소공배수는 $p^\beta \dots$와 같은 꼴이 된다. 그러므로, 최대공약수는 $p^\alpha \dots$의 꼴이다. 수 a, b의 최대공약수도 그러한 꼴이다.

4.24. 주어진 수들의 최소공배수를 a라 하자. 그러면,

$$\frac{a}{a_1} > \frac{a}{a_2} > \cdots > \frac{a}{a_n}$$

은 서로 다른 자연수이다. 그러므로, $\frac{a}{a_1} \ge n$, 즉 $a \ge na_1$이다.

4.25. 함수 $f(a,b) = \text{lcm}(a,b)$은 성질 (1)–(3)을 가진다: 성질 (1)과 (2)는 자명하며, 성질 (3)은 문제 4.21에서 증명되었다. 쉽게, 성질 (2)와 (3)을 이용하면, $a_1 + b_1 < a + b$인 모든 자연수 a_1, b_1에 대해 $f(a_1, b_1)$이 알려졌을 경우에 $f(a,b)$를 구할 수 있다는 것을 알 수 있다. 그러므로, 함수 $f(a,b)$는 유일하다.

4.26. $a_1, \dots, a_n$을 주어진 수들이라 하자. 수열 $1, 2, 3, \dots, N$에서 a_k로 나누어 떨어지는 항의 개수는 $\left[\frac{N}{a_k}\right]$이다. 조건에 의해, $a_1, \dots, a_n$에서 임의의 두 수의 최소공배수는 N보다 크다. 그러므로, $1, 2, \dots, N$ 중에서 $a_1, \dots, a_n$의 두 수로 동시에 나누어 떨어지는 수는 없다. 그러므로, 수열 $1, 2, \dots, N$에서 $a_1, \dots, a_n$의 적어도 한 수로 나누어 떨어지는 항의 개수는

$$\left[\frac{N}{a_1}\right] + \left[\frac{N}{a_2}\right] + \cdots + \left[\frac{N}{a_n}\right].$$

그리고, 수열 $1, 2, \dots, N$은 N개의 항을 가지므로,

$$\left[\frac{N}{a_1}\right] + \left[\frac{N}{a_2}\right] + \cdots + \left[\frac{N}{a_n}\right] \le N.$$

$\left[\frac{N}{a_k}\right] > \frac{N}{a_k} - 1$인 것을 감안하면,

$$\left(\frac{N}{a_1} - 1\right) + \left(\frac{N}{a_2} - 1\right) + \cdots + \left(\frac{N}{a_n} - 1\right) < N.$$

즉,

$$\frac{N}{a_1} + \frac{N}{a_2} + \frac{N}{a_3} + \cdots + \frac{N}{a_n} < N + n < 2 \cdot N.$$

양변을 N으로 약분하면, 구하는 것을 얻을 수 있다.

4.27. 수 $a^n - b^n$은 $a - b$로 나누어 떨어진다(문제 5.1(a)). 그러므로, $7^{2n} - 5^{2n}$은 $7^2 - 5^2 = 24$로 나누어 떨어진다.

4.28. $3n^5 + 5n^3 + 7n$이 15로 나누어 떨어진다는 것, 즉 $5n^3 + 7n$이 3으로, $3n^5 + 7n$이 5로 나누어 떨어진다는 것을 증명하면 된다. $5n^3 + 7n \equiv -(n^3 - n) \pmod 3$이고, $3n^5 + 7n \equiv -2(n^5 - n) \pmod 5$이다. 모든 서로 다른 나머지들을 고려하면, $n^3 - n$이 3으로 나누어 떨어지며, $n^5 - n$이 5로 나누어 떨어진다는 것을 알 수 있다.

4.29. 답: 짝수 n.
우선, $323 = 17 \cdot 19$을 생각하면, 어떤 수가 323으로 나누어 떨어질 필요충분조건은 그 수가 17과 19로 나누어 떨어지는 것이다. 수 $20^n - 3^n$은 $20 - 3 = 17$로 나누어 떨어진다. 그리고, $16^n \equiv (-1)^n \pmod{17}$이므로, 수 $16^n - 1$이 17로 나누어 떨어질 필요충분조건은 n이 짝수인 것이다.

19로 나누어 떨어짐에 의해, $20^n - 1$은 임의의 n에 대해 $20 - 1 = 19$으로 나누어 떨어지며, $n = 2m$이면 수 $16^n - 3^n$은 $16^2 - 3^2 = 13 \cdot 19$로 나누어 떨어진다. 그러므로, 이 수는 19로 나누어 떨어진다.

4.30. 다항식 $x^n - y^n$이 $x - y$으로 나누어 떨어지므로(문제 5.1(a)), $b^n - k^n$는 $b - k$로 나누어 떨어진다. 즉, 임의의 $k \neq b$에 대해, 수 $a - b^n = (a - k^n) - (b^n - k^n)$는 $b - k$로 나누어 떨어진다. 이것은 $a = b^n$인 경우에만 가능하다.

4.31. $2^n - 2 = nm$이라 하자. 그러면,

$$\frac{2^{2^n-1} - 2}{2^n - 1} = 2\frac{2^{2^n-2} - 1}{2^n - 1} = 2\frac{2^{nm} - 1}{2^n - 1}$$
$$= 2(2^{n(m-1)} + 2^{n(m-2)} + \cdots + 2^n + 1).$$

4.32. 홀수인 k에 대해 $m = kn$이면, $a^m + b^m = (a^n)^k + (b^n)^k$은 $a^n + b^n$로 나누어 떨어진다(문제 5.2(b)). 홀수 k와 $0 < r < n$에 대해, $m = kn + r$이라 하자. 이제, $a^m + b^m$이 $a^n + b^n$으로 나누어 떨어진다는 것을 증명하자. 실제로,

$$a^{kn+r} + b^{kn+r} = a^r(a^{kn} + b^{kn}) + b^{kn}(b^r - a^r).$$

여기서, $a^r(a^{kn}+b^{kn})$는 a^n+b^n으로 나누어 떨어지고, $b^{kn}(b^r-a^r)$은 a^n+b^n으로 나누어 떨어지지 않는다. 왜냐 하면, b^{kn}는 a^n+b^n와 서로소이고, $0<|b^r-a^r|<a^n+b^n$이다.

짝수 l과 $0\le r<n$에 대해, $m=ln+r$이라 하자. 이제, a^m+b^m이 a^n+b^n로 나누어 떨어진다는 것을 증명하자. 실제로, $k=l-1$이라 하자(k는 홀수). 그러면,

$$\begin{aligned}a^{ln+r}+b^{ln+r}&=a^{kn}a^{n+r}+b^{kn}b^{n+r}\\&=a^{n+r}(a^{kn}+b^{kn})+b^{kn+r}(a^n+b^n)-b^{kn}a^n(a^r+b^r).\end{aligned}$$

여기서, 처음 두 가수는 a^n+b^n으로 나누어 떨어지고, 마지막 가수는 나누어 떨어지지 않는다. 왜냐 하면, $b^{kn}a^n$는 a^n+b^n와 서로소이고, $0<a^r+b^r<a^n+b^n$이다.

4.33. 문제 (b)를 풀자. 주어진 수가 정수라고 가정하자. 수 $k,\ k+1,\ \ldots,\ k+n$ 중에서 2의 최대 거듭제곱으로 나누어 떨어지는 수들을 잡자. 그러한 수는 오직 하나 2^mp라고 하자(p는 홀수). 그러면, 주어진 수는 홀수 p,r에 대해,

$$\frac{1}{2^m}\left(\frac{1}{p}+\frac{2q}{r}\right)=\frac{r+2q}{2^mpr}$$

인 꼴을 가진다. 이 수는 분모가 홀수이며, 분자가 짝수인 분수인데, 그러한 수는 정수가 될 수 없다.

그러므로, 2의 최대 거듭제곱으로 나누어 떨어지는 수가 적어도 두 개 2^mp, 2^mq가 존재한다(p,q는 홀수이고, $p<q$). 그러면, $p+1<q$와 $p+1$는 짝수이다. 그러므로, 수 $2^m(p+1)$는 수들 $k,\ k+1,\ \ldots,\ k+n$에 포함되며 2^{m+1}로 나누어 떨어진다. 이것은 수 m의 선택에 모순된다.

4.34. 일반적인 식 $\prod_k(a_km+b_kn)!^{d_k}$을 생각하자(단, a_k와 b_k는 음이 아닌 정수이고, d_k는 정수). 수 $n!$로 나누어 떨어지는 소수 p의 거듭제곱의 최대 지수는 $\sum_{m=1}^{\infty}[n/p^m]$이다(문제 4.36). 그러므로, 만약 임의의 수 $x,\ y\ge 0$에 대해, 부등식 $\sum d_k[a_kx+b_ky]\ge 0$이 성립하면, 일반적인 식은 정수가 된다.

문제 (a)–(d)에서 수 $a_k,\ b_k,\ d_k$에 대해, 관계 $\sum_k d_ka_k=\sum_k d_kb_k=0$이 성립한다. 그러한 경우에, 함수 $f(x,y)=\sum_k d_k(a_kx+b_ky)$는 $f(x+1,y)=f(x,y)=f(x,y+1)$이 성립한다. 그러므로, 부등식 $f(x,y)\ge 0$은 $0\le x,\ y<1$을 만족시키는 수 $x,\ y$에 대해서만 확인하면 된다.

(a) $0\le x,\ y<1$에 대해, 부등식 $[x+y]-[x]-[y]\ge 0$을 증명해야 한다. 그런데, $[x]=[y]=0$이다.

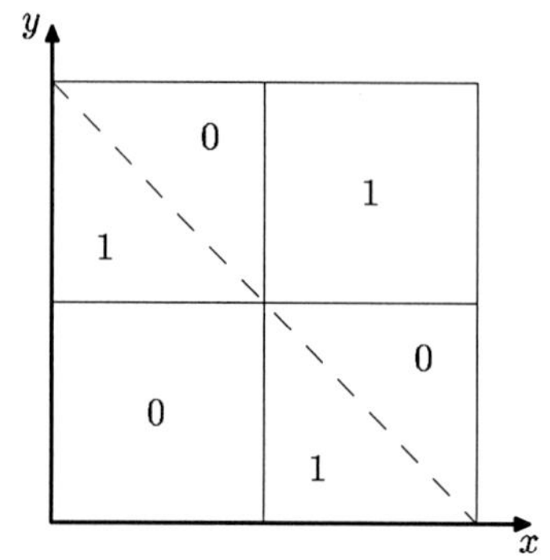

그림 4.1

(b) $0 \le x,\ y < 1$에 대해, 부등식 $[2x] + [2y] - [x] - [y] - [x+y] \ge 0$을 증명해야 한다. $[x] = [y] = 0$임을 고려하면, 부등식 $f(x,y) = [2x] + [2y] - [x+y] \ge 0$을 얻을 수 있다. 정사각형 $0 \le x,\ y < 1$에서 $f(x,y)$의 함수값을 계산하기 위해, 다음과 같이 하자: 실선으로 $2x = 1$와 $2y = 1$의 그래프를 그리고, 점선으로 $x + y = 1$의 그래프를 그리자(그림 4.1).

이때, $f(0,0) = 0$이다. 그러므로, 이들 그래프와 정사각형의 변들에 의해 경계지워지고 좌표의 원점을 포함하는 도형의 모든 점에서 $f = 0$이다. 실선을 지나갈 때에 함수 f의 값은 1만큼 증가되고, 점선을 지나갈 때에 1만큼 감소된다(좌표의 원점으로부터의 이동이라는 것을 염두에 두자). 이로부터, 정사각형의 모든 점에서 함수 $f(x,y)$의 값을 계산할 수 있고, 이들이 음이 아니라는 것을 알 수 있다. 그림 4.1에 이들 값이 적혀있다.

(c) $0 \le x,\ y < 1$에 대해 부등식 $f(x,y) = [5x] + [5y] - [3x+y] - [x+3y] \ge 0$을 증명해야 한다. 정사각형의 모든 점에서 함수 $f(x,y)$의 값을 계산하기 위해, 각각의 식 $\pm[a_k x + b_k y]$에 대해 $a_k x + b_k y = 1,\ 2,\ \ldots,\ a_k + b_k - 1$의 그래프를 그리자: +부호에 대해서는 실선으로, −부호에 대해서는 점선으로(그림 4.2). 그리고 나서, 문제 (b)에서와 같은 규칙을 이용하자.

(d) 부등식 $f(x,y) = [3x+3y] + [3y] + [2x] + [2y] - [2x+3y] - [x+2y] - [x+y] \ge 0$을 증명해야 한다. 이것은 문제 (c)의 풀이와 유사한 방법으로 접근할 수 있다(그림 4.3). 여기서, $x + y = 1$의 그래프는 그리지 않았다. 왜냐 하면, 이 그래프를 지날 때에 함수 $f(x,y)$의 값은 1만큼 증가하고 1만큼 감소한다. 즉, 함수값이 변하지 않는다.

4.35. 답: 24.

수 1에서 100사에는 5로 나누어 떨어지는 수가 20개 있고, 이들 중에서 25로 나누어 떨어지는 수는 4개이다(125로 나누어 떨어지는 수는 없다). 그러므로, 곱은 5^{24}로는 나누어 떨어

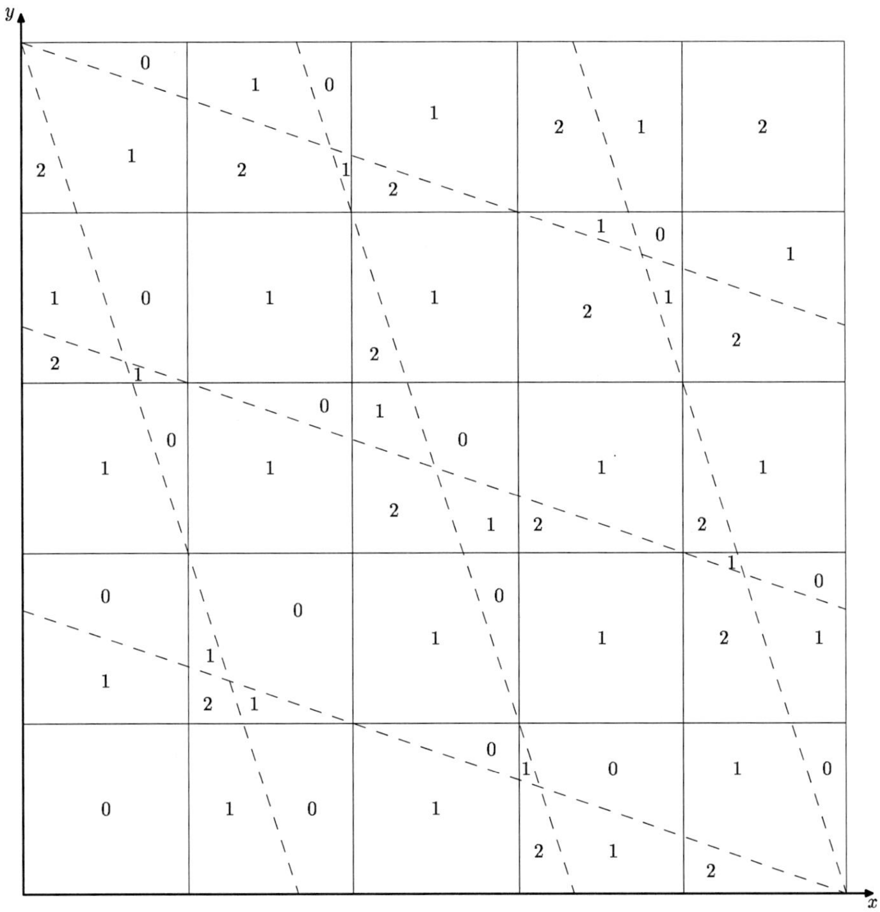
y
x
0
1
0
1
2
1
2
1
2
2
1
2
1
0
1
1
2
1
1
1
0
1
1
2
2
2
1
0
1
1
0
0
1
1
1
2
1
2
2
1
0
0
0
1
1
2
1
1
1
2
1
1
2
1
0
1
0
1
0
1
0
1
0
2
1
2

그림 4.2

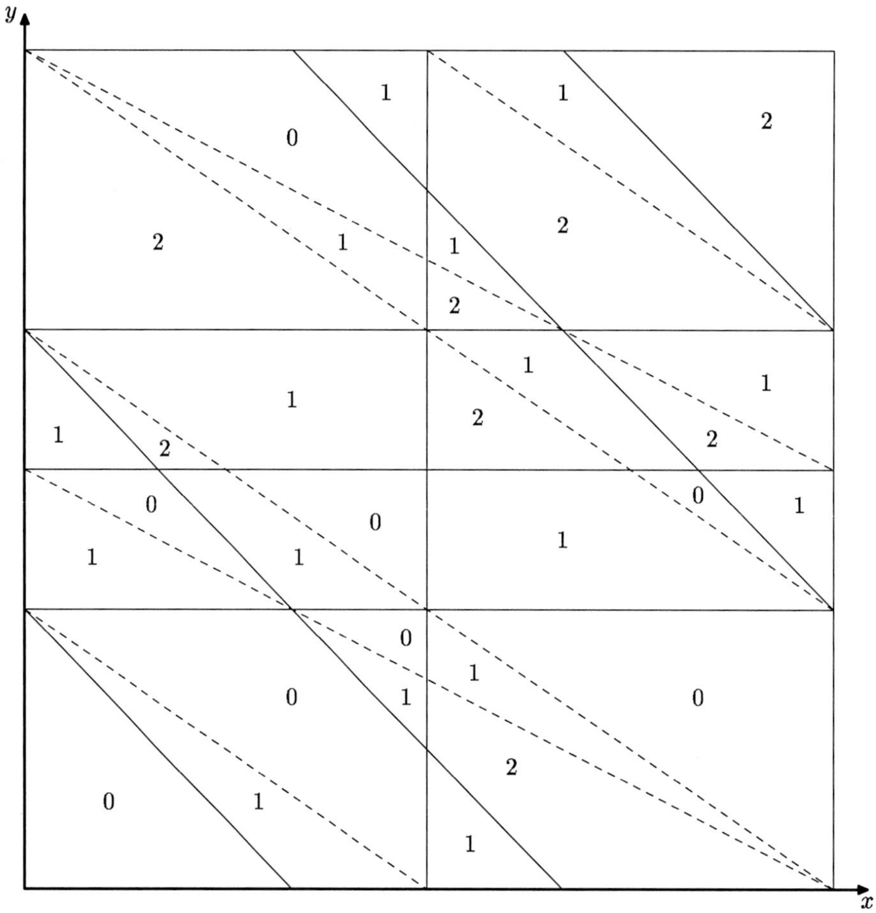

그림 4.3

지지만, 5^{25}로는 나누어 떨어지지 않는다. 그리고, 곱은 2^{24}로도 나누어 떨어진다.

4.36. 수 $1, 2, \ldots, n$중에는 p로 나누어 떨어지는 수가 $\left[\frac{n}{p}\right]$개 있고, p^2으로 나누어 떨어지는 수가 $\left[\frac{n}{p^2}\right]$개 있고 등등.

4.37. a를 $n!$이 2^a로 나누어 떨어지도록 하는 최대의 정수라 하자. $[x] \le x$와 문제 4.36에 의해,

$$a = \left[\frac{n}{2}\right] + \left[\frac{n}{2^2}\right] + \left[\frac{n}{2^3}\right] + \cdots \le \frac{n}{2} + \frac{n}{2^2} + \frac{n}{2^3} + \cdots = n.$$

게다가, 충분히 큰 k에 대해 $\left[\frac{n}{2^k}\right] = 0 < \frac{n}{2^k}$이다. 그러므로, $a < n$이다.

4.38. $(2n-1)!! = 1\cdot3\cdot5\cdot7\cdots(2n-1)$, $(2n)!! = 2\cdot4\cdot6\cdots2n$라 하자. $(2n)! = (2n-1)!!(2n)!!$, $(2n)!! = 2^n n!$이다. 그러므로, $(n+1)(n+2)\cdots 2n = \frac{(2n)!}{n!} = \frac{(2n-1)!!(2n)!!}{n!} = 2^n(2n-1)!!$이고, 특히 $(2n-1)!!$은 홀수이다.

4.39. 답: 1과 4.

$n > 1$에 대해, 등식 $2^k 5^l = n$와 $2^s 5^t = n+1$이 성립해야 한다. 수 n과 $n+1$은 서로소이므로, 등식 $2^k + 1 = 5^t$ 또는 $5^l + 1 = 2^s$이 성립해야 한다.

$5^l + 1 = 2^s$이 성립한다고 가정하자. 그러면, 수 2^s는 6으로 끝나므로, $s = 4m$이다. 즉, $5^l = 2^{4m} - 1 = (2^{2m}-1)(2^{2m}+1)$. 그리고, 수 $2^{2m}-1$와 $2^{2m}+1$는 동시에 5로 나누어 떨어질 수 없다.

이제, 방정식 $2^k + 1 = 5^t$을 살펴보자. 홀수 s에 대해 $t = 2^m s$라 하자. 그러면,

$$5^t - 1 = (5^{2^m} - 1)(5^{2^m(s-1)} + 5^{2^m(s-2)} + \cdots + 1).$$

두 번째 인수는 홀수인 가수가 홀수 개이므로, 이것은 홀수이다. 즉, $s = 1$이다. 그리고,

$$5^{2^m} - 1 = (5-1)(5+1)(5^2+1)\cdots(5^{2^{m-1}}+1).$$

수 $5+1 = 6$는 2의 거듭제곱이 아니므로, $m = 0$이다. 이것은 등식 $2^2 + 1 = 5$에 대응된다.

4.40. (a) $k = 2^n$이라 하자. 그러면,

$$a^k - 1 = (a^{2^{n-1}} - 1)(a^{2^{n-1}} + 1) = (a-1)(a+1)(a^2+1)(a^4+1)\cdots(a^{2^{n-1}}+1). \qquad (1)$$

수 a는 홀수이므로, 이 곱에는 $n+1$개의 짝수인 인수가 존재한다. 즉, a^k-1은 2^{n+1}으로 나누어 떨어진다. 이와 같이, $k=2^n$이고 $n \geq m-1$이면, a^k-1는 2^m으로 나누어 떨어진다.

(b) 다음 표기를 도입하자: 만약, $m=2^n s$이면(s는 홀수), $d(m)=n$이다. 그리고, $a^m-1=(a^{2^n}-1)(a^{2^n(s-1)}+a^{2^n(s-2)}+\cdots+1)$이다. 여기서, 두 번째 괄호에 있는 합은 홀수개의 홀수 가수들로 구성되어 있다. 그러므로, $d(a^m-1)=d(a^{2^n}-1)$이다. 인수분해 (1)에서 수 $a^2+1, \ldots, a^{2^{n-1}}+1$은 2로 나누어 떨어지지만, 4로는 나누어 떨어지지 않는다. 즉,

$$d(a^{2^n}-1)=\begin{cases} d(a-1), & n=0; \\ d(a^2-1)+n-1, & n \geq 1. \end{cases}$$

수 a^m-1이 2^m으로 나누어 떨어질 필요충분조건은 $d(a^m-1) \geq m$이다. 두 가지 경우를 살펴보자. 만약, $d(m)=0$, 즉 m이 홀수이면, 부등식 $m \leq d(a-1)$이 성립해야 한다. 이 부등식은 유한개의 홀수인 해를 가진다. 만약, $d(m) \geq 1$, 즉 m이 짝수이면, 부등식 $d(a^2-1)+n-1 \geq m=2^n s$이 성립해야 한다(단, $n=d(m)$). 이 부등식은 $s \leq \frac{d(a^2-1)+n-1}{2^n}$와 같이 쓸 수 있다($s$는 짝수). $n \to \infty$이면, 수열 $n/2^n$는 0으로 수렴하므로, 그러한 부등식은 유한개의 해를 가진다.

4.41. (a) 답: 1, 2, 4.

문제 4.40(b)의 풀이를 이용하자. 만약, $a=3$이면, $d(a-1)=1$이고 $d(a^2-1)=3$이다. 부등식 $s \leq \frac{2+n}{2^n}$의 해는 $(s,n)=(1,1)$, $(1,2)$이다.

(b) 답: 1, 2, 4, 6, 8.

만약, $a=31$이면, $d(a-1)=1$, $d(a^2-1)=d(30\cdot 32)=6$이다. 부등식 $s \leq \frac{5+n}{2^n}$의 해는 $(s,n)=(1,1)$, $(3,1)$, $(1,2)$, $(1,3)$이다(s는 홀수).

4.42. (a) 답: 0과 1.

등식 $(3k\pm 1)^2=9k^2\pm 6k+1$을 이용하자.

(b) 답: 0과 1.

등식 $(2k+1)^2=4k^2+4k+1$을 이용하자.

(c) 답: 0, 1, 4.

등식 $(5k\pm 1)^2=25k^2\pm 10k+1$, $(5k\pm 2)^2=25k^2\pm 20k+4$을 이용하자.

(d) 답: 0, 1, 4.

등식 $(2k+1)^2=4k(k+1)+1$, $(4k+2)^2=16k^2+16k+4$을 이용하고, $k(k+1)$가 홀수임을 생각하자.

4.43. (a) n을 구하는 수라고 하자. 그러면, $n+1$는 $5\cdot 6\cdot 7 = 210$으로나누어 떨어진다. 그러므로, $n = 209$이다.

(b) n을 구하는 수라고 하자. 그러면, $n+1$는 $\text{lcm}(5,6,8) = 120$으로 나누어 떨어진다. 그러므로, $n = 119$이다.

4.44. (a) $6n \equiv 1 \pmod 5$, $5m \equiv 1 \pmod 6$이라 하자. 그러면,

$$6na + 5mb \equiv 6na \equiv a \pmod 5,$$

$$6na + 5mb \equiv 5mb \equiv b \pmod 6.$$

그러므로, $m = 5$, $n = 1$이다. 이로부터, 구하는 수는 $6a + 25b$이다.

(b) $42k \equiv 1 \pmod 5$, $35n \equiv 1 \pmod 6$, $30m \equiv 1 \pmod 7$이라 하자(여기서는 $42 = 6\cdot 7$, $35 = 5\cdot 7$, $30 = 5\cdot 6$). 그러면,

$$42ka + 35nb + 30mc \equiv 42ka \equiv a \pmod 5,$$

$$42ka + 35nb + 30mc \equiv 35nb \equiv b \pmod 6,$$

$$42ka + 35nb + 30mc \equiv 30mc \equiv c \pmod 7.$$

그러므로, $k = 3$, $n = 5$, $m = 4$. 이로부터, 구하는 수는 $126a + 175b + 120c$이다.

4.45. (a) 문제 4.42(b)에 의해, 두 수의 제곱의 합을 4로 나누면, 나머지로 0, 1, 2가 될 수 있다.

(b) 문제 4.42(d)에 의해, 두 수의 제곱의 합을 8로 나누면, 나머지로 0, 1, 2, 4, 5가 될 수 있다. 그리고, 세 수의 제곱의 합을 8로 나누면, 나머지로 0, 1, 2, 3, 4, 5, 6이 될 수 있다.

4.46. 답: 1946.

N을 구하는 수라고 하자. 조건에 의해, $N = 131k + 112 = 132l + 98$이다(단, k, l은 자연수). 게다가, $N < 10\,000$이므로,

$$l = \frac{N-98}{132} < \frac{10\,000-98}{132} \le 75$$

그리고, $131k + 112 = 132l + 98$이므로, $131(k-l) = l - 14$. 결국, 만약 $k \ne l$이면, $|l-14| \ge 131$이다. 그리고, $l \le 75$이므로, $k = l$이고 $l - 14 = 0$이다. 이와 같이, $N = 131\cdot 14 + 112 = 132\cdot 14 + 98 = 1946$이다.

4.47. 답: 523 152 또는 523 656.

얻어진 수는 $7 \cdot 8 \cdot 9 = 504$로 나누어 떨어져야 한다. 523 000을 504로 나누면, $523\,000 = 1037 \cdot 504 + 352$. $504 - 352 = 152$이므로, 수 523 152와 $523\,152 + 504 = 523\,656$은 504로 나누어 떨어진다. 523 000와 523 999 사이에 504로 나누어 떨어지는 다른 수는 존재하지 않는다.

4.48. $10^3 + 1$이 7로 나누어 떨어지므로, $10^6 \equiv 1 \pmod 7$이고, $99\ldots96$이 짝수이며 3으로 나누어 떨어지므로, $k \geq 1$에 대해 $10^k \equiv 4 \pmod 6$이다. 즉, $k \geq 1$에 대해 $10^{10^k} \equiv 10^4 \pmod 7$이다. 그러므로, 구하는 나머지는 수 $10 \cdot 10^4 = 10^5$을 7로 나눈 나머지와 같다. 결국, 나머지는 5이다.

4.49. $n_i = m/m_i$라고 가정하자. 수 n_i는 m_i와 서로소인 수들의 곱이므로, $\gcd(n_i, m_i) = 1$이다. 그러한 경우에 $r_i m_i + s_i n_i = 1$인 정수 r_i, s_i를 잡을 수 있다. $e_i = s_i n_i$, $x = a_1 e_1 + \cdots + a_k e_k$라고 가정하자. $e_i \equiv 1 \pmod{m_i}$이고, $j \neq i$에 대해 $e_i \equiv 0 \pmod{m_j}$이므로, $x \equiv a_i \pmod{m_i}$이다(단, $i = 1, \ldots, k$). 만약, x_1, x_2가 연립합동식의 근이면, $x_1 - x_2 \equiv 0 \pmod{m_i}$이다(단, $i = 1, \ldots, k$). 수 $m_1, \ldots, m_k$는 쌍쌍이 서로소이므로, $x_1 - x_2$는 m으로 나누어 떨어진다.

4.50. $2^3 = 8 \equiv 1 \pmod 7$이다. 그러므로, $2^{3k} \equiv 1 \pmod 7$, $2^{3k+1} \equiv 2 \pmod 7$, $2^{3k+2} \equiv 4 \pmod 7$. 결국, $2^n - 1$이 7로 나누어 떨어질 필요충분조건은 n이 3으로 나누어 떨어지는 것이다.

4.51. r에 대한 수학적 귀납법을 사용하자. $r = 1$이면 두 개의 합 0, a_1이 존재한다.

이제, 명제가 $r < p - 1$개의 수에 대해서는 성립하지만, $r + 1$개에 대해서는 성립하지 않는다고 가정하자. 그러면, 수 $a_1, \ldots, a_r$로 만들어진 합 0, $s_1, \ldots, s_r$을 p로 나누면, 나머지가 서로 다르다. 한편, 합 $0 + a_{r+1}$, $s_1 + a_{r+1}, \ldots, s_r + a_{r+1}$을 p로 나눈 나머지를 0, $s_1, \ldots, s_r$에서 얻어진 나머지와 비교하면, 새로운 나머지는 없다. 이것은, 어떤 i에 대해, $a_{r+1} \equiv s_i \pmod p$임을 의미한다. 그리고, 어떤 j에 대해, $s_i + a_{r+1} \equiv s_j \pmod p$, 즉 $2a_{r+1} \equiv s_j \pmod p$이다.

유사한 방법으로, 수 $a_{r+1}, 2a_{r+1}, 3a_{r+1}, \ldots, (p-1)a_{r+1}$을 p로 나누었을 때의 나머지들은 수 0, $s_1, \ldots, s_r$을 p로 나눈 나머지에 포함된다는 것을 알 수 있다. 수 p는 소수이고, a_{r+1}는 p로 나누어 떨어지지 않는다. 그러므로, 수 $a_{r+1}, 2a_{r+1}, \ldots, (p-1)a_{r+1}$을 p로 나눈 나머지는 서로 다르며 0이 아니다. 즉, $p - 1 \geq r$이고, 모순이 발생한다.

4.52. 우선, 명제가 $n = a$와 $n = b$에 대해 성립하면, $n = ab$에 대해서도 성립한다는 것을 증명하자. $2ab-1$개의 정수가 주어졌다고 하자. 명제는 $n = b$에 대해 성립하고, 게다가 $2ab-1 \geq 2b-1$이다. 그러므로, 주어진 $2ab-1$개의 수들로부터 합이 b로 나누어 떨어지는 b개의 수를 잡을 수 있다. 그리고 나서, 나머지 수들이 $2b-1$개보다 적지 않으면, 다시금 합이 b로 나누어 떨어지도록 b개의 수를 잡자. 등식 $2ab-1 = (2a-1)b+b-1$으로부터, 그러한 조작을 $2a-1$번 수행할 수 있으며, b개씩 $2a-1$개의 쌍을 얻을 수 있다는 것을 알 수 있다. 특히, 각 쌍의 수들의 합은 b로 나누어 떨어지며, 각 쌍에 있는 수들의 산술평균은 정수가 된다.

이들 산술평균을 살펴보자. 명제가 $n = a$에 대해 성립하므로, $2a-1$개의 산술평균으로부터 합이 a로 나누어 떨어지도록 a개를 잡을 수 있다.결국, 수 b개씩 a쌍을 얻을 수 있다. 얻어진 ab개의 수들의 합은 ab로 나누어 떨어진다.

이제, 문제의 가장 어려운 부분을 증명하자: 명제가 임의의 소수 $n = p$에 대해 성립한다. 주어진 수들 대신에, 이들을 p로 나눈 나머지들을 생각할 수 있다. 주어진 수들을 p로 나눈 나머지를 $b_1 \leq b_2 \leq \cdots \leq b_{2p-1}$라 하자. 다시금 $p-1$개의 수 $a_1 = b_{p+1} - b_2$, $a_2 = b_{p+2} - b_3$, $\ldots$, $a_{p-1} = b_{2p-1} - b_p$을 생각하자. 만약, $a_i = 0$이면, $b_i = b_{p+i}$, 즉 $b_i = b_{i+1} = \cdots = b_{i+p}$. 그러한 경우에 p개의 수 b_i, b_{i+1}, b_{i+p}의 합은 p로 나누어 떨어진다. 이제, 모든 수들 a_1, $\ldots$, a_{p-1}이 0이 아닌 경우를 생각하자.

x는 합 $b_1 + b_2 + \cdots + b_p$을 p로 나눈 나머지라 하자. 만약, $x = 0$이면, 구하는 p개의 수를 바로 얻을 수 있다. $x \neq 0$이라고 가정하자. 문제 4.51에 의해, 수 a_1, $\ldots$, a_{p-1}로부터 합들을 만들어, 이들을 p로 나눈 나머지가 서로 다르도록 할 수 있다. 특히, 나머지가 $p-x$인 합 $a_{i_1} + \cdots + a_{i_k}$을 만들 수 있다. 그러면, 합 $b_1 + b_2 + \cdots + b_p + a_{i_1} + \cdots + a_{i_k} = b_1 + \cdots + b_p + (b_{p+i_1} - b_{i_1}) + \cdots + (b_{p+i_k} - b_{ik})$은 p로 나누어 떨어진다. 간단하게 정리하면, 이 식은 주어진 p개의 수들의 합이 된다.

4.53. 자연수 m, k, $k \geq 2$에 대해 $n(n+1) = m^k$을 가정하자. 수 n과 $n+1$은 서로소이므로, $n+1 = b^k$이다(단, a, b는 자연수). 그리고, $b > a$. $(a+1)^k > (a+1)a^{k-1} = a^k + a^{k-1} \geq n+1$. 그러므로, $b^k \geq (a+1)^k > n+1$.

4.54. (a) 만약, $|k-l| \leq 4$, $k \neq l$이면, 수 k와 l의 최대공약수는 4를 넘지 않는다. 그러므로, 택한 수들의 임의의 쌍에 대한 최대공약수는 4를 넘지 않는다. 다섯 개의 연속하는 수들 중에서 연속하는 홀수들의 쌍을 잡을 수 있다. 연속하는 두 홀수들 중에서 적어도 하나는 3으로 나누어 떨어지지 않는다. 이 수는 나머지 네 수와 서로소이다.

(b) 주어진 수들 중에서 5개의 홀수가 존재한다. 이들 다섯 개의 수를 3, 5, 7로 나눈 나머지를 생각하자. 3으로 나눈 나머지들 중에는 3개의 같은 나머지가 없으며, 5와 7로 나눈 나머지들 중에서는 2개의 같은 나머지가 없다.그러므로, 다섯 개의 수들 중에서 3으로 나누어 떨어지지 않는 세 수를 잡을 수 있으며, 이들 중에서 5, 7로 나누어 떨어지지 않는 수를 잡을 수 있다. 이 수가 나머지 9개의 수와 서로소가 된다.

4.55. $n > m$이라고 하자. 다음 항등식에 $x = 2$를 대입하자.

$$(x-1)(x+1)(x^2+1)(x^4+1)\cdots(x^{2^{n-2}}+1) = x^{2^{n-1}}+1.$$

결국, $F_1F_2\cdots F_{n-1}+2 = F_n$. 수 F_n과 F_m이 d로 나누어 떨어진다고 가정하자. 그러면, $2 = F_n - F_1F_2\cdots F_{n-1}$ 또한 d로 나누어 떨어진다. 그리고, F_n과 F_m는 홀수이므로, $d \neq 2$이다.

4.56. 소수 $p > 3$를 6으로 나누어 어떤 나머지를 얻을 수 있는가를 생각하자. 수 p는 나머지로 2 또는 4를 가질 수 없다(그렇지 않으면, p는 짝수가 된다). 그리고, p는 나머지로 3을 가질 수 없다. 그렇지 않으면, p는 3으로 나누어 떨어지게 된다. 즉, 소수 $p > 3$를 6으로 나누면, 나머지로 1 또는 5가 가능하며, $6n\pm1$와 같이 쓸 수 있다. 이것의 제곱은 $36n^2\pm12n+1$와 같은 꼴이다.

4.57. 유한 개의 서로 다른 소수 $p_1, \ldots, p_r$만 존재한다고 가정하자. 수 $p_1\cdots p_r+1$을 생각하자. 이 수는 $p_1, \ldots, p_r$의 어느 것으로도 나누어 떨어지지 않으므로, 이 수는 $p_1, \ldots, p_r$ 이외의 소인수를 가진다.

4.58. $p_1, \ldots, p_r$을 $4k-1$꼴의 서로 다른 소수 전체라 하자. 수 $4p_1\cdots p_r-1$을 생각하자. 이 수는 홀수이므로, 이 수의 모든 소인수는 $4k\pm1$의 꼴이다. 그러나, 모든 소인수는 $4k+1$꼴일 수 없다. 왜냐 하면, 그러한 꼴의 수들의 곱은 그러한 꼴을 가지기 때문이다. 이제, 이 수가 $p_1, \ldots, p_r$로 나누어 떨어지지 않는다는 것을 생각하면 된다.

4.59. (a) 다항식 x^q-1이 $x-1$로나누어 떨어지므로, $2^{pq}-1 = (2^p)^q-1$은 2^q-1로 나누어 떨어진다.

(b) 만약, q가 홀수이면, 다항식 x^q+1은 $x+1$로 나누어 떨어진다. 그러므로, 만약 수 n이 홀수개의 인수 $q>1$를 가지면, 2^n+1은 2^q+1으로 나누어 떨어진다.

4.60. 항등식 $x^4+x^2+1=(x^2+1-x)(x^2+1+x)$을 이용하자. $x=2^{2^{n-2}}$인 경우에 주어진 수는 수 $2^{2^{n-1}}+2^{2^{n-2}}+1$와 $2^{2^{n-1}}-2^{2^{n-2}}+1$이다. 이들 수는 홀수이고, 그 차가 $2^{2^{n-2}+1}$이므로, 서로소이다. 이제, 수 $2^{2^{n-1}}+2^{2^{n-2}}+1$이 그러한 꼴이므로, n에 대한 수학적 귀납법을 이용하면 된다.

4.61. $a=a_1+a_2n$이고 $b=b_1+b_2n$라 하자. 그러면, $a\pm b=a_1\pm b_1+(a_2\pm b_2)n$이고, $ab=a_1b_1+(a_2b_1+a_1b_2+a_2b_2n)n$.

4.62. 만약, $xa\equiv ya \pmod p$이면, $(x-y)a$은 p로 나누어 떨어진다. 수 a와 p는 서로소이므로, $x-y$는 p로 나누어 떨어진다. 즉, $1\le x,y\le p-1$이면, $x=y$이다.

4.63. 문제 4.62에 의해, 수 b, $2b$, $\ldots$, $(p-1)b$을 p로 나눈 나머지들 중에서 정확히 하나는 1이다. 즉, $\bar{b}b\equiv 1 \pmod p$을 만족시키는 정수 $\bar{b}$, $1\le\bar{b}\le p-1$가 유일하게 존재한다. 이때, $a\equiv\bar{b}(ab) \pmod p$.

제 5 장

항등식

제 1 절 인수분해

문제 5.1–5.8에서는 제시된 식을 낮은 차수의 인수들의 곱으로 분해하여라. 이때, 근호를 이용하지 않는다.

5.1. (a) $x^n - y^n$; (b)$x^{2n+1} + y^{2n+1}$.

5.2. $x^4 + 4$.

5.3. $(x+y+z)^3 - x^3 - y^3 - z^3$.

5.4. $x^3 + y^3 + z^3 - 3xyz$.

5.5. $(x-y)^3 + (y-z)^3 + (z-x)^3$.

5.6. $a^{10} + a^5 + 1$.

5.7. $a^4(b-c) + b^4(c-a) + c^4(a-b)$.

5.8. $x^4 + x^3 + x^2 + x + 12$.

5.9. (a) 식 $x^8 + x^4 + 1$을 인수분해하여라.
(b) 식 $x^8 + x^4 + 1$을 네 인수의 곱으로 분해하여라. 단, 계수로 자연수의 제곱근도 가능하다.

제 2 절 항등식의 증명

5.10. 임의의 자연수 n에 대해, 다음을 증명하여라.

$$\frac{(2n)!}{n!} = 2^n \cdot (2n-1)!!$$

제 3 절 제곱의 합

5.11. 만약, 수 m, n 각각을 두 정수의 제곱의 합으로 나타낼 수 있으면, 이들의 곱 mn도 두 정수의 제곱의 합으로 나타낼 수 있다는 것을 증명하여라.

5.12. (a) 다음을 제곱의 합들로 나타내라.

$$(a_1^2 + a_2^2 + a_3^2)(b_1^2 + b_2^2 + b_3^2) - (a_1b_1 + a_2b_2 + a_3b_3)^2.$$

(b) 다음을 제곱들의 합으로 나타내라(**Lagrange 항등식**).

$$(a_1^2 + \cdots + a_n^2)(b_1^2 + \cdots + b_n^2) - (a_1b_1 + \cdots + a_nb_n)^2$$

제 4 절 보조 항등식

5.13. 수 $a + 1/a$을 정수라고 할 때, 다음을 증명하여라.
(a) 수 $a^2 + 1/a^2$이 정수이다.
(b) 임의의 자연수 n에 대해, 수 $a^n + 1/a^n$이 정수이다.

5.14. 임의의 홀수는 두 정수의 제곱의 차라는 것을 증명하여라.

5.15. 연속하는 네 정수의 곱에 1을 더한 수는 제곱수라는 것을 증명하여라.

5.16. 임의의 홀수 n에 대해, 만약

$$\frac{1}{a}+\frac{1}{b}+\frac{1}{c}=\frac{1}{a+b+c}$$

이라 할 때, 다음을 증명하여라.

$$\frac{1}{a^n}+\frac{1}{b^n}+\frac{1}{c^n}=\frac{1}{a^n+b^n+c^n}$$

5.17. x, y, z는 서로 다른 정수이다. 수 $(x-y)^5+(y-z)^5+(z-x)^5$이 $5(y-z)(z-x)(x-y)$으로 나누어 떨어진다는 것을 증명하여라.

5.18. 만약, 등식

$$\frac{a}{b-c}+\frac{b}{c-a}+\frac{c}{a-b}=0$$

이 성립한다고 할 때, 다음을 증명하여라.

$$\frac{a}{(b-c)^2}+\frac{b}{(c-a)^2}+\frac{c}{(a-b)^2}=0$$

5.19. 임의의 정수 n에 대해, n^2+3n+5는 121로 나누어 떨어지지 않는다는 것을 증명하여라.

5.20. 임의의 정수 x, y에 대해, 다음 식의 값은 33과 같지 않다는 것을 증명하여라.

$$x^5+3x^4y-5x^3y^2-15x^2y^3+4xy^4+12y^5$$

5.21. 임의의 자연수 $n \geq 2$에 대해, 수 $2^{4n+2}+1$은 두 소수의 곱이 될 수 없다는 것을 증명하여라.

5.22. 임의의 유리수는 세 유리수의 세제곱의 합으로 나타낼 수 있다는 것을 증명하여라.

제 5 절 유리함수의 분해

5.23. 분수 $\frac{2}{x^2-1}$와 $\frac{2x}{x^2-1}$을 분수들의 합 $\frac{a}{x-1}+\frac{b}{x+1}$인 꼴로 나타내라(단, a, b는 실수).

5.24. $a_1 < a_2 < a_3 < \cdots < a_n$이고,

$$\frac{1}{(x+a_1)(x+a_2)\cdots(x+a_n)} = \frac{A_1}{x+a_1}+\frac{A_2}{x+a_2}+\cdots+\frac{A_n}{x+a_n}$$

이라 하자(단, $A_1, \ldots, A_n$는 실수). 이때, $A_1 > 0$, $A_2 < 0$, $A_3 > 0$, $\ldots$을 증명하여라.

제 6 절 이차함수의 분해

5.25. 만약, 모든 x, y, z에 대해 등식

$$a_{11}x^2+a_{22}y^2+a_{33}z^2+2a_{12}xy+2a_{13}xz+a_{23}yz =$$
$$= (b_1x+b_2y+b_3z)(c_1x+c_2y+c_3z)$$

이 성립하면, $a_{11}a_{22}a_{33}+2a_{13}a_{12}a_{23} = a_{23}^2a_{11}+a_{13}^2a_{22}+a_{12}^2a_{33}$이 성립함을 증명하여라.

제 7 절 정수부분을 갖는 항등식

5.26. 다음 등식을 증명하여라.

$$[x]+\left[x+\frac{1}{n}\right]+\left[x+\frac{2}{n}\right]+\cdots+\left[x+\frac{n-1}{n}\right]=[nx].$$

5.27. p와 q는 서로소인 자연수이다. 이때, 다음 등식을 증명하여라.

$$\left[\frac{q}{p}\right]+\left[\frac{2q}{p}\right]+\cdots+\left[\frac{(p-1)q}{p}\right]=\frac{(p-1)(q-1)}{2}.$$

5.28. p, q는 서로소이며 홀수인 자연수이다. 다음 등식을 증명하여라(**Eisenstein** 항등식).

$$\left[\frac{q}{p}\right]+\left[\frac{2q}{p}\right]+\cdots+\left[\frac{\frac{p-1}{2}\cdot q}{p}\right]+\left[\frac{p}{q}\right]+\left[\frac{2p}{q}\right]+\cdots+\left[\frac{\frac{q-1}{2}\cdot p}{q}\right]=\frac{(p-1)(q-1)}{4}.$$

5.29. 임의의 자연수 n에 대해, $[\sqrt{n}+\sqrt{n+1}]=[\sqrt{4n+2}]$을 증명하여라.

5.30. 임의의 자연수 n에 대해, $[\sqrt{n}+\sqrt{n+1}+\sqrt{n+2}]=[\sqrt{9n+8}]$을 증명하여라.

5.31. 임의의 자연수 n에 대해, $[\sqrt[3]{n}+\sqrt[3]{n+1}]=[\sqrt[3]{8n+3}]$을 증명하여라.

힌트 및 증명

5.1. (a) $(x-y)(x^{n-1}+x^{n-2}y+\cdots+y^{n-1})$.
(b) $(x+y)(x^{2n}-x^{2n-1}y+x^{2n-2}y^2-\cdots+y^{2n})$.

5.2. $(x^2-2x+2)(x^2+2x+2)$.

5.3. $3(x+y)(y+z)(z+x)$.

5.4. $(x+y+z)(x^2+y^2+z^2-xy-yz-zx)$.

5.5. $3(x-y)(y-z)(z-x)$.

5.6. $(a^2+a+1)(a^8-a^7+a^5-a^4+a^3-a+1)$.

5.7. $(a^2+b^2+c^2+ab+bc+ca)(a-b)(b-c)(a-c)$.

5.8. $(x^2-2x+3)(x^2+3x+4)$.

5.9. (a) $(x^4+x^2+1)(x^4-x^2+1)$.

(b) 얻어진 사차인 다항식들 각각은 다음 항등식을 이용하여 인수분해할 수 있다. 이때, $a=1$, $a=\sqrt{3}$이라 놓으면 된다.

$$(x^2+ax+1)(x^2-ax+1)=x^4+(2-a^2)x^2+1$$

5.10. $n!2^n = 2\cdot4\cdot6\cdot\cdots\cdot2n$이므로, $n!2^n(2n-1)!! = (2\cdot4\cdot6\cdot\cdots\cdot2n)1\cdot3\cdot5\cdot\cdots\cdot(2n-1) = (2n)!$.

5.11. 항등식 $(a^2+b^2)(c^2+d^2)=(ac+bd)^2+(ad-bc)^2$을 이용한다.

5.12. (a) $(a_1b_2-a_2b_1)^2+(a_2b_3-a_3b_2)^2+(a_1b_3-a_3b_1)^2$.

(b) $\sum(a_ib_j-a_jb_i)^2$. 단, 모든 쌍 $i<j$에 대해 합을 한다.

5.13. (a) 항등식 $a^2+\frac{1}{a^2}=\left(a+\frac{1}{a}\right)^2-2$을 이용한다.

(b) 다음 항등식을 이용한다.

$$a^{n+1}+\frac{1}{a^{n+1}}=\left(a^n+\frac{1}{a^n}\right)\left(a+\frac{1}{a}\right)-\left(a^{n-1}+\frac{1}{a^{n-1}}\right).$$

5.14. 항등식 $2n+1=(n+1)^2-n^2$을 이용한다.

5.15. $n(n+1)(n+2)(n+3)+1 = \big(n(n+3)+1\big)^2$을 생각하면 된다.

5.16. 등식

$$\frac{1}{a}+\frac{1}{b}+\frac{1}{c}=\frac{1}{a+b+c}$$

는 등식 $(bc+ca+ab)(a+b+c)=abc$, 즉 $(a+b)(b+c)(c+a)=0$와 동치이다($abc \neq 0$와 $a+b+c \neq 0$을 가정함). 이와 같이, 세 수 a, b, c은 $x, -x, y$와 같은 꼴이며, $y \neq \pm x$이다. 그러면, 홀수 n에 대해 세 수 a^n, b^n, c^n 또한 그러한 꼴을 가진다.

5.17. 몫이 $x^2+y^2+z^2-xy-yz-xz$이라는 것을 어렵지 않게 확인할 수 있다. $x-y=u$, $y-z=v$라 하자. 그러면, $(x-y)^5+(y-z)^5+(z-x)^5 = u^5+v^5-(u+v)^5 = -5(u^4v+2u^3v^2+2u^2v^3+vu^4) = -5uv(u+v)(u^2+uv+v^2)$이고, $5(y-z)(z-x)(x-y) = -5uv(u+v)$이다. 이제, $u^2+uv+v^2 = x^2+y^2+z^2-xy-yz-xz$을 생각하면 된다.

5.18. 다음을 증명하자.

$$\frac{a}{(b-c)^2}+\frac{b}{(c-a)^2}+\frac{c}{(a-b)^2}=\left(\frac{a}{b-c}+\frac{b}{c-a}+\frac{c}{a-b}\right)\left(\frac{1}{b-c}+\frac{1}{c-a}+\frac{1}{a-b}\right).$$

실제로, 다음 세 분수의 합은 0이 된다.

$$\frac{a}{b-c}\left(\frac{1}{c-a}+\frac{1}{a-b}\right)=\frac{ac-ab}{(a-b)(b-c)(c-a)},$$
$$\frac{b}{c-a}\left(\frac{1}{b-c}+\frac{1}{a-b}\right)=\frac{ab-bc}{(a-b)(b-c)(c-a)},$$
$$\frac{c}{a-b}\left(\frac{1}{b-c}+\frac{1}{c-a}\right)=\frac{bc-ac}{(a-b)(b-c)(c-a)}.$$

5.19. $n^2+3n+5 = (n+7)(n-4)+33$임을 생각하자. 만약, 수 n^2+3n+5이 121로 나누어 떨어지면, 수 $(n+7)(n-4)$는 11로 나누어 떨어진다. 그리고, $(n+7)-(n-4)=11$이므로, 두 인수는 동시에 11로 나누어 떨어지거나 또는 11로 나누어 떨어지지 않는다. 결국, 만약 수 $(n+7)(n-4)$이 11로 나누어 떨어지면, 이 수는 121로 나누어 떨어진다. 그러면, 수 $(n+7)(n-4)+33$은 121로 나누어 떨어질 수 없다.

5.20. 주어진 식을 다음과 같은 꼴로 나타내자.

$$(x+2y)(x-y)(x+y)(x-2y)(x+3y).$$

$y \neq 0$인 경우에, 이 곱에서 다섯 개의 인수들은 쌍쌍이 서로 다르지만, 수 33은 쌍쌍이 다른 다섯 개의 정수의 곱의 꼴로 나타낼 수 없다(비록, 네 개의 쌍쌍이 다른 정수의 곱의 꼴로 나타낼 수는 있지만. 이때, 네 인수 중 두 개는 ± 1임). $y = 0$이면, 식은 x^5이 된다. 어떤 정수 x에 대해서도, 수 x^5은 33이 될 수 없다.

5.21. 수 $2^{4n+2}+1$은 곱 $(2^2+1)(2^{4n}-2^{4n-2}+\cdots-2^2+1)$와 같은 꼴로 또는 곱 $(2^{2n+1}+2^{n+1}+1)(2^{2n+1}-2^{n+1}+1)$와 같은 꼴로 나타낼 수 있다. $n \geq 2$인 경우에, 이들 분해는 서로 다르다.

5.22. 다음 항등식을 이용하자.

$$(a-b)^3+(b-c)^3+c^3 = 3b^2(a-c)+\big(a^3-3b(a^2-c^2)\big).$$

유리수 t를 생각하여, $a = 12t(t+1)$, $b = (t+1)^3$, $c = 12t(t-1)$라 놓자. 그러면, 다음을 얻을 수 있다.

$$72t(t+1)^6 = (a-b)^3+(b-c)^3+c^3$$

만약, $t \neq -1$이면, 수 $w = 72t$는 다음과 같이 세 유리수의 세제곱의 합이 된다.

$$w = \left(\frac{a-b}{(t+1)^2}\right)^3+\left(\frac{b-c}{(t+1)^2}\right)^3+\left(\frac{c}{(t+1)^2}\right)^3$$

이제, $-72 = (-4)^3+(-2)^3+0^3$을 생각하면 된다.

5.23. 등식

$$\frac{a}{x-1}+\frac{b}{x+1} = \frac{(a+b)x+(a-b)}{x^2-1}$$

이 성립하므로, 다음을 얻을 수 있다.

$$\frac{2}{x^2-1} = \frac{1}{x-1}-\frac{1}{x+1}; \quad \frac{2x}{x^2-1} = \frac{1}{x-1}+\frac{1}{x+1}$$

5.24. n에 대한 수학적 귀납법을 사용하자. $n = 1$이면, 명제는 자명하다. 명제가 $n-1$개의 수에 대해 증명되었다고 가정하자. 그러면,

$$\frac{1}{(x+a_1)\cdots(x+a_{n-1})} = \frac{B_1}{x+a_1}+\cdots+\frac{B_{n-1}}{x+a_{n-1}},$$
$$\frac{1}{(x+a_2)\cdots(x+a_n)} = \frac{C_2}{x+a_2}+\cdots+\frac{C_n}{x+a_n}.$$

이때, $B_1, C_2 > 0$, $B_2, C_3 < 0$, $B_3, C_4 > 0, \ldots$ 그리고,

$$\frac{1}{(x+a_1)\cdots(x+a_{n-1})} - \frac{1}{(x+a_2)\cdots(x+a_n)} = \frac{a_n - a_1}{(x+a_1)\cdots(x+a_n)}.$$

단, $a_n - a_1 > 0$. 구하는 부등식은 $(a_n - a_1)A_1 = B_1$, $(a_n - a_1)A_2 = B_2 - C_2$, $\ldots$, $(a_n - a_1)A_{n-1} = B_{n-1} - C_{n-1}$, $(a_n - a_1)A_n = -C_n$으로부터 유도된다.

5.25. 만약, 주어진 방정식이 모든 x, y, z에 대해 성립하면,

$$a_{11} = b_1c_1, \quad 2a_{12} = b_1c_2 + b_2c_1,$$
$$a_{22} = b_2c_2, \quad 2a_{13} = b_1c_3 + b_3c_1,$$
$$a_{33} = b_3c_3, \quad 2a_{23} = b_2c_3 + b_3c_2.$$

실제로, 이것은 다음과 동치이다: 만약, 모든 x, y, z에 대해

$$A_{11}x^2 + A_{22}y^2 + A_{33}z^2 + 2A_{12}xy + 2A_{13}xz + A_{23}yz = 0$$

이면, 모든 계수 A_{ij}는 0이다. $x = 1$, $y = z = 0$이면, $A_{11} = 0$을 얻는다. 유사한 방법으로, $A_{22} = A_{33} = 0$이다. 이제, $x = y = 1$, $z = 0$이면, $A_{12} = 0$을 얻을 수 있다. 그리고, $A_{13} = A_{23} = 0$이다.

식 $a_{11}a_{22}a_{33} + 2a_{13}a_{12}a_{23}$와 $a_{23}^2a_{11} + a_{13}^2a_{22} + a_{12}^2a_{33}$에 얻어진 식 a_{ij}을 대입하자. 이제,식을 변형시키면, 같은 식들을 얻을 수 있다.

5.26. 다음 함수를 생각하자.

$$f(x) = [nx] - [x] - \left[x + \frac{1}{n}\right] - \cdots - \left[x + \frac{n-1}{n}\right]$$

이때, 다음이 성립한다.

$$\begin{aligned} f\left(x + \frac{1}{n}\right) &= [nx+1] - \left[x + \frac{1}{n}\right] - \left[x + \frac{2}{n}\right] - \cdots - \left[x + \frac{n-1}{n}\right] - [x+1] \\ &= [nx] - [x] - \left[x + \frac{1}{n}\right] - \cdots - \left[x + \frac{n-1}{n}\right] = f(x) \end{aligned}$$

그러므로, 부등식 $0 \le y \le 1/n$를 만족시키는 어떤 수 y에 대해, $f(x) = f(y)$이 성립한다. 그리고, 그러한 수에 대해, $f(y) = 0$이다.

5.27. 직사각형 $0 \le x \le p, 0 \le y \le q$을 생각하여, 대각선 $y = qx/p$을 긋자. 증명하려는 합은 직사각형의 내부(경계선은 제외)에 속하며 대각선의 밑에 놓인 정수 좌표인 점들(정수좌표점)의 개수와 같다. 직사각형의 중심에 대한 대칭을 이용하여, 대각선 밑에 놓인 정수좌표점들의 개수는 대각선 윗쪽에 놓인 정수좌표점들의 수와 같다는 것을 알 수 있다.

한편, p, q는 서로소이므로, 대각선에는 두 꼭지점만 놓여 있으며 다른 정수좌표점은 존재하지 않는다. 이제, 직사각형 내부에 $(p-1)(q-1)$개의 정수좌표점이 있다는 것만 생각하면 된다.

5.28. 직사각형

$$1 \le x \le \frac{p-1}{2}, 1 \le y \le \frac{q-1}{2}$$

에 직선 $y = qx/p$을 긋자. 증명하려는 합은 두 부분으로 구성된다. 첫 번째 부분은 직선의 밑에 놓인 직사각형의 정수좌표점의 개수이고, 두 번째 부분은 직선의 윗쪽에 있는 정수좌표점의 개수이다. 한편, 직사각형 내부에는 직선에 속하는 정수좌표점이 없다. 그러므로, 구하는 합은 직사각형의 정수좌표점의 개수와 같고,

$$\frac{p-1}{2} \cdot \frac{q-1}{2}$$

이다. 이로부터, 등식이 증명된다.

5.29. 우선, 수 $\sqrt{n}+\sqrt{n+1}$와 $\sqrt{4n+2}$을 비교하자. 부등호 대신에 부호 $\vee$를 넣고, 부등호가 보존되는 변환만을 수행하자: $\sqrt{n}+\sqrt{n+1} \vee \sqrt{4n+2} \iff n+2\sqrt{n(n+1)}+n+1 \vee 4n+2 \iff 2\sqrt{n(n+1)} \vee 2n+1 \iff 4n^2+4n \vee 4n^2+4n+1$. 결국, $\sqrt{n}+\sqrt{n+1} < \sqrt{4n+2}$이 성립한다.

이제, $\sqrt{n}+\sqrt{n+1} \le m \le \sqrt{4n+2}$을 만족하는 자연수 m이 존재한다고 가정하자. 그러면, $2n+1+2\sqrt{n(n+1)} \le m^2 \le 4n+2$, 즉 $4n(n+1) \le (m-2n-1)^2 \le 4n(n+1)+1$. 수 $4n(n+1)$은 제곱수가 될 수 없으므로, 첫 번째 부등식에서 등호는 성립하지 않는다. 결국, $m^2-2n-1 = 2n+1$, 즉 $m^2 = 2(2n+1)$이고, 이것은 불가능하다.

5.30. $x = \sqrt{n}+\sqrt{n+1}+\sqrt{n+2}$라 하자. 그러면, $x^2 = 3n+3+2(\sqrt{n(n+1)}+\sqrt{n(n+2)}+$

$\sqrt{(n+1)(n+2)})$이다. $n \geq 1$일 때, 다음 부등식이 성립한다.

$$\begin{aligned} \left(n+\frac{2}{5}\right)^2 < &\quad n(n+1) < \left(n+\frac{1}{2}\right)^2, \\ \left(n+\frac{7}{10}\right)^2 < &\quad n(n+2) < (n+1)^2, \\ \left(n+\frac{7}{5}\right)^2 < &\quad (n+1)(n+2) < \left(n+\frac{3}{2}\right)^2. \end{aligned}$$

등식

$$n+\frac{2}{5}+n+\frac{7}{10}+n+\frac{7}{5}=3n+5, n+\frac{1}{2}+n+1+n+\frac{3}{2}=3n+3$$

을 고려하면, $9n+8 < x^2 < 9n+9$을 얻을 수 있고, $[x]=[\sqrt{9n+8}]$이다.

5.31. 문제 8.41에 의해, 임의의 자연수 $a > b > 0$에 대해 부등식 $\frac{a+b}{2} < \sqrt[3]{\frac{a^3+b^3}{2}}$이 성립한다. $a = \sqrt[3]{n+1}$, $b = \sqrt[3]{n}$에 대해 이 부등식을 사용하면,

$$\sqrt[3]{n+\frac{1}{2}} > \frac{\sqrt[3]{n}+\sqrt[3]{n+1}}{2} > \sqrt{\sqrt[3]{n}\sqrt[3]{n+1}} = \sqrt[6]{n^2+n}$$

을 얻을 수 있다. 결국, $\sqrt[3]{8n+4} > \sqrt[3]{n}+\sqrt[3]{n+1} > \sqrt[6]{64n^2+64n} > \sqrt[3]{8n+3}$. 그러므로, 만약 $\sqrt[3]{8n+3} > m$이면, $\sqrt[3]{n}+\sqrt[3]{n+1} > m$이 성립한다. 게다가, $\sqrt[3]{n}+\sqrt[3]{n+1} \geq m > \sqrt[3]{8n+3}$을 만족시키는 정수 m은 존재하지 않는다. 그렇지 않으면, $8n+4 > m^3 > 8n+3$이 되는데, 정수 $8n+3$와 $8n+4$사이에는 어떤 정수도 존재하지 않는다.

제 6 장

유리수와 무리수

제 1 절 수들의 비교

6.1. 다음 수들을 비교하여, 큰 수를 찾아라.

(a) $\sqrt{2}+\sqrt{3}$, $\sqrt{11}$;

(b) $\sqrt{6}+2\sqrt{7}$, $\sqrt{10}+\sqrt{21}$;

(c) $\sqrt{11}$, $5-\sqrt[3]{5}$.

6.2. 수 $\sqrt{2+\sqrt{2+\sqrt{2+\cdots}}}$와 2 중에서 어느 수가 더 큰가?

제 2 절 분모의 무리수

다음 문제들에서는 분모에 있는 무리수를 유리화하여라.

6.3. (a) $\frac{1}{2+\sqrt{3}}$; (b) $\frac{1}{\sqrt{2}+\sqrt{3}}$; (c) $\frac{1}{\sqrt{2}+\sqrt{3}+\sqrt{5}}$.

6.4. (a) $\frac{1}{\sqrt[3]{x}-\sqrt[3]{y}}$; (b) $\frac{1}{\sqrt[3]{x}+\sqrt[3]{y}}$.

6.5. (a) $\frac{1}{\sqrt[n]{x}-\sqrt[n]{y}}$; (b) $\frac{1}{\sqrt[2n+1]{x}+\sqrt[2n+1]{y}}$.

6.6. $\frac{1}{\sqrt{x}-\sqrt[3]{y}}$

6.7. $\frac{1}{\sqrt[3]{x}+\sqrt[3]{y}+\sqrt[3]{z}}$.

6.8. 분모가 유리수들의 제곱근의 합인 분수를 유리화시킬 수 있다는 것을 증명하여라.

제 3 절 근호가 있는 항등식

6.9. $a > \sqrt{b}$일 때, 다음을 증명하여라.

$$\sqrt{\frac{a+\sqrt{a^2-b}}{2}} \pm \sqrt{\frac{a-\sqrt{a^2-b}}{2}} = \sqrt{a \pm \sqrt{b}}.$$

6.10. 다음 수를 $\sqrt{a} \pm \sqrt{b}$인 꼴로 나타내라(단, a, b는 자연수).
(a) $\sqrt{3+2\sqrt{2}}$; (b) $\sqrt{9+4\sqrt{5}}$; (c) $\sqrt{7-2\sqrt{10}}$.

6.11. 다음을 증명하여라.

$$\sqrt{4+\sqrt{7}} - \sqrt{4-\sqrt{7}} = \sqrt{2}$$

6.12. 다음 수가 유리수임을 증명하여라.

$$\sqrt[3]{20+14\sqrt{2}} + \sqrt[3]{20-14\sqrt{2}}$$

6.13. 다음 수가 유리수임을 증명하여라.
(a) $\sqrt[3]{3+\sqrt{\frac{242}{27}}} + \sqrt[3]{3-\sqrt{\frac{242}{27}}}$;
(b) $\sqrt[3]{6+\sqrt{\frac{847}{27}}} + \sqrt[3]{6-\sqrt{\frac{847}{27}}}$.

6.14. 등식 $\sqrt{\sqrt[3]{4}-1}+\sqrt{\sqrt[3]{16}-\sqrt[3]{4}}=\sqrt{3}$을 증명하여라.

6.15. 다음 **Ramanujan**의 항등식을 증명하여라.

$$(a)\ \sqrt[3]{\sqrt[3]{2}-1}=\sqrt[3]{\frac{1}{9}}-\sqrt[3]{\frac{2}{9}}+\sqrt[3]{\frac{4}{9}};$$

$$(b)\ \sqrt{\sqrt[3]{5}-\sqrt[3]{4}}=\frac{1}{3}\left(\sqrt[3]{2}+\sqrt[3]{20}-\sqrt[3]{25}\right);$$

$$(c)\ \sqrt[6]{7\sqrt[3]{20}-19}=\sqrt[3]{\frac{5}{3}}-\sqrt[3]{\frac{2}{3}};$$

$$(d)\ \sqrt[4]{\frac{3+2\sqrt[4]{5}}{3-2\sqrt[4]{5}}}=\frac{\sqrt[4]{5}+1}{\sqrt[4]{5}-1};$$

$$(e)\ \sqrt{\sqrt[3]{28}-\sqrt[3]{27}}=\frac{1}{3}\left(\sqrt[3]{98}-\sqrt[3]{28}-1\right);$$

$$(f)\ \sqrt[3]{\sqrt[5]{\frac{32}{5}}-\sqrt[5]{\frac{27}{5}}}=\sqrt[5]{\frac{1}{25}}+\sqrt[5]{\frac{3}{25}}-\sqrt[5]{\frac{9}{25}}.$$

제 4 절 무리수와 유리수의 증명

6.16. 다음 수가 무리수임을 증명하여라.

(a) p가 소수인 $\sqrt{p}$;

(b) $p_1, \ldots, p_k$가 서로 다른 소수인 $\sqrt{p_1\cdots p_k}$;

(c) $p_1, \ldots, p_n$이 서로 다른 소수인 $\sqrt{\frac{p_1\cdots p_k}{p_{k+1}\cdots p_n}}$.

6.17. 수 $\sqrt{2}+\sqrt[3]{3}$이 무리수임을 증명하여라.

6.18. 다음 수가 유리수인지 밝혀라.

$$\alpha=\sqrt[3]{4+\sqrt{15}}+\sqrt[3]{4-\sqrt{15}}.$$

6.19. (a) 만약, 수 a, b, $\sqrt{a}+\sqrt{b}$가 유리수이면, 수 $\sqrt{a}$, $\sqrt{b}$도 유리수임을 증명하여라.
(b) 만약, 수 a, b, c, $\sqrt{a}+\sqrt{b}+\sqrt{c}$가 유리수이면, 수 $\sqrt{a}$, $\sqrt{b}$, $\sqrt{c}$도 유리수임을 증명하여라.
(c) 만약, 수 $a_1, \ldots, a_n$, $\sqrt{a_1}+\cdots+\sqrt{a_n}$이 유리수이면, 수 $\sqrt{a_1}, \ldots, \sqrt{a_n}$도 유리수임을 증명하여라.

6.20. $p_1, \ldots, p_k$은 서로 다른 소수이다. 수 $\sqrt{p_k}$을 유리수와 수 $\sqrt{p_{i_1}\cdots p_{i_s}}$(단, $1 \le i_1 < \cdots < i_s \le k-1$)의 합의 꼴(합에서 계수는 유리수)로 나타낼 수 없다는 것을 증명하여라.

제 5 절 켤레수

6.21. (a) p는 소수이다. 임의의 수를 $m+n\sqrt{p}$인 꼴로 두 가지 방법으로 나타낼 수 없다는 것을 증명하여라(단, m, n은 유리수).
(b) p는 쌍쌍이 서로 다른 소수들의 곱이다. 임의의 수를 $m+n\sqrt{p}$인 꼴로 두 가지 방법으로 나타낼 수 없다는 것을 증명하여라(단, m, n은 유리수).

참고. $m+n\sqrt{p}$꼴인 각각의 수 z(단, m, n은 유리수, p는 쌍쌍이 서로 다른 소수들의 곱)에 대해, 켤레수 $\bar{z}=m-n\sqrt{p}$를 정의할 수 있다.

6.22. p는 서로 다른 소수들의 곱이고, a, b, A_n, B_n은 유리수이다. 만약, $(a+b\sqrt{p})^n = A_n + B_n\sqrt{p}$이면, $(a-b\sqrt{p})^n = A_n - B_n\sqrt{p}$임을 증명하여라.

6.23. 수 $(2+\sqrt{3})^{1000}$의 소숫점 아래 첫 번째 숫자를 구하여라.

6.24. 유리수 x, y, z, t에 대해, 다음 등식이 성립할 수 없다는 것을 증명하여라.

$$(x+y\sqrt{2})^2+(z+t\sqrt{2})^2 = 5+4\sqrt{2}.$$

6.25. 유리수 m, n에 대해 등식 $(5+3\sqrt{2})^m = (3+5\sqrt{2})^n$이 성립할 수 없다는 것을 증명하여라.

6.26. (a) k는 어떤 자연수이다. 등식 $(\sqrt{2}-1)^n = \sqrt{k}-\sqrt{k-1}$을 증명하여라.
(b) m, n은 자연수이다. 어떤 자연수 k에 대해, $(\sqrt{m}-\sqrt{m-1})^n = \sqrt{k}-\sqrt{k-1}$을 증명하여라.

6.27. 임의의 자연수 n에 대해, 수 $[(1+\sqrt{3})^{2n+1}]$은 2^{n+1}으로 나누어 떨어지지만, 2^{n+2}으로는 나누어 떨어지지 않는다는 것을 증명하여라.

제 6 절 Farey 수열

6.28. 0과 1사이에 속하며 분모가 n을 넘지 않는 모든 유리수를 생각하여, 이들을 증가하는 순서로 배열하자. a/b과 c/d을 이 수열에서 이웃하는 두 수라고 하자. 이때, $|bc-ad| = 1$을 증명하여라.

문제 6.28에 제시된 수열을 **Farey** 수열이라 부르며, F_n으로 나타낸다.

6.29. $\frac{a}{b} < \frac{x}{y} < \frac{c}{d}$을 Farey 수열에서 연속하는 세 분수라 하자. 이때, $\frac{x}{y} = \frac{a+c}{b+d}$을 증명하여라.

6.30. $\frac{a}{b} < \frac{c}{d}$을 Farey 수열 F_n에서 연속하는 두 분수라 하자. 이때, $b+d > n$을 증명하여라.

6.31. Farey 수열 F_n에서 1/2과 인접한 분수들을 구하여라.

6.32. (a) Farey 수열에서 분수들의 분모의 합은 분자들의 합보다 2배가 작다는 것을 증명하여라.
(b) Farey 수열에서 분수들의 합은 항의 개수보다 2배가 작다는 것을 증명하여라.

6.33. Farey 수열 F_n에서 항들의 개수는 $\sum_{q=2}^{n}\varphi(q)$임을 증명하여라.

제 7 절 정수부분에 관련된 문제들

6.34. α, β는 양수이다. 이때, 다음 조건들이 동치임을 증명하여라.
(a) $[\alpha]$, $[\beta]$, $[2\alpha]$, $[2\beta]$, $[3\alpha]$, $[3\beta]$, $\ldots$ 에서 각각의 자연수는 정확히 한 번만 만난다.
(b) $\frac{1}{\alpha}+\frac{1}{\beta}=1$이고, α는 무리수이다.

6.35. $\alpha_1, \ldots, \alpha_k$는 다음 성질을 가지는 양수이다: 수 $[\alpha]$, $[\beta]$, $[2\alpha]$, $[2\beta]$, $[3\alpha]$, $[3\beta]$, $\ldots$ 에서 각각의 자연수는 정확히 한 번만 만난다. 이때, $k \leq 2$임을 증명하여라.

힌트 및 증명

6.1. 부등호 대신에 부호 $\vee$를 넣고, 부등호가 보존되는 변환만을 수행하자.
(a) $\sqrt{2}+\sqrt{3}\vee\sqrt{11} \iff 2+2\sqrt{6}+3\vee 11 \iff 2\sqrt{6}\vee 6 \iff 6\vee 9$. 즉, $\sqrt{2}+\sqrt{3}<\sqrt{11}$.

(b) $\sqrt{6}+2\sqrt{7}\vee\sqrt{10}+\sqrt{21} \iff 6+4\sqrt{42}+28\vee 10+2\sqrt{210}+21 \iff 3+4\sqrt{42}\vee 2\sqrt{210}$ $\iff 9+24\sqrt{42}+672\vee 840 \iff 24\sqrt{42}\vee 159 \iff 24\,192\vee 25\,281$. 즉, $\sqrt{6}+2\sqrt{7}<\sqrt{10}+\sqrt{21}$.

(c) $\sqrt{11}\vee 5-\sqrt[3]{5} \iff \sqrt[3]{5}\vee 5-\sqrt{11} \iff 5\vee 125-75\sqrt{11}+165-11\sqrt{11} \iff 86\sqrt{11}\vee 285$ $\iff 81\,356\vee 81\,225$. 즉, $\sqrt{11}>5+\sqrt[3]{5}$.

6.2. 만약, $a<2$이면, $\sqrt{2+a}<\sqrt{2+2}=2$. 그러므로, $\sqrt{2+\sqrt{2+\sqrt{2+\cdots}}}<2$.

6.3. (a) $\frac{1}{2+\sqrt{3}}=\frac{2-\sqrt{3}}{(2+\sqrt{3})(2-\sqrt{3})}=2-\sqrt{3}$.
(b) $\frac{1}{\sqrt{2}+\sqrt{3}}=\frac{\sqrt{3}-\sqrt{2}}{(\sqrt{2}+\sqrt{3})(\sqrt{3}-\sqrt{2})}=\sqrt{3}-\sqrt{2}$.
(c) 다음을 이용하자.

$$
\begin{aligned}
&(\sqrt{2}+\sqrt{3}+\sqrt{5})(\sqrt{2}+\sqrt{3}-\sqrt{5})(\sqrt{2}-\sqrt{3}+\sqrt{5})(\sqrt{2}-\sqrt{3}-\sqrt{5})\\
&=\big((\sqrt{2}-\sqrt{3})^2-5\big)\big((\sqrt{2}+\sqrt{3})^2-5\big)\\
&=(2-2\sqrt{6}+3-5)(2+2\sqrt{6}+3-5)=-24.
\end{aligned}
$$

6.4. (a) 분모에 $\sqrt[3]{x^2}+\sqrt[3]{xy}+\sqrt[3]{y^2}$을 곱하자.
(b) 분모에 $\sqrt[3]{x^2}-\sqrt[3]{xy}+\sqrt[3]{y^2}$을 곱하자.

6.5. (a) 분모에 $\sqrt[n]{x^{n-1}}+\sqrt[n]{x^{n-2}y}+\cdots+\sqrt[n]{y^{n-1}}$을 곱하자.
(b) 분모에 $\sqrt[2n+1]{x^{2n}}-\sqrt[2n+1]{x^{2n-1}y}+\sqrt[2n+1]{x^{2n-2}y^2}-\cdots+\sqrt[n]{y^{2n}}$을 곱하자.

6.6. 분모에 $(\sqrt{x}+\sqrt[3]{y})(x^2+x\sqrt[3]{y^2}+\sqrt[3]{y^4})$을 곱하자.

6.7. 문제 5.4의 항등식을 이용하여, 다음과 같이 쓰자.

$$x+y+z-3\sqrt[3]{xyz}=(\sqrt[3]{x}+\sqrt[3]{y}+\sqrt[3]{z})(\sqrt[3]{x^2}+\sqrt[3]{y^2}+\sqrt[3]{z^2}-\sqrt[3]{xy}-\sqrt[3]{yz}-\sqrt[3]{zx}).$$

이제, 분수

$$\frac{1}{x+y+z-3\sqrt[3]{xyz}}$$

의 분모를 유리화하면 된다. 이것은 6.4에서 다루었다: 분모에 $(x+y+z)^2+3(x+y+z)\sqrt[3]{xyz}+9\sqrt[3]{x^2y^2z^2}$을 곱하면 된다.

6.8. 분자와 분모에 어떤 자연수를 곱한 다음에, 분모에는 소수 $p_1,\ldots,p_k$의 제곱근과 이들 제곱근의 곱들에 대해, 정수를 계수로 하는 합이 얻어졌다고 할 수 있다.

k에 대한 수학적 귀납법을 사용하자. 분모를 $a+b\sqrt{p_k}$인 꼴로 나타낼 수 있다(단, 수 a,b는 $p_1,\ldots,p_{k-1}$의 제곱근으로 나타내어짐). 만약, $a^2-b^2p_k\neq 0$이면, 등식

$$\frac{1}{a+b\sqrt{p_k}}=\frac{a-b\sqrt{p_k}}{a^2-b^2p_k}$$

을 이용하여 수학적 귀납법의 증명을 진행할 수 있다. 그리고, $b\neq 0$이라고 할 수 있다. 이제, $p_k=a^2/b^2$인 경우, 즉 $\sqrt{p_k}=\pm a/b$인 경우를 생각하면 된다. 조건에 의해, $a+b\sqrt{p_k}\neq 0$이므로, $\sqrt{p_k}=a/b$, $a+b\sqrt{p_k}=2a$. 이러한 경우에는 증명이 자명하다.

6.9. 좌변에 양수가 있으므로, 양변을 제곱하여 항등식이 얻어진다는 것을 확인하면 된다. 이것은 $(a+\sqrt{a^2-b})(a-\sqrt{a^2-b})=b$이므로, 쉽게 확인할 수 있다.

6.10. 문제 6.9의 공식을 이용하면, 다음을 얻을 수 있다: (a) $1+\sqrt{2}$; (b) $2+\sqrt{5}$; (c) $\sqrt{5}-\sqrt{2}$.

6.11. 수 $\sqrt{4+\sqrt{7}}-\sqrt{4-\sqrt{7}}$는 양수이고, 이것의 제곱은 $4+\sqrt{7}-2\sqrt{16-7}+4-\sqrt{7}=8-2\sqrt{9}=2$이다.

6.12. 항등식 $(2\pm\sqrt{2})^3=20\pm14\sqrt{2}$에서 $\sqrt[3]{20\pm14\sqrt{2}}=2\pm\sqrt{2}$을 알 수 있다. 그러므로, 구하는 수는 4이다.

6.13. $x=\sqrt[3]{a+\sqrt{b}}+\sqrt[3]{a-\sqrt{b}}$라 하자. 그러면, $x^3=2a+3x\sqrt[3]{a^2-b}$. (a)의 경우에 $x^3=6+x$을 얻고, (b)의 경우에 $x^3=12+5x$을 얻을 수 있다. 첫 번째 방정식은 근 $x=2$를 가지며, 두 번째 방정식은 근 $x=3$을가진다. 그러므로, 이들 방정식이 또다른 근(실근)을 가지지 않는다는 것을 확인하면 된다. 쉽게,

$$\frac{x^3-x-6}{x-2}=x^2+2x+3,\frac{x^3-5x-12}{x-3}=x^2+3x+4$$

을 확인할 수 있다. 이들 이차삼항식은 실근을 가지지 않는다.

6.14. $\sqrt{\sqrt[3]{16}-\sqrt[3]{4}}=\sqrt{\sqrt[3]{4}(\sqrt[3]{4}-1)}=\sqrt[3]{2}\sqrt{\sqrt[3]{4}-1}$임을 이용하여, 좌변에 있는 식의 제곱을 계산하자. 그러면,

$$\begin{aligned}(\sqrt[3]{4}-1)(\sqrt[3]{2}+1)^2&=(\sqrt[3]{4}-1)(\sqrt[3]{4}+1+2\sqrt[3]{2})\\&=\sqrt[3]{16}-1+2\sqrt[3]{8}-2\sqrt[3]{2}\\&=2\sqrt[3]{2}-1+4-2\sqrt[3]{2}=3.\end{aligned}$$

6.15. (a) $(1-\sqrt[3]{2}+\sqrt[3]{4})^3=9(\sqrt[3]{2}-1)$을 확인할 수 있다.

(b) $(\sqrt[3]{2}+\sqrt[3]{20}-\sqrt[3]{25})^2=9(\sqrt[3]{5}-\sqrt[3]{4})$을 확인할 수 있다. 게다가, 부등식 $\sqrt[3]{2}+\sqrt[3]{20}>\sqrt[3]{25}$은 양변을 세제곱하여 쉽게 확인할 수 있다.

(c) $(\sqrt[3]{5}-\sqrt[3]{2})^6=9(7\sqrt[3]{20}-19)$을 확인할 수 있다: $\sqrt[3]{50}$을 포함하는 항들은 서로 소거된다.

(d) 우선, $3-2\sqrt[4]{5}>0$을 생각하자. 그리고 나서, $(\sqrt[4]{5}-1)^4(3+2\sqrt[4]{5})=10\sqrt[4]{25}-22=(\sqrt[4]{5}+1)^4(3-2\sqrt[4]{5})$을 확인할 수 있다: $\sqrt[4]{5}$을 포함하는 항들은 서로 소거되며, $\sqrt[4]{125}$을 포함하는 항들도 서로 소거된다.

(e) $(\sqrt[3]{98}-\sqrt[3]{28}-1)^2=9(\sqrt[3]{28}-3)=9(\sqrt[3]{28}-\sqrt[3]{27})$을 확인하자: $\sqrt[3]{14}$을 포함하는 항들은 서로 소거된다. $\sqrt[3]{98}>\sqrt[3]{28}+1$, 즉 $\sqrt[3]{14}(\sqrt[3]{7}-\sqrt[3]{2})>1$을 보이자. 양변에 양수

$\sqrt[3]{49}+\sqrt[3]{14}+\sqrt[3]{4}$을 곱하면, 부등식 $5\sqrt[3]{14} > \sqrt[3]{49}+\sqrt[3]{14}+\sqrt[3]{4}$, 즉 $4\sqrt[3]{14} > \sqrt[3]{49}+\sqrt[3]{4}$이 된다. $4\sqrt[3]{14} > 8$, $\sqrt[3]{49} < 6$, $\sqrt[3]{4} < 2$이므로, 이 부등식은 쉽게 증명된다.

(f) $(1+\sqrt[5]{3}-\sqrt[5]{9})^3 = 10-5\sqrt[5]{27} = 5(\sqrt[5]{32}-\sqrt[5]{27})$을 확인하자.

6.16. (a) $\sqrt{p} = r/s$이 기약분수라고 가정하자. 그러면, $r^2 = ps^2$이므로, r은 p로 나누어 떨어진다(여기서 문제 4.8이 사용된다). 즉, ps^2은 p^2으로 나누어 떨어진다. 그러므로, s는 p로 나누어 떨어지는데, 이것은 분수 r/s의 기약성에 모순된다.

(b) 등식 $r^2 = p_1 \cdots p_k s^2$으로부터, r이 p_1으로 나누어 떨어진다는 것이 유도된다. 그러므로, $p_2 \cdots p_k s^2$는 p_1으로 나누어 떨어진다. 수 $p_2 \cdots p_k$는 p_1과 서로소이므로, s는 p_1으로 나누어 떨어진다.

(c) 등식 $p_{k+1} \cdots p_n r^2 = p_1 \cdots p_k s^2$으로부터, r이 p_1으로 나누어 떨어진다는 것이 유도된다. 왜냐 하면, 수 $p_{k+1} \cdots p_n$이 p_1으로 나누어 떨어지지 않는다.

6.17. $\sqrt{2}+\sqrt[3]{3} = r$이라 가정하자(단, r은 유리수). 그러면, $(\sqrt[3]{3})^3 = (r-\sqrt{2})^3$, 즉 $3 = r^3 - 3r^2\sqrt{2} + 6r - 2\sqrt{2}$. 그러므로,

$$\sqrt{2} = \frac{r^3+6r-3}{3r^2+2}$$

는 유리수이며, 이것은 불가능하다.

6.18. 답: 무리수.
$\alpha_1 = \sqrt[3]{4+\sqrt{15}}$, $\alpha_2 = \sqrt[3]{4-\sqrt{15}}$이라 하자. 그러면, $\alpha_1^3+\alpha_2^3 = 8$, $\alpha_1^3\alpha_2^3 = 1$이므로, $\alpha_1\alpha_2 = 1$. 결국, $(\alpha_1+\alpha_2)^3 = \alpha_1^3+\alpha_2^3+3\alpha_1\alpha_2(\alpha_1+\alpha_2) = 8+3(\alpha_1+\alpha_2)$. 이와 같이, $\alpha^3 = 8+3\alpha$. 그러므로, 다항식 x^3-3x-8이 유리수인 근을 가지지 않는다는 것을 증명하면 된다. 문제 10.3에 의해, 이 다항식의 유리수인 근은 8의 약수인 정수이어야 한다. 그런데, 직접 확인해 보면, ± 1, ± 2, ± 4, ± 8은 이 다항식의 근이 아님을 알 수 있다.

6.19. (a) $\sqrt{a}+\sqrt{b} = r$이 유리수라 하자. 만약, $r = 0$이면, $a = b = 0$. 그러므로, $r \neq 0$이라 가정하자. 등식 $\sqrt{a} = r-\sqrt{b}$의 양변을 제곱하자. 그러면, $a = r^2-2r\sqrt{b}+b$, 즉 $\sqrt{b} = \frac{r^2+b-a}{2r}$은 유리수이다.

(b) $\sqrt{a}+\sqrt{b}+\sqrt{c} = r$이 유리수라 하자. $r \neq 0$인 경우를 살펴보면 된다. 등식 $\sqrt{a}+\sqrt{b} = r-\sqrt{c}$의 양변을 제곱하자. 그러면,

$$a+2\sqrt{ab}+b = r^2-2r\sqrt{c}+c. \tag{1}$$

그리고 나서, 등식 $2\sqrt{ab} = r^2 + c - a - b - 2r\sqrt{c}$의 양변을 제곱하면,

$$4ab = (r^2 + c - a - b)^2 + 4r^2c - 4r(r^2 + c - a - b)\sqrt{c}. \tag{2}$$

만약, $r^2 + c - a - b \neq 0$이면, 등식 (2)로부터 수 $\sqrt{c}$가 유리수임을 알 수 있다. 만약, $r^2 + c = a + b$이면, 등식 (1)로부터 $2\sqrt{ab} = -2r\sqrt{c}$이 유도되며, $r > 0$이다. 결국, $\sqrt{ab} = 0$이고, $\sqrt{c} = 0$이다. 즉, 수 $\sqrt{c}$는 유리수이다. 수 $\sqrt{a}$와 $\sqrt{b}$이 유리수라는 것도 유사한 방법으로 증명된다.

(c) 모든 수 $a_1, \ldots, a_n$이 0이 아니라고 할 수 있다. 이제, 수 $\sqrt{a_1}$이 유리수라는 것을 증명하면 된다. $x_1 = \sqrt{a_1}, \ldots, x_n = \sqrt{a_n}$, $y = \sqrt{a_1} + \cdots + \sqrt{a_n}$라 하자. 곱

$$f(y, x_1, \ldots, x_n) = \prod (y - x_1 \pm x_2 \pm \cdots \pm x_n) \tag{1}$$

을 생각하자. 이때, +와 −의 모든 가능한 조합을 생각한다. 이 곱은 계수가 정수인 y, x_1, $x_2^2, \ldots, x_n^2$에 대한 다항식이다. x_1의 짝수 차수인 항과 홀수 차수인 항들을 나누면,

$$f(y, x_1, \ldots, x_n) = g(y, x_1^2, \ldots, x_n^2) - x_1 h(y, x_1^2, \ldots, x_n^2). \tag{2}$$

곱 (1)에 인수 $y - x_1 - x_2 - \cdots - x_n = 0$이 포함된다. 그러므로, $f(y, x_1, \ldots, x_n) = 0$. 조건에 의해, 수 y, $x_1^2, \ldots, x_n^2$은 유리수이다. 그러므로, 만약 $h(y, x_1^2, \ldots, x_n^2) \neq 0$이면, 수

$$x_1 = g(y, x_1^2, \ldots, x_n^2)/h(y, x_1^2, \ldots, x_n^2)$$

은 유리수이다. 이제, $h(y, x_1^2, \ldots, x_n^2) = 0$이라고 가정하자. 관계식 (2)를 이용하면, 다음을 얻을 수 있다.

$$f(y, x_1, x_2, \ldots, x_n) - f(y, -x_1, x_2, \ldots, x_n) = -2x_1 h(y, x_1^2, \ldots, x_n^2).$$

즉,

$$\begin{aligned} h(y, x_1^2, \ldots, x_n^2) &= \frac{1}{2x_1} f(y, -x_1, x_2, \ldots, x_n) \\ &= \frac{1}{2x_1} \prod (y + x_1 \pm x_2 \pm \cdots \pm x_n) \\ &= \frac{1}{2x_1} \prod \big(2x_1 + (x_2 \pm x_2) + \cdots + (x_n \pm x_n)\big); \end{aligned}$$

마지막 등식의 표기에서 $y = x_1 + \cdots + x_n$을 이용하였다. 이것은 식 $2x_1 + (x_2 \pm x_2) + \cdots + (x_n \pm x_n)$들 중의 하나가 0이 된다는 것을 의미한다. 그러나, $x_1 > 0$이고, $x_k \pm x_k \geq 0$. 결국, $h(y, x_1^2, \ldots, x_n^2) \neq 0$.

6.20. k에 대한 수학적 귀납법을 사용하자. 우선, $k = 2$인 경우를 살펴보자. $\sqrt{p_2} = a + b\sqrt{p_1}$라고 가정하자(단, a, b는 유리수). 문제 6.16(b)에의해, $ab \neq 0$이다. 제곱하면, $p_2 = a^2 + 2ab\sqrt{p_1} + b^2 p_1$을 얻을 수 있으며, $\sqrt{p_1}$는 유리수가 된다. 그러나, 이것은 불가능하다.

이제, $\sqrt{p_{k+1}} = a + b\sqrt{p_k}$라고 가정하자(단, a, b는 $\sqrt{p_1}, \ldots, \sqrt{p_{k-1}}$으로 표현된다). 만약, $b = 0$이면, $\sqrt{p_{k+1}}$이 $\sqrt{p_1}, \ldots, \sqrt{p_{k-1}}$으로 표현되는데, 이것은 수학적 귀납법의 가정에 모순된다.

만약, $a = 0$이면, $\sqrt{p_{k+1}} = (a' + b'\sqrt{p_{k-1}})\sqrt{p_k}$이 된다. 다시금, 만약, $a' = 0$ 등등이라고 하면, 결국 $\sqrt{p_{k+1}} = r\sqrt{p_1 \cdots p_k}$을 얻게 된다(단, 수 r은 유리수). 그러나, 이것은 불가능하다(문제 6.16(c)). 그러므로, $\sqrt{p_{k+1}} = a + b\sqrt{p_k}$(단, $ab \neq 0$)이 된다($p_1, \ldots, p_k$의 번호를 바꾼 후에 가능할 수 있음). 결국, $p_{k+1} = a^2 + 2ab\sqrt{p_k} + b^2 p_k$, 즉 다음이 성립한다.

$$\sqrt{p_k} = \frac{p_{k+1} - a^2 - p_k b^2}{2ab}$$

분모를 유리화하면(문제 6.8), 식 $\sqrt{p_k}$을 $\sqrt{p_1}, \ldots, \sqrt{p_{k-1}}$으로 표현할 수 있는데, 이것은 수학적 귀납법의 가정에 모순된다.

6.21. $m + n\sqrt{p} = m_1 + n_1\sqrt{p}$이고, m, n, m_1, n_1은 유리수라 하자. 만약, $m_1 \neq m$ 또는 $n_1 \neq n$이면, $\sqrt{p} = \frac{m - m_1}{n_1 - n}$. $\sqrt{p}$가 무리수이므로, 이 등식은 성립할 수 없다.

6.22. n에 대한 수학적 귀납법을 사용하자. 쉽게, $\bar{z}_1\,\bar{z}_2 = \overline{z_1 z_2}$, 즉 만약, $(a + b\sqrt{p})(c + d\sqrt{p}) = A + B\sqrt{p}$이면, $(a - b\sqrt{p})(c - d\sqrt{p}) = A - B\sqrt{p}$임을 확인할 수 있다. 결국, 만약 $(a+b\sqrt{p})(A_n + B_n\sqrt{p}) = A_{n+1} + B_{n+1}\sqrt{p}$이면, $(a - b\sqrt{p})(A_n - B_n\sqrt{p}) = A_{n+1} - B_{n+1}\sqrt{p}$가 된다.

6.23. 답: 9.

$(2 + \sqrt{3})^n = A_n + B_n\sqrt{3}$이라 하자(단, A_n, B_n는 자연수). 문제 6.22에 의해, $(2 - \sqrt{3})^n = A_n - B_n\sqrt{3}$. 그러므로, $(2+\sqrt{3})^n + (2-\sqrt{3})^n$는 자연수이다. 그리고, $2 - \sqrt{3} \approx 0.2679 < 0.3$이므로, $(2 - \sqrt{3})^{1000} \approx 0.0\ldots$(이 다음에도 몇 개의 0이 온다).

6.24. 유리수 x, y, z, t에 대해, 등식이 성립한다고 가정하면, 문제 6.22에 의해 그러한 수들에 대해 등식

$$(x - y\sqrt{2})^2 + (z - t\sqrt{2})^2 = 5 - 4\sqrt{2}$$

이 성립한다. 그런데, $5 - 4\sqrt{2} < 0$이고, $(x - y\sqrt{2})^2 + (z - t\sqrt{2})^2 \geq 0$.

6.25. $(5+3\sqrt{2})^m = (3+5\sqrt{2})^n$이라 하자. 그러면, 문제 6.22에 의해, $(5-3\sqrt{2})^m = (3-5\sqrt{2})^n$이 성립한다. 이제, 다양한 방법으로 모순을 유도할 수 있다. 첫 번째로, $|5-3\sqrt{2}| < 1$, $|3-5\sqrt{2}| > 1$을 생각할 수 있다. 두 번째로, 등식 $(5+3\sqrt{2})^m = (3+5\sqrt{2})^n$과 $(5-3\sqrt{2})^m = (3-5\sqrt{2})^n$을 서로 곱하여, $7^m = (-41)^n$을 얻을 수 있다.

6.26. (a) 만약, $(\sqrt{2}+1)^n = x\sqrt{2}+y$이면, 문제 6.22에 의해 $(\sqrt{2}-1)^n = (-1)^n(1-\sqrt{2})^n = (-1)^n(y+x\sqrt{2}) = (-1)^n(\sqrt{y^2}-\sqrt{2x^2})$이 성립한다. 이때, $y^2-2x^2 = (y+x\sqrt{2})(y-x\sqrt{2}) = (1+\sqrt{2})^n(1-\sqrt{2})^n = (-1)^n$이다. 이와 같이, 만약 n이 짝수이면, $(\sqrt{2}-1)6n = \sqrt{y^2}-\sqrt{2x^2}$이고, $y^2-2x^2 = 1$. 만약, n이 홀수이면, $(\sqrt{2}-1)6n = \sqrt{2x^2}-\sqrt{y^2}$, $2x^2-y^2 = 1$.

(b) 등식

$$(a\sqrt{m} \pm b\sqrt{m-1})(c\sqrt{m} \pm d\sqrt{m-1}) = acm + bd(m-1) \pm (ad+bc)\sqrt{m(m-1)},$$
$$(a \pm b\sqrt{m(m-1)})(c\sqrt{m} \pm d\sqrt{m-1}) = \big(ac + bd(m-1)\big)\sqrt{m} \pm (ad+bcm)\sqrt{m-1}$$

에 의해, 홀수 n에 대해 $(\sqrt{m} \pm \sqrt{m-1})^n = a\sqrt{m} \pm b\sqrt{m-1}$, 짝수 n에 대해 $(\sqrt{m} \pm \sqrt{m-1})^n = a \pm b\sqrt{m(m-1)}$을 알 수 있다(단, a, b는 자연수). 두 경우에서 자연수 x, y에 대해 $(\sqrt{m} \pm \sqrt{m-1})^n = \sqrt{x} \pm \sqrt{y}$이 자연수임을 알 수 있다(홀수 n에 대해 $x = a^2m$이고 $y = b^2(m-1)$, 짝수 n에 대해 $x = a^2$이고 $y = b^2m(m-1)$). 이때, $x-y = (\sqrt{x}-\sqrt{y})(\sqrt{x}+\sqrt{y}) = \big((\sqrt{m}-\sqrt{m-1})(\sqrt{m}+\sqrt{m-1})\big)^n = 1$.

6.27. 수 $(1+\sqrt{3})^{2n+1} + (1-\sqrt{3})^{2n+1}$는 정수이고, $-1 < (1-\sqrt{3})^{2n+1} < 0$. 그러므로, $[(1+\sqrt{3})^{2n+1}] = (1+\sqrt{3})^{2n+1} + (1-\sqrt{3})^{2n+1}$. 등식 $(1 \pm \sqrt{3})^2 = 2(2 \pm \sqrt{3})$에 의해,

$$(1+\sqrt{3})^{2n+1} + (1-\sqrt{3})^{2n+1} = 2^n\big((1+\sqrt{3})(2+\sqrt{3})^n + (1-\sqrt{3})(2-\sqrt{3})^n\big).$$

그리고, 어떤 자연수 a, b에 대해 $(1 \pm \sqrt{3})(2 \pm \sqrt{3})^n = a \pm b\sqrt{3}$이다. 이제, 수 a가 홀수라는 것을 증명하면 된다. 등식 $a^2 - 3b^2 = -2$에서 수 a, b가 모두 홀수이거나 또는 모두 짝수라는 것을 알 수 있다. 그런데, 이들 수가 모두 짝수라면, 수 $a^2 - 3b^2$이 4로 나누어 떨어지므로, 이들 수는 모두 짝수일 수 없다.

6.28. $\frac{a}{b} < \frac{c}{d}$라고 할 수 있다. $a+1 \le b$인 경우에 성립하는 부등식

$$\frac{a}{b} < \frac{a}{b-1} \le \frac{a+1}{b}$$

에 의해, $b \neq d$, 즉 인접한 두 분수의 분모는 같을 수 없다는 것을 알 수 있다.

명제를 n에 대한 수학적 귀납법으로 증명하자. $n = 3$이면, 수 $\frac{1}{3}$, $\frac{1}{2}$, $\frac{2}{3}$을 얻으며, 이들에 대해 쉽게 명제를 증명할 수 있다. 이제, 명제가 $n-1$에 대해 증명되었다고 가정하자. $n-1$에서 n으로 옮겨갈 때에 이전의 수들의 모임에 $\frac{k}{n}$와 같은 꼴의 몇몇 수들이 첨가된다. 위에서 기술한 것과 같이, 새로운 두 수는 인접한 수가 될 수 없으므로, $\frac{a}{b} < \frac{k}{n} < \frac{c}{d}$이 성립한다(단, $\frac{a}{b}$, $\frac{c}{d}$는 이전의 수들의 모임에서 인접한 수들).

두 수 $A = kb - an$와 $B = cn - kd$이 1이라는 것을 증명하면 된다(이들이 양수라는 것은 자명함). 이들 중의 하나가 1보다 크다고 가정하자. 그러면, $b + d < bB + dA = (bc - ad)n = n$이다(왜냐 하면, 수학적 귀납법의 가정에 의해, $bc - ad = 1$). 부등식 $\frac{a}{b} < \frac{a+c}{b+d} < \frac{c}{d}$에 의해, 수 $\frac{a}{b}$와 $\frac{c}{d}$가 인접할 수 없음을 알 수 있다. 그러므로, 모순이 유도된다.

6.29. 문제 6.28에 의해, $bx - ay = 1$, $cy - dx = 1$. x, y에 대한 이들 연립방정식을 풀면,

$$x = \frac{a+c}{bc-ad}, y = \frac{b+d}{bc-ad}$$

6.30. 부등식

$$\frac{a}{b} < \frac{a+c}{b+d} < \frac{c}{d}$$

이 성립한다. 그러므로, 만약 $b + d \leq n$이면, 분수 $\frac{a+c}{b+d}$는 Farey 수열에 포함되며, 이 분수는 분수 $\frac{a}{b}$와 $\frac{c}{d}$사이에 놓인다.

6.31. 답: 홀수 n에 대해 $\frac{1}{2} \pm \frac{1}{2n}$, 짝수 n에 대해 $\frac{1}{2} \pm \frac{1}{2n-2}$.
n이 홀수이면, 분수 $\frac{n \pm 1}{2n}$의 분자와 분모를 2로 약분할 수 있으며, n이 짝수이면 분수 $\frac{n-1\pm 1}{2n-2}$에 대해 똑같이 할 수 있다. 그러므로, 답에 제시된 분수들은 Farey 수열에 들어간다. 만약, $\frac{a}{b} < \frac{c}{d}$이 Farey 수열에서 인접한 분수들이면,

$$\frac{c}{d} - \frac{a}{b} = \frac{bc - ad}{bd} = \frac{1}{bd}.$$

만약, $b = 2$이고 $d \leq n$이면, $\frac{1}{bd} \leq \frac{1}{2n}$. n이 홀수인 경우에 증명이 종결된다. 한편, n이 짝수인 경우에는, 만약 $\frac{a}{b} = \frac{1}{2n}$이면, $d \neq n$임을 확인하면 된다. 그런데, 만약 $a = 1$, $b = 2$, $d = n$이면, $1 = bc - ad = 2c - n$이므로, n은 홀수이다.

6.32. (a) 만약, 분수 p/q이 Farey 수열에 들어가면, 분수 $(q-p)/q$ 또한 들어간다. 왜냐 하면, $\gcd(q-p,q) = \gcd(p,q)$이다. 그러므로, $\sum p = \sum(q-p)$, 즉 $2\sum p = \sum q$이다.

(b) (a)와 유사한 방법으로, $\sum \frac{p}{q} = \sum \frac{q-p}{q}$, 즉 $2\sum \frac{p}{q} = \sum 1$을 얻을 수 있다. 마지막 합은 Farey 수열의 항들의 개수와 같다.

6.33. 만약, $1 \le p < q \le n$이고 $\gcd(p,q) = 1$이면, 분수 p/q는 Farey 수열에 들어간다. 그러므로, 정해진 $q > 1$에 대해, p/q꼴인 항들의 개수는 $\varphi(q)$이다. 결국, 모든 항들의 개수는 $\sum_{q=2}^{n} \varphi(q)$이다(단, φ는 Euler 함수임).

6.34. 우선, (1)로부터 (2)가 유도된다는 것을 증명하자. $[x\alpha] \le n$인 x값의 개수는 $\frac{n}{\alpha} + \lambda$이다(단, $0 \le \lambda < \frac{1}{\alpha}$). $[y\beta] \le n$인 y값들의 개수는 $\frac{n}{\beta} + \mu$이다(단, $0 \le \mu < \frac{1}{\beta}$). 조건에 의해, $\frac{n}{\alpha} + \lambda + \frac{n}{\beta} + \mu = n$. 그러므로, $n \to \infty$이면, $\frac{1}{\alpha} + \frac{1}{\beta} = 1$. 만약, 수 α가 유리수이면, 이 등식으로부터 $\alpha = \frac{p}{q}$, $\beta = \frac{p}{p-q}$을 얻을 수 있을 것이다(단, $p > q$는 자연수). 그러면, $[q\alpha] = p = [(p-q)\beta]$. 이로부터, 모순이 유도되고, α는 무리수이다.

이제, (2)로부터 (1)이 유도된다는 것을 증명하자. $k = 1, 2, \ldots, \left[\frac{n}{\alpha}\right]$에 대해, 수 $[k\alpha]$는 n보다 작다. $k = 1, 2, \ldots, \left[\frac{n}{\beta}\right]$에 대해, 수 $[k\beta]$는 n보다 작다. 그러므로, 기술한 수들 중에서 n보다 작은 수를 정확히 $\left[\frac{n}{\alpha}\right] + \left[\frac{n}{\beta}\right]$개 만날 수 있다. 관계식 $\frac{1}{\alpha} + \frac{1}{\beta} = 1$와 α, β가 무리수라는 것으로부터, $\left[\frac{n}{\alpha}\right] + \left[\frac{n}{\beta}\right] = n - 1$이 유도된다. 그러므로, 기술한 수들 중에서 1보다 작은 수를 0개, 2보다 작은 수를 1개, 3보다 작은 수를 2개 등등과 같이 만날 수 있다. n과 같은 수들의 개수를 구하기 위해, $n+1$보다 작은 수들의 개수에서 n보다 작은 수들의 개수를 빼면 된다. 결국, 1을 얻을 수 있다.

6.35. $\alpha_1 < \alpha_2 < \cdots < \alpha_k$라고 할 수 있다(등호가 성립되면 반복이 발생하므로, 등호는 성립하지 않음). 수 1은 정확히 1번 만나므로, $[\alpha_1] = 1$, 즉 $\alpha_1 = 1 + \delta$이다(단, $0 < \delta < 1$).

$[p\alpha_1] = n$라 하자. 그러면, $p\alpha_1 < n+1$. 그러므로, $(p+1)\alpha_1 = p\alpha_1 + \alpha_1 < n+1+1+\delta < n+3$이고, $[(p+1)\alpha_1] \le n+2$이다. 이와 같이, 수열 $[\alpha_1], [2\alpha_1], \ldots$의 인접한 항들 사이에는 연속하는 두 자연수를 만날 수 없다.

m을 수열 $[\alpha_1], [2\alpha_1], \ldots$에서 만나지 않는 최소의 자연수라 하자. 그러면, $[\alpha_1] = 1$, $[2\alpha_1] = 2, \ldots, [(m-1)\alpha_1] = m-1$, $[m\alpha_1] = m+1$. 그러므로, $(m-1)\delta < 1$, $m\delta \ge 1$. 그리고, $\alpha_2 < \alpha_3 < \cdots < \alpha_k$이므로, $m = [\alpha_2]$이다. 이와 같이, $\alpha_2 = m + \epsilon$(단, $0 \le \epsilon < 1$).

x를 수열 $[\alpha_1], [2\alpha_1], \ldots$에서 만나지 않는 임의의 자연수라 하자. 그러면, $x = [p\alpha_1] + 1$, $[(p+1)\alpha_1] > [p\alpha_1]+1$. 마지막 부등식은 $[p+1+(p+1)\delta] > [p+p\delta]+1$, 즉 $[(p+1)\delta] > [p\delta]$와 동치이다. 이와 같이, 어떤 자연수 q에 대해, $p\delta < q \leq (p+1)\delta$이 성립한다.

$(p+m-1)\delta = p\delta + (m-1)\delta < q+1$, $(p+m+1)\delta = (p+1)\delta + m\delta \geq q+1$이다. 이때, 두 가지 경우가 가능하다.

(1) $(p+m)\delta \geq q+1$. 이 경우에, $(p+m-1)\delta < q+1 \leq (p+m)\delta$.

(2) $(p+m)\delta < q+1$. 이 경우에, $(p+m)\delta < q+1 \leq (p+m+1)\delta$.

수열 $[\alpha_1], [2\alpha_1], \ldots$에서 만나지 않는 x 다음에 오는 자연수는 $[p'\alpha_1]+1$(단, $p'\delta < q' \leq (p'+1)\delta$)이고, q'은 q보다 큰, 가능한 가장 작은 자연수이다. q'으로 $q+1$을 잡을 수 있다. 이때, (1)의 경우에 $p' = p+m-1$, (2)의 경우에는 $p' = p+m$이다. 결국, (1)의 경우에 $[p'\alpha_1]+1 = p+m-1+[(p+m-1)\delta]+1 = p+m+q$, (2)의 경우에 $[p'\alpha_1]+1 = p+m+[(p+m)\delta]+1 = p+m+q+1$이 성립한다. 이제, $x = [p\alpha_1]+1 = p+[p\delta]+1 = p+q$인 것을 기억하자. 그러므로, 수열 $[\alpha_1], [2\alpha_1], \ldots$에서 만나지 않는 x 다음에 오는 자연수는 $x+m$ 또는 $x+m+1$이다.

만약, $[n\alpha_2] = y$이면, $n\alpha_2 - 1 < y \leq n\alpha_2$. 그러므로, $(n+1)\alpha_2 = n\alpha_2+\alpha_2 < y+1+m+1 = y+m+2$, $(n+1)\alpha_2 = n\alpha_2+\alpha_2 \geq y+m$. 이와 같이, $(n+1)\alpha_2 = y+m$ 또는 $y+m+1$.

x_k를 수열 $[\alpha_1], [2\alpha_1], \ldots$에서 만나지 않는 k번째 수라 하고, $y_k = [k\alpha_2]$라 하자. k에 대한 수학적 귀납법으로 $x_k = y_k$임을 증명하자. $k=1$이면, 자명하다: $x_1 = m = y_1$. 어떤 k에 대해, $x_k = y_k$이라고 가정하자. 위에서, $x_{k+1} = x_k + m$ 또는 x_k+m+1, 그리고 $y_{k+1} = y_k + m$ 또는 y_k+m+1을 보였다. 두 연속하는 수 x_k+m, x_k+m+1에서 오직 하나만이 수열 $[\alpha_1], [2\alpha_1], \ldots$에 들어갈 수 없다. 결국, 그 수는 x_{k+1} 또는 y_{k+1}이어야 한다.

제 7 장

문장제

제 1 절　계산하지 않고 풀기

7.1. 한 컵에는 녹차가 다섯 숟가락이 있고, 다른 컵에는 우유가 다섯 숟가락 있다. 우유가 든 컵에서 우유 한 숟가락을 떠서 녹차가 든 컵에 넣었다. 그리고 나서, 녹차가 든 컵에서 녹차 한 숟가락을 떠서 우유가 든 컵에 넣었다. 우유가 든 컵에 든 녹차와 녹차가 든 컵에 든 우유 중에서 어느 것이 더 많은가?

7.2. A지점과 B지점 사이의 거리는 5Km이다. A로부터 B로 보행자가 출발하고, 동시에 B로부터 A로 자전거가 출발하였다. 자전거는 보행자보다 2배가 빠르다고 한다. 얼마 후, 자전거는 보행자를 만난 다음, 다시금 B쪽을 향해 달렸다. B에 도착한 자전거는 다시금 A를 향해 달렸으며, 보행자를 만나면 다시금 B로 돌아왔다. 이와 같은 이동을 보행자가 B에 도착할 때까지 계속하였다. 자전거가 이동한 거리를 구하여라.

제 2 절　계산

7.3. 호수들 위를 기러기 떼가 날아다니고 있다. 각각의 호수에 기러기들의 절반

과 기러기의 절반이 앉았고, 나머지 기러기들은 계속 날아갔다. 기러기 떼는 7개의 호수에 모두 앉았다. 기러기 떼에는 모두 몇 마리의 기러기가 있었는가?

7.4. A, B로부터 각각 자전거가 서로 마주보는 방향으로 동시에 출발하였는데, A로부터 70Km지점에서 마주쳤다. 이들은 계속 이동하여 A, B에 도착한 다음, 역으로 돌아왔다. 돌아오는 길에서는 B로부터 90Km지점에서 만났다. A에서 B까지의 거리를 구하여라.

7.5. 동력선을 타고 가면, 고리끼에서 아스트라한까지는 5주야(24시간)가 걸리며, 아스트라한에서 고리끼까지는 7주야가 걸린다. 뗏목을 이용하여 고리끼에서 아스트라한까지 가려면, 몇 주야가 걸리는가?

7.6. 두 사람 A, B는 M지점으로부터 N지점으로 가야한다(N은 M으로부터 15Km만큼 떨어짐). 이들은 시속 6Km로 걸어갈 수 있으며, 시속 15Km로 달릴 수 있는 자전거가 하나 있다. A는 걸어서 출발했으며, B는 자전거를 타고 출발했다. B는 N으로부터 출발한 보행자 C와 만날 때까지 자전거를 타고 가서, C에게 자전거를 인도한 다음, 걸어서 N으로 향한다. 한편, C는 자전거를 타고 M으로 가다가 A를 만나면, A에게 자전거를 준다. 그러면, A는 자전거를 타고 N까지 간다.

(a) A, B가 동시에 N에 도착하려면, C는 N으로부터 언제 출발해야 하는가? 단, C는 A, B와 같은 속력으로 걸어간다.

(b) A, B가 N까지 가는데 소요된 시간이 최소가 되도록 하려면, C는 N으로부터 언제 출발해야 하는가? 단, C는 A, B와 같은 속력으로 걸어가며, A, B가 N까지 가는데 소요된 시간은, 두 사람 중에서 N에 늦게 도착한 사람이 출발부터 도착할 때까지 걸린 시간을 의미한다.

제 3 절 부등식

7.7. 도시 A, B는 강을 따라 서로 10Km만큼 떨어진 곳에 위치해 있다. 배를 타고

A에서 B로 갔다가 돌아오는 경우와 호수에서 20Km를 배를 타고 가는 경우를 생각하자. 어느 것이 시간이 더 많이 걸리는가?

7.8. A마을에는 100명이 거주하고, B마을에는 50명이 거주한다. A마을과 B마을을 연결하는 길에 목욕탕을 만들려고 한다. 150명 주민이 목욕탕까지 갔다 오는 전체 거리가 최소가 되도록 하려면, 목욕탕을 어느 지점에 만들어야 하는가?

7.9. 10×10인 격자판에 100개의 수들이 적혀있다. 각각의 행에서 최소인 수를 택하고, 이들 중에서 최대값을 A라 하자. 한편, 각각의 열에서 최대의 수를 택하고, 이들 중에서 최소값을 B라 하자. $A > B$일 수가 있는가?

7.10. 일곱 명의 버섯채취자들은 전체 100개의 버섯을 채취하였으며, 어떤 두 사람도 같은 개수의 버섯을 따지 않았다. 이들 중에는 채취한 버섯의 전체 합이 50보다 작지 않은 세 명이 존재한다는 것을 증명하여라.

7.11. 한 학급의 학생들이 두 코스의 여행을 했다. 각 코스에 속한 남학생의 수는 여행을 떠난 전체 학생의 2/5보다 작았다. 만약, 학생들 각각이 적어도 한 코스에 속했다면, 이 학급에서 남학생의 수는 전체 학생의 4/7보다 작다는 것을 증명하여라.

제 4 절 정수치 근사

7.12. 학급에서 5점 만점으로 쪽지시험을 보았다. 남학생들의 평균 점수는 4점이고, 여학생들의 평균 점수는 3.25이며, 전체 평균 점수는 3.6이었다. 학급에는 학생이 30명보다는 많고, 50명보다는 적다고 할 때, 쪽지시험을 치른 남학생과 여학생의 수를 각각 구하여라.

7.13. 어떤 스키 경기의 결과에 대한 최종보고서에 의하면, 참가자의 96%가 소정의 체력 검정 기준을 만족시켰다고 한다. 이때, 이 수치는 0.5%까지의 정확도 얻어진 것이다. 이 스키 경기 참가자의 최소값을 구하여라.

7.14. 채석장에서 화강암으로 된 판을 7톤짜리 120개, 9톤짜리 80개를 만들었다. 그런데, 화물열차의 한 칸에는 40톤까지 짐을 실을 수 있다. 화강암으로 된 판을 모두 운반하기 위해 필요한 화물열차 칸 수의 최소값을 구하여라.

7.15. 13.5톤인 화물을 각 상자의 무게가 350Kg을 넘지 않도록, 상자들에 나누어 담았다. 이 화물을 1.5톤 화물차 11대로 옮길 수 있다는 것을 증명하여라(단, 빈 상자의 무게는 무시할 수 있음).

7.16. 10명의 노동자가 부품들을 조립하여 50개의 제품을 만들어야 한다. 우선, 각각의 제품에 들어가는 부품들을 색칠해야 하는데, 한 개의 제품에 대한 부품을 색칠하는데 도장공 1명이 10분 걸린다. 색을 칠한 다음에, 5분 동안 부품들을 말린다. 그리고 나서, 부품들을 조립하여 한 개의 제품을 만드는데, 조립공 1명이 20분 걸린다. 최단 시간에 주어진 작업을 완수하려면, 몇 명의 도장공과 조립공이 필요한가? 단, 두 명의 노동자가 동시에 같은 제품에 대해 색칠하고 조립할 수는 없다.

제 5 절 대응

7.17. 개별 보충학습 시간에 20명의 학생이 참가했으며, 20문제를 다루었다. 이때, 각각의 학생들은 두 문제씩을 풀었고, 각각의 문제를 두 학생이 풀었다. 이제, 푼 문제들을 함께 토론을 통해 분석하려 한다. 각각의 학생은 자신이 푼 문제들 중의 하나를 말하며, 모든 문제들이 분석되도록 토론을 조직할 수 있다는 것을 증명하여라.

7.18. 도서관에 두 개의 게시판이 만들어졌다. 한 게시판에는 이용자가 열람실에 들어왔을 때 현존하는 이용자의 수를 적고, 다른 게시판에는 그가 열람실을 떠날 때에 열람실에 있는 이용자의 수를 적는다. 이른 아침과 늦은 밤에는 열람실에 아무도 없다고 하자. 하루가 지나면, 두 게시판에는 같은 수들이 적힌다는 것을 증명하여라(단, 순서가 다른 것은 가능함).

7.19. 차례대로 n개의 수들을 적었는데, 이들 중에는 양수도 있고 음수도 있다. 이때, 각각의 양수들에 빗금을 그었고, 바로 다음에 오는 몇몇 수들과의 합이 양수가 되는 각각의 수들에 대해서도 빗금을 그었다. 빗금이 그어진 모든 수들의 합은 양수임을 증명하여라.

7.20. 수열 $1, 2, 3, \ldots, 10^k$에서 모든 숫자들의 개수는 수열 $1, 2, 3, \ldots, 10^{k+1}$에 속한 0의 개수와 같다는 것을 증명하여라.

힌트 및 증명

7.1. 녹차가 든 컵에 보충된 우유의 양은 우유가 든 컵에 녹차가 보충된 양과 같다. 그러므로, 우유가 든 컵에 있는 녹차와 녹차가 든 컵의 우유는 같다.

7.2. 자전거가 항상 한 방향으로만 간다고 할 수 있다(이렇게 해도 이동 거리는 변하지 않음). 자전거의 속력이 보행자보다 2배가 빠르므로, 보행자가 5Km를 가는데 걸리는 시간 동안 자전거는 10Km를 간다.

7.3. 기러기 떼에 기러기 떼와 마지막 호수까지 함께 가는 어떤 새, 예를 들어 청둥오리 한 마리를 첨가하자. 그러면, 각각의 호수에는 정확히 새들의 절반이 앉으며, 일곱 번째 호수에는 두 마리의 새(기러기와 청둥오리)가 앉게 된다. 이로부터, 새들 무리에 있는 전체 새는 2^7마리이고, 이들 중에서 $2^7 - 1$마리가 기러기이다.

7.4. x를 A에서 B까지의 거리라 하자. 첫 번째 마주침까지 두 자전거는 합쳐서 xKm를 이동했으며, 두 번째 마주침까지는 $3x$Km를 이동했다. 이로부터, A로부터 출발한 자전거는 두 번째 마주침의 순간까지 $3 \cdot 70 = 210$Km를 이동했다는 것을 알 수 있다. 한편, 이 자전거는 $x + 90$Km를 이동했다. 그러므로, $x = 210 - 90 = 120$Km이다.

7.5. 답: 35.
v는 강물의 흐름 속도, u는 배의 속도, l은 고리끼에서 아스트라한까지의 거리라 하자. 조건에 의해, $\frac{l}{u+v} = 5$, $\frac{l}{u-v} = 5$이며, l/v를 구해야 한다. 연립방정식 $l = 5u + 5v$, $l = 7u - 7v$로부터, $l/v = 35$를 얻을 수 있다.

7.6. (a) A, B가 N지점에 동시에 도착하려면, 이들은 걸어서 같은 거리 x만큼을 가고, 자전거로 같은 거리 $15 - x$만큼을 가야 한다. 이때, C는 B와 만날 때까지 걸어서 x만큼을 가야 한다. 그러므로, C는 A와 만날 때까지 자전거로 $15 - 2x$만큼을 가며, 그리고 나서 A는 자전거로 $15 - x$만큼을 간다. A와 B는 모두 합하여 자전거라 $30 - 3x$만큼을 간다. 이 시간 동안에 B는 걸어서 x만큼 가므로, $\frac{30-3x}{15} = \frac{x}{6}$이 성립하며 $x = 60/11$이다. B는 C와 만날 때까지

$$\frac{15 - x}{15} = \frac{1}{15} \cdot \frac{105}{11} = \frac{7}{11}$$

시간만큼 가며, C는 B와 만날 때까지 $\frac{x}{6} = \frac{1}{6} \cdot \frac{60}{11} = \frac{10}{11}$시간만큼 가므로, C는 A, B가 M으로부터 출발하기 $\frac{3}{11}$시간 전에 M으로부터 출발해야 한다.

(b) A와 B가 길에서 소모한 시간이 최소가 되려면, 이들은 동시에 N에 도착해야 한다. 즉, 이들은 같은 거리를 걸어가야 한다. 실제로, A가 걸어서 x를 가고 자전거로 $15 - x$을 갔으며, B는 걸어서 y를 가고 자전거를 타고 $15 - y$를 갔다고 하자. 그러면, A가 소모한 시간은

$$\frac{x}{6} + \frac{15 - x}{15} = 1 + \frac{x}{10}$$

이고, B가 소모한 시간은 $1 + \frac{y}{10}$이다. 우리는 이들 중에서 큰 수에 대해 생각해야 한다.

한편, A가 x만큼 걸어가는 시간에 B와 C는 자전거로 $(15 - y) + (15 - y - x)$만큼을 간다. 그러므로,

$$\frac{30 - x - 2y}{15} = \frac{x}{6}$$

즉, $7x + 4y = 60$이다. 직선 $x = y$는 직선 $7x + 4y = 60$와 점 $(60/11, 60/11)$에서 교차한다. 직선 $7x + 4y = 60$의 임의의 다른 점에 대해, x의 좌표 또는 y의 좌표는 더 클 것이다.

A와 B가 동시에 도착하기 위해서, C가 언제 출발해야 하는가에 대한 문제는 (a)에서 이미 해결하였다.

7.7. 배의 속력을 v라 하고, 강물의 유속을 w라 하자. 만약, $v \le w$이면, 배는 강을 거슬러 올라갈 수 없게 된다. 만약, $v > w$이면, A에서 B 그리고 역으로 오는데 걸리는 시간은

$$\frac{10}{v+w} + \frac{10}{v-w} = \frac{20v}{v^2 - w^2} > \frac{20}{v}$$

이다. 이때, 호수에서 20Km를 이동하는 경우에 걸리는 시간은 $20/v$이다.

7.8. 마을사이의 거리를 a라 하자. A마을로부터 x만큼 떨어진 곳에 목욕탕을 만들었다고 하자(($0 \le x \le a$). 그러면, 전체 거리는 $200x + 100(a-x) = 100x + 100a$이다. 이 거리는 $x = 0$인 경우에 최소가 된다. 이것은 목욕탕이 A마을에 만들어져야 한다는 것을 의미한다.

7.9. 답: 불가능하다.
수 A가 있는 행과 수 B가 있는 열의 교차점에 수 x가 있다고 가정하자. 그러면, $A \le x \le B$이 된다.

7.10. $a_1 > a_2 > \cdots > a_7$을 버섯채취자들이 모은 버섯의 개수라 하자. 만약, $a_3 \ge 16$이면, $a_2 \ge 17$이고 $a_1 \ge 18$이므로, $a_1 + a_2 + a_3 \ge 51$이다. 만약, $a_3 \le 15$이면, $a_4 \le 14$, $a_5 \le 13$, $a_6 \le 12$, $a_7 \le 11$이므로, $a_4 + a_5 + a_6 + a_7 \le 50$이다. 즉, $a_1 + a_2 + a_3 \ge 50$.

7.11. 첫 번째 풀이. 조건에 의해, 각각의 코스는 남학생이 그 코스에 참가한 여학생의 2/3보다 작다. 결국, 각각의 코스에서 남학생은 전체 여학생의 2/3보다 작다. 각각의 남학생은 적어도 한 코스에는 속하므로, 학급의 남학생들은 전체 여학생의 4/3보다 작다. 즉, 남학생들은 전체 학생의 4/7보다 작다.

두 번째 풀이. 학급에 남학생 x명, 여학생 y명이 있으며, 첫 번째 코스에는 남학생이 x_1명, 여학생이 y_1명이 참가했으며, 두 번째 코스에는 각각 x_2, y_2명이 참가했다고 하자. 조건에 의해, $5x_1 < 2(x_1 + y_1)$이므로, $3x_1 < 2y_1 \le 2y$이다. 같은 방법으로, $3x_2 < 2y$. 결국, $3(x_1+x_2) < 4y$. 게다가, 조건에 의해 $x_1+x_2 \ge x$이다. 그러므로, $3x < 4y$, 즉 $7x < 4(x+y)$.

7.12. 학급에 남학생이 x명, 여학생이 y명 있다고 하자. 그러면, 다음이 성립한다.

$$\frac{4x+3,25y}{x+y}=3.6$$

즉, $8x = 7y$. 이것은, 어떤 정수 a에 대해, $x = 7a$, $y = 8a$를 의미한다. 그러므로, 수 $x+y = 15a$은 15로 나누어 떨어진다. 15로 나누어 떨어지며, 30보다 크고 50보다 작은 수는 45이다. 이로부터, $x = 21$, $y = 24$이다.

7.13. 스키 경기에 n명이 참가했으며, 이들 중에서 k명은 체력 검정 기준을 만족시키지 못했다고 하자. 조건에 의해, $3.5 \le 100k/n \le 4.5$가 성립한다. 즉, $k \ge 1$이고, $n \ge \frac{100k}{4.5} > 22.2k \ge 22.2$이다. 그러므로, $n \ge 23$. 만약, 경기에 23명이 참가했고, 이들 중에서 오직 한 명만이 체력 검정 기준을 만족시키지 못했다면, 문제의 조건이 성립한다.

7.14. 화물열차 한 칸에 7톤짜리 6개를 싣지 못한다. 그러므로, 적어도 $200/5 = 40$개의 차량이 필요하다. 각각의 차량에 7톤짜리 3개, 9톤짜리 2개씩 실으면, 40개의 차량이면 충분하다.

7.15. 8대의 화물차에 순서대로 짐을 싣자. 이때, 화물차에 상자를 싣다가, 더 이상 실을 수 없는 경우에는 상자를 화물차 바로 옆에 놓아두자. 차량에 실린 상자들과 차량 옆에 있는 상자들의 무게는 $8 \cdot 1.5 = 12$톤보다 무거우므로, 나머지 상자들은 1.5톤보다 가볍고, 1.5톤 화물차 한 대로 옮길 수 있다. $4 \cdot 350 = 1400 < 1500$이므로, 한 대의 화물차에는 상자 4개를 실을 수 있다. 즉, 화물차 옆에 있는 8개의 상자는 나머지 두 대의 트럭으로 옮길 수 있다.

7.16. 답: 도장공 3명, 조립공 6명(한 명은 여분, 즉 도장공 4명과 조립공 6명이 될 수도 있고, 도장공 3명과 조립공 7명이 될 수도 있음).
도장공 3명과 조립공 6이 일을 195분에 수행할 수 있다는 것은 쉽게 확인할 수 있다. 실제로, 도장공의 일이 시작되고 15분 후에, 3개의 제품을 조립할 수 있는 준비가 갖추어지며, 3명의 조립공이 20분 후에 이들에 대한 조립을 마친다. 이때, 이미 6개의 제품에 대한 조립 준비가 마쳐지며, 이제는 6명의 조립공은 조립을 위해 색칠된 부품을 기다릴 필요가 없다(도장공들에 의해 항상 준비되었으므로). 일이 시작되고 나서 $15 + 20 + 140 = 175$분이 지나면, $3+7\cdot 6 = 45$개의 제품에 대한 조립이 완성된다. 나머지 5개의 제품을 조립하기 위해서, 20분이 더 필요하다(이것은 조립공 5명이면 충분함).

만약, 도장공이 세 명보다 적으면, 색칠하는데 250분 이상이 소요되고, 만약 조립공이 6명보다 적으면, 조립하는데 200분 이상이 걸린다.

7.17. 어떤(임의의) 학생이 자신이 푼 문제 중의 하나를 이야기하는 것으로, 문제의 분석을 시작하자. 이 학생이 문제 a_1, a_2를 풀었고, 문제 a_1을 발표하였다고 하자. 그러면, 문제 a_2를 푼 학생이 정확히 한 명(a_3도 푼) 존재한다. 이 학생은 문제 a_2를 발표하였다. 그리고 나서, 문제 a_3, a_4를 푼 학생이 문제 a_3을 발표하였다. 이와 같은 방법으로 생각하면, 문제 a_n, a_k를 푼 n번째 학생을 생각할 수 있다(단, $1 \le k \le n-1$).

만약, $n < 20$이라면, 해야 할 것을 이해해야 한다. $k = 1$인 경우에는 자명하다. 이제, 문제 a_k(단, $2 \le k \le n-1$)를 $k-1$번째 학생과 k번째 학생이 풀었다. 그리고, n번째 학생이 문제 a_n을 발표하였다고 하자. 나머지 학생들과 나머지 문제들에 대해, 똑같은 조건이 성립된다: 학생들 각각은 두 문제를 풀었고, 각각의 문제를 두 학생이 풀었다. 그러므로, 같은 것을 반복할 수 있다.

7.18. 열람실에 있는 사람들 중에서 가장 뒤에 있는 사람이 항상 나가는 것으로 생각할 수 있다. 실제로, 누가 게시판에다 남은 사람의 수를 쓰는가는 중요하지 않다. 다른 사람에게 부탁해서 쓸 수도 있다(이때, 적히는 수에는 변함이 없음). 그러면, 각각의 이용자는 두 칠판에 같은 수를 적게 된다.

7.19. 수들 $a_1, a_2, \ldots, a_n$이 적혀있다고 하자. 만약, k가 $a_i + a_{i+1} + a_{i+2} + \cdots + a_{i+k} > 0$을 만족시키는 가장 작은 수라고 하면, 수 a_i에 $k+1$개의 빗금을 치자(양수 a_1에는 한 개의 빗금이 쳐짐). 만약, 수 a_i에 $k+1$개의 빗금이 쳐져 있다면, 수 $a_{i+1}, a_{i+2}, \ldots a_{i+k}$에는 각각 $k, k-1, \ldots, 2, 1$개의 빗금이 쳐지게 된다. 빗금 쳐진 수들을 다음과 같이 묶음으로 나누자. 우선, 가장 많이 빗금 쳐진 수들(빗금의 수가 K개라 하자)과 이들 각각에 대해 다음에 오는 $K-1$개의 수들을 묶자. 그리고 나서, $K-1$개의 빗금이 쳐진 수들과 이들 각각에 대해 다음에 오는 $K-2$의 수들을 묶음을 하자 등등. 그러면, 각 묶음에 있는 수들의 합은 양수이다.

7.20. 첫 번째 수열의 수의 숫자와 두 번째 수열의 수의 0을 다음과 같은 방법으로 대응시키자. 첫 번째 수열에서 수의 숫자 다음에 0을 쓰자. 그러면, 그러한 0을 가지는 두 번째 수열의 수를 얻게 된다. 이로부터, 숫자는 0에 대응된다.

역으로, 두 번째 수열의 수의 0에 첫 번째 수열의 수의 숫자를 다음과 같은 방법으로 대응시키자. 두 번째 수열에서 0의 앞에 숫자를 표시하고, 그리고 나서 0을 지운다. 그러면, 그러한 숫자를 가지는 첫 번째 수열의 수를 얻게 된다. 이로부터, 0은 이 숫자에 대응된다.

이러한 조작들은 상호 가역적이므로, 이로부터 첫 번째 수열의 수의 숫자들과 두 번째 수열의 수의 0사이에 일대일대응을 얻을 수 있다.

제 8 장

부등식

제 1 절 부등식 $x + 1/x \geq 2$

모든 $x > 0$에 대해, 문제 1.1에 의해 부등식 $x + 1/x \geq 2$이 성립한다는 것을 기억하자.

8.1. 다음 연립방정식을 만족시키는 양수 $x_1, \ldots, x_n$이 존재하는 n값을 구하여라.

$$x_1 + x_2 + \cdots + x_n = 3, \quad \frac{1}{x_1} + \frac{1}{x_2} + \cdots + \frac{1}{x_n} = 3$$

8.2. 수 $a_1, \ldots, a_n$이 양수이고, $a_1 \cdots a_n = 1$일 때, 다음 부등식을 증명하여라.

$$(1 + a_1)(1 + a_2) \cdots (1 + a_n) \geq 2^n.$$

8.3. 만약, $x^5 - x^3 + x = 2$이면, $3 < x^6 < 4$임을 증명하여라.

8.4. (a) x_1, x_2, x_3이 양수일 때, 다음 부등식을 증명하여라.

$$\frac{x_1}{x_2 + x_3} + \frac{x_2}{x_3 + x_1} + \frac{x_3}{x_3 + x_2} \geq \frac{3}{2}.$$

(b) $x_1, x_2, \ldots, x_n$이 양수이고 $n \geq 4$일 때, 다음 부등식을 증명하여라.

$$\frac{x_1}{x_2 + x_n} + \frac{x_2}{x_3 + x_1} + \cdots + \frac{x_{n-1}}{x_n + x_{n-2}} + \frac{x_n}{x_1 + x_{n-1}} \geq 2.$$

제 2 절 삼각부등식

만약, 양수 a, b, c에 대해 $a+b>c$, $b+c>a$, $c+a>b$이 성립하면, 양수 a, b, c가 **삼각부등식**을 만족시킨다고 말한다. 이것은 기하학적으로 길이가 a, b, c인 선분으로 삼각형을 만들 수 있다는 것을 의미한다.

8.5. 양수 a, b, c가 삼각부등식을 만족시킬 필요충분조건은 $(a^2+b^2+c^2)^2 > 2(a^4+b^4+c^4)$이라는 것을 증명하여라.

8.6. 만약, 양수 $a_1, a_2, \ldots, a_n$ $(n \geq 3)$에 대해, 부등식

$$(a_1^2+a_2^2+\cdots+a_n^2)^2 > (n-1)(a_1^4+a_2^4+\cdots+a_n^4)$$

이 성립하면, 이들 중에서 임의의 세 수는 삼각부등식을 만족한다는 것을 증명하여라.

8.7. $a>0$, $b>0$, $c>0$는 주어진 수이며, 모든 $A>0$, $B>0$, $C>0$에 대해, 부등식

$$Aa(Bb+Cc)+Bb(Cc+Aa)+Cc(Aa+Bb) > \frac{1}{2}(ABc^2+BCa^2+CAb^2)$$

이 성립한다. 선분 a, b, c로 삼각형을 만들 수 있는가?

제 3 절 Cauchy 부등식

8.8. 부등식 $xy \leq (x^2+y^2)/2$을 증명하여라.

8.9. 다음 부등식을 증명하여라.

$$\left(\sum_{i=1}^{k} a_i b_i\right)^2 \leq \left(\sum_{i=1}^{k} a_i^2\right)\left(\sum_{i=1}^{k} b_i^2\right)$$

문제 8.9의 부등식을 **Cauchy 부등식**이라 부른다. 이 부등식의 다른 증명은 문제 1.9와 5.12에 제시되어 있다.

8.10. 다음 부등식을 증명하여라.

$$a_1^2 + \cdots + a_n^2 \geq \frac{(a_1 + \cdots + a_n)^2}{n}.$$

8.11. $x_1, \ldots, x_n$는 양수이다. 다음 부등식을 증명하여라.

$$(x_1 + \cdots + x_n)\left(\frac{1}{x_1} + \cdots + \frac{1}{x_n}\right) \geq n^2.$$

8.12. $S = a_1 + \cdots + a_n$이고(단, $a_1, \ldots, a_n$는 양의 실수), $n \geq 2$라 하자. 이때, 다음 부등식을 증명하여라.

$$\frac{a_1}{S - a_1} + \cdots + \frac{a_n}{S - a_n} \geq \frac{n}{n-1}.$$

제 4 절 단조성

8.13. x, y를 임의의 실수라 하자. 이때, 다음 부등식을 증명하여라.

$$\frac{x+y}{2} \cdot \frac{x^2+y^2}{2} \cdot \frac{x^3+y^3}{2} \leq \frac{x^6+y^6}{2}.$$

제 5 절 산술평균과 기하평균의 부등식

$a_1, \ldots, a_n$을 양수라 하자. 이때, 수

$$A = \frac{a_1 + \cdots + a_n}{n}$$

를 이들의 **산술평균**이라 하고, 수

$$G = \sqrt[n]{a_1 \cdots a_n}$$

을 **기하평균**이라 한다. 1821년에 Cauchy는 부등식 $A \geq G$을 증명하였다. Cauchy는 증명을 위해 수학적 귀납법을 사용했지만, 평범한 방법은 아니었다: 우선, 만약 명제가 $n = 2^m$에 대해 성립한다면, 명제가 $n = 2^{m+1}$에 대해 성립한다는 것을 증명하였다. 그리고 나서, 만약 명제가 n에 대해 성립하면, 명제가 $n-1$에 대해 성립한다는 것을 증명하였다(문제 13.10의 풀이).

8.14. $a_1, \ldots, a_n$는 양수이다. 이때, 다음 부등식을 증명하여라(단, 주어진 수들이 모두 같지는 않다면, 등호는 성립하지 않는다).

$$\frac{a_1 + \cdots + a_n}{n} \geq \sqrt[n]{a_1 \cdots a_n}$$

8.15. $a, b > 0$라 하자. 이때, 부등식 $2\sqrt{a} + 3\sqrt[3]{b} \geq 5\sqrt[5]{ab}$을 증명하여라.

8.16. 임의의 자연수 $n \geq 2$에 대해, 다음 부등식을 증명하여라.

$$n\left(\sqrt[n]{n+1} - 1\right) < 1 + \frac{1}{2} + \frac{1}{3} + \cdots + \frac{1}{n} < n\left(1 - \frac{1}{\sqrt[n]{n}}\right) + 1.$$

8.17. $a_1, \ldots, a_n, w_1, \ldots, w_n$는 양수이다. $W = w_1 + \cdots + w_n$라 할때, 다음 부등식을 증명하여라.

$$\frac{1}{W}(w_1 a_1 + \cdots + w_n a_n) \geq (a_1^{w_1} \ldots a_n^{w_n})^{1/W},$$

참고. $w_1 = \cdots = w_n = 1$일 때에 산술평균과 기하평균의 부등식을 얻을 수 있으므로, 문제 8.17의 부등식은 산술평균과 기하평균의 부등식을 일반화한 것이라 할 수 있다.

8.18. $a_1, \ldots, a_n$는 양수이고, $\alpha_1, \ldots, \alpha_n$는 쌍쌍이 서로 다른 양수이다. $x > 0$에 대해 $f(x) = \sum_{i=1}^{n} a_i x^{\alpha_i}$라 하자. 이제, a와 α를 함수 $y = f(x)$와 $y = ax^{\alpha}$이 $x = x_0$에서 접하도록 잡자. 이때, $f(x) \geq ax^{\alpha}$이며, 등호는 $x = x_0$에서만 성립한다는 것을 증명하여라.

참고. 문제 13.10, 25.21도 보시오.

제 6 절 기하학적 해석을 가지는 부등식

8.19. a, b, c는 양수이다. 다음 부등식을 증명하여라.

$$\sqrt{a^2-ab+b^2}+\sqrt{b^2-bc+c^2}\geq\sqrt{a^2+ac+c^2},$$

단, 등호가 성립할 필요충분조건은 $\frac{1}{a}+\frac{1}{c}=\frac{1}{b}$이다.

제 7 절 순환부등식

8.20. $a_1, \ldots, a_n$는 양수이다. 다음 부등식을 증명하여라.

$$\frac{a_1}{a_2}+\frac{a_2}{a_3}+\cdots+\frac{a_n}{a_1}\geq n.$$

8.21. 임의의 양수 a, b, c에 대해, 다음 부등식을 증명하여라.

$$a^3b+b^3c+c^3a\geq a^2bc+b^2ca+c^2ab.$$

8.22. $0\leq x_1,\ldots,x_n\leq 1$이라 하자. $n\geq 3$에 대해, 다음 부등식을 증명하여라.

$$x_1+\cdots+x_n-x_1x_2-x_2x_3-\cdots-x_{n-1}x_n-x_nx_1\leq[n/2].$$

8.23. a, b, c는 양수이다. 다음 부등식을 증명하여라.

$$3+(a+b+c)+\left(\frac{1}{a}+\frac{1}{b}+\frac{1}{c}\right)+\left(\frac{a}{b}+\frac{b}{c}+\frac{c}{a}\right)\geq\frac{3(a+1)(b+1)(c+1)}{abc+1}.$$

제 8 절 다양한 부등식

8.24. 만약, a, b, c, d가 양수이고, $a/b<c/d$일 때에, 다음 부등식을 증명하여라.

$$\frac{a}{b}<\frac{a+c}{b+d}<\frac{c}{d}$$

8.25. 다음 부등식을 증명하여라.

$$x^{2n} + x^{2n-1}y + x^{2n-2}y^2 + \cdots + y^{2n} \geq 0.$$

8.26. $a > b > 0$라 하자. 부등식 $a^a b^b > a^b b^a$을 증명하여라.

8.27. $x_1, \ldots, x_n$는 실수이며, $\sigma_1 = \sum x_i$, $\sigma_2 = \sum_{i<j} x_i x_j$, $\sigma_3 = \sum_{i<j<k} x_i x_j x_k$, $\ldots$, $\sigma_n = x_1 \cdots x_n$은 모두 양수이다. 이때, 수 $x_1, \ldots, x_n$은 양수인가?

8.28. 모든 x에 대해, $x^{12} - x^9 + x^4 - x + 1 > 0$을 증명하여라.

8.29. $|x| < 1$, $|y| < 1$이다. 다음 부등식을 증명하여라.

$$\left|\frac{x-y}{1-xy}\right| < 1$$

8.30. $n > 1$은 자연수이다. 양수 x에 대해, $x^n - nx + n - 1 \geq 0$을 증명하여라.

8.31. 모든 자연수 n에 대해, 다음 부등식을 증명하여라.

$$\frac{1}{n+1} + \frac{1}{n+2} + \cdots + \frac{1}{2n} > \frac{1}{2}.$$

8.32. 모든 자연수 $n \geq 2$에 대해, 다음 부등식을 증명하여라.

$$\frac{1}{2} \cdot \frac{3}{4} \cdot \frac{5}{6} \cdot \ldots \cdot \frac{2n-1}{2n} < \frac{1}{\sqrt{2n+1}}.$$

8.33. 모든 자연수 $n > 1$에 대해, 다음 부등식을 증명하여라.

$$\frac{\sqrt{2}}{2} \cdot \frac{1}{\sqrt{2n}} < \frac{1}{2} \cdot \frac{3}{4} \cdot \frac{5}{6} \cdot \ldots \cdot \frac{2n-1}{2n} < \frac{\sqrt{3}}{2} \cdot \frac{1}{\sqrt{2n}}.$$

8.34. 임의의 자연수 $n > 2$에 대해, $(2n-1)^n + (2n)^n < (2n+1)^n$을 증명하여라.

8.35. 원을 따라 임의의 순서로 수 1, 2, ..., n이 놓여있다. 인접한 수들의 차의 절대값을 합하면 $2n-2$보다 작지 않다는 것을 증명하여라.

8.36. $0 < a \le x_i \le b$이다. 이때, 다음 부등식을 증명하여라.

$$(x_1 + \cdots + x_n)\left(\frac{1}{x_1} + \cdots + \frac{1}{x_n}\right) \le \frac{(a+b)^2}{4ab}n^2.$$

8.37. 만약, $-1 \le x_1, \ldots, x_n \le 1$이고 $x_1^3 + \cdots + x_n^3 = 0$이면, $x_1 + \cdots + x_n \le n/3$임을 증명하여라.

8.38. 만약, $xy = 4$이고 $z^2 + 4w^2 = 4$이면, $(x-z)^2 + (y-w)^2 \ge 1.6$임을 증명하여라.

8.39. $A(x) = A_1(x) + \cdots + A_5(x)$이고 $x = (x_1, x_2, x_3, x_4, x_5)$, $A_i(x) = \prod_{j \ne i}(x_i - x_j)$이다. 이때, 모든 x에 대해 $A(x) \ge 0$을 증명하여라.

8.40. 100개의 양수 $x_1, x_2, \ldots, x_{100}$이 다음 조건을 만족한다.

$$\begin{aligned} x_1^2 + x_2^2 + \cdots + x_{100}^2 &> 10000, \\ x_1 + x_2 + \cdots + x_{100} &< 300. \end{aligned}$$

이들 중에 합이 100보다 큰 세 수를 찾을 수 있다는 것을 증명하여라.

참고. 문제 18.4도 보시오.

제 9 절 볼록성

8.41. $n \neq 1$은 자연수이고, $a > b > 0$이다. 다음 부등식을 증명하여라.

$$\left(\frac{a+b}{2}\right)^n < \frac{a^n + b^n}{2}$$

8.42. 수 $\sqrt[3]{60}$와 $2 + \sqrt[3]{7}$을 비교하여라.

제 10 절 Hölder와 Minkowski 부등식

8.43. (a) a는 유리수이며 $a > 1$ 또는 $a < 0$이다. 임의의 $x > 0,\ \ x \neq 1$에 대해, 부등식 $x^a - ax + a - 1 > 0$을 증명하여라.
(b) a는 유리수이며 $0 < a < 1$이다. 임의의 $x > 0,\ \ x \neq 1$에 대해, 부등식 $x^a - ax + a - 1 < 0$을 증명하여라.

8.44. m, n은 1이 아닌 자연수이다. 다음 부등식을 증명하여라.

$$\frac{1}{\sqrt[n]{m+1}} + \frac{1}{\sqrt[m]{n+1}} > 1.$$

8.45. A, B는 양수이고, p와 q는 유리수이며 $\frac{1}{p} + \frac{1}{q} = 1$이다. 만약, $p > 1$이면, $A^{1/p}B^{1/q} \leq \frac{A}{p} + \frac{B}{q}$이고, $p < 1$이면, $A^{1/p}B^{1/q} \geq \frac{A}{p} + \frac{B}{q}$임을 증명하여라. 단, $A \neq B$이면, 등호는 성립하지 않는다.

8.46. x_i, y_i는 양수이고, p와 q는 유리수이며 $\frac{1}{p} + \frac{1}{q} = 1$이다. 만약, $p > 1$이면,

$$x_1y_1 + \cdots + x_ny_n \leq (x_1^p + \cdots + x_n^p)^{1/p}(y_1^q + \cdots + y_n^q)^{1/q}$$

이고, 만약 $p < 1$이면,

$$x_1y_1 + \cdots + x_ny_n \geq (x_1^p + \cdots + x_n^p)^{1/p}(y_1^q + \cdots + y_n^q)^{1/q}$$

임을 증명하여라(**Hölder 부등식**).

8.47. x_i, y_i는 양수이고, $p > 1$는 유리수이다. 다음 부등식을 증명하여라.

$$\left(\sum_{i=1}^{n}(x_i + y_i)^p\right)^{1/p} \le \left(\sum_{i=1}^{n} x_i^p\right)^{1/p} + \left(\sum_{i=1}^{n} y_i^p\right)^{1/p}.$$

만약, $p < 1$이면, 부등호는 반대방향으로 된다(**Minkowski 부등식**).

힌트 및 증명

8.1. 부등식 $x_i + 1/x_i \ge 2$을 이용하면, $3 + 3 = (x_1 + 1/x_1) + \cdots + (x_n + 1/x_n) \ge 2n$, 즉 $n \le 3$을 얻을 수 있다. $n = 3$인 경우에는 근 $x_1 = x_2 = x_3 = 1$을 얻는다. $n = 2$인 경우에는 근 $x_1 = \frac{3+\sqrt{5}}{2}$, $x_2 = \frac{3-\sqrt{5}}{2}$을 얻는다. $n = 1$인 경우에는 근을 가지지 않는다.

8.2. $a_1 \cdots a_n = 1$으로부터, 다음이 유도된다.

$$\begin{aligned}(1 + a_1)(1 + a_2)\cdots(1 + a_n) &= \frac{(1 + a_1)(1 + a_2)\cdots(1 + a_n)}{a_1 \cdots a_n} \\ &= \left(1 + \frac{1}{a_1}\right)\cdots\left(1 + \frac{1}{a_n}\right).\end{aligned}$$

게다가, $(1 + a_i)\left(1 + \frac{1}{a_i}\right) = 2 + a_i + \frac{1}{a_i} \ge 4$. 그러므로,

$$\big((1 + a_1)(1 + a_2)\cdots(1 + a_n)\big)^2 = (1 + a_1)\left(1 + \frac{1}{a_1}\right)\cdots(1 + a_n)\left(1 + \frac{1}{a_n}\right) \ge 4^n.$$

8.3. 등식 $2 + x^3 = x^5 + x$로부터, $\frac{2}{x^3} + 1 = x^2 + \frac{1}{x^2} \ge 2$이 유도된다. 그러므로, $\frac{2}{x^3} \ge 1$, 즉 $x^3 \le 2$. 그리고, $x \ne 1$이므로, 등호는 성립하지 않는다.

등식 $x^5 - x^3 + x = 2$와 $x^7 - x^5 + x^3 = 2x^2$을 더하면, $x^7 + x = 2 + 2x^2$, 즉 $x^6 + 1 = 2\left(x + \frac{1}{x}\right) \ge 4$을 얻을 수 있다. 결국, $x^6 \ge 3$이 성립한다. $x \ne 1$이므로, 등호는 성립하지 않는다.

8.4. (a) $x_2 + x_3 = a$, $x_3 + x_1 = b$, $x_1 + x_2 = c$, 즉

$$x_1 = \frac{b + c - a}{2}, \quad x_2 = \frac{a + c - b}{2}, \quad x_3 = \frac{a + b - c}{2}$$

라 두자. 그러면, 부등식을 다음과 같이 쓸 수 있다:

$$\frac{b + c - a}{2a} + \frac{a + c - b}{2b} + \frac{a + b - c}{2c} \ge \frac{3}{2},$$

즉, $b/a+c/a+a/b+c/b+a/c+b/c \geq 3+3=6$. 이제, $b/a+a/b \geq 2$ 등을 생각하면 된다.

(b) $n=4$인 경우에, 다음을 얻을 수 있다.

$$\frac{x_1}{x_2+x_4}+\frac{x_2}{x_3+x_1}+\frac{x_3}{x_4+x_2}+\frac{x_4}{x_3+x_1}=\frac{x_1+x_3}{x_2+x_4}+\frac{x_2+x_4}{x_1+x_3} \geq 2.$$

$n>4$이면, 부등식을 수학적 귀납법으로 증명할 수 있다. 수 $x_1, \ldots, x_n$에 대해 부등식이 증명되었다고 가정하자. 양수 $x_1, \ldots, x_{n+1}$에서 가장 작은 수를 잡자. 이들 수들을 순환 번호매김하여, 이 수를 x_{n+1}이라 하자. 그러면,

$$\frac{x_1}{x_2+x_{n+1}} \geq \frac{x_1}{x_2+x_n}, \quad \frac{x_n}{x_{n+1}+x_{n-1}} \geq \frac{x_n}{x_1+x_{n-1}}, \quad \frac{x_{n+1}}{x_1+x_n}>0.$$

그러므로,

$$\frac{x_1}{x_2+x_{n+1}}+\cdots+\frac{x_n}{x_{n+1}+x_{n-1}}+\frac{x_{n+1}}{x_1+x_n}>\frac{x_1}{x_2+x_n}+\cdots+\frac{x_n}{x_1+x_{n-1}} \geq 2.$$

마지막 부등식은 귀납법의 가정에 의해 성립한다.

8.5. 양수 a, b, c이 삼각부등식을 만족시킬 필요충분조건은

$$(a+b-c)(b+c-a)(c+a-b)(a+b+c)>0 \tag{1}$$

이다. 실제로, 괄호에 있는 두 식은 동시에 음이 될 수 없다. 예를 들어, 부등식 $a+b<c$와 $b+c<a$은 동시에 성립될 수 없다. 괄호를 열면, 부등식 (1)을 $2(a^2b^2+b^2c^2+c^2a^2)-(a^4+b^4+c^4)>0$와 같이 쓸 수 있으며, 이로부터 쉽게 문제가 증명된다.

8.6. 우선, 그러한 수들에 대해, 다음 부등식이 성립한다는 것을 보이자.

$$(a_2^2+\cdots+a_n^2)^2>(n-2)(a_2^4+\cdots+a_n^4).$$

처음 부등식을 다음과 같이 쓸 수 있다.

$$a_1^4+2a_1^2S_2+S_2^2>(n-1)a_1^4+(n-1)S_4,$$

여기서, $S_2=a_2^2+\cdots+a_n^2$이고, $S_4=a_2^4+\cdots+a_n^4$. 완전제곱으로 묶으면, 다음과 같다.

$$(n-2)\left(a_1^2-\frac{S_2}{n-2}\right)^2-\frac{S_2^2}{n-2}-S_2^2+(n-1)S_4<0.$$

결국, $S_2^2\left(1+\frac{1}{n-2}\right) > (n-1)S_4$, 즉 $S_2^2 > (n-2)S_4$이다.
이제, 귀납법에 의해, 다음을 얻을 수 있다.

$$(a_k^2+\cdots+a_n^2)^2 > (n-k)(a_k^4+\cdots+a_n^4).$$

$k=n-2$이면, 문제 8.5에 의해 이 부등식은 수 a_{n-2}, a_{n-1}, a_n이 삼각부등식을 만족한다는 것을 의미한다. 같은 방법으로, 임의의 다른 세 수의 쌍에 대해서도 증명할 수 있다.

8.7. 답: 가능하다.
$A=B=1$, $C=\epsilon$이라 하자.그러면,

$$a(b+\epsilon c)+b(\epsilon c+a)+\epsilon c(a+b) > \frac{1}{2}(c^2+\epsilon a^2+\epsilon b^2). \qquad (1)$$

그러므로, 부등식 $2ab \geq \frac{1}{2}c^2$이 성립해야 한다. 그렇지 않으면, 부등식 (1)이 작은 ϵ에 대해 성립하지 않는다. 결국, $c^2 \leq 4ab \leq (a+b)^2$. 수 a, b, c는 양수이므로, $c \leq a+b$이 성립한다. 부등식 $a \leq b+c$, $b \leq a+c$도 유사한 방법으로 증명된다.

8.8. $(x-y)^2 \leq 0$을 생각하면 된다.

8.9. $A=\sqrt{\sum_{i=1}^k a_i^2}$, $B=\sqrt{\sum_{i=1}^k b_i^2}$라 하자. 부등식 $xy \leq (x^2+y^2)/2$을 이용하면, 다음을 얻을 수 있다.

$$\sum_{i=1}^k \frac{a_i}{A}\frac{b_i}{B} \leq \sum_{i=1}^k \frac{1}{2}\left(\frac{a_i^2}{A^2}+\frac{b_i^2}{B^2}\right) = \frac{1}{2A^2}\sum_{i=1}^k a_i^2 + \frac{1}{2B^2}\sum_{i=1}^k b_i^2 = 1.$$

즉, $\left(\sum_{i=1}^k a_ib_i\right)^2 \leq A^2B^2 = \left(\sum_{i=1}^k a_i^2\right)\left(\sum_{i=1}^k b_i^2\right)$.

8.10. 이 부등식은 Cauchy 부등식의 부분적인 경우이다. $b_1=\cdots=b_n=1$라 놓으면 된다.

8.11. 이 부등식은 Cauchy 부등식으로부터 쉽게 증명된다: $a_i=\sqrt{x_i}$, $b_i=1/\sqrt{x_i}$라 두면 된다.

8.12. $b_i = S - a_i$라 두자. 그러면, 부등식을 다음과 같이 쓸 수 있다.

$$\frac{S-b_1}{b_1}+\cdots+\frac{S-b_n}{b_n} \geq \frac{n}{n-1},$$
$$S\left(\frac{1}{b_1}+\cdots+\frac{1}{b_n}\right) \geq \frac{n}{n-1}+n = \frac{n^2}{n-1}.$$

그리고, $b_1+\cdots+b_n = (S-a_1)+\cdots+(S-a_n) = nS - S = (n-1)S$. 이제, 다음을 생각하면 된다(문제 8.11).

$$(b_1+\cdots+b_n)\left(\frac{1}{b_1}+\cdots+\frac{1}{b_n}\right) \geq n^2.$$

8.13. 우선, m, n이 같이 짝수 또는 홀수일 때, 다음 부등식을 증명하자.

$$\frac{x^m+y^m}{2}\cdot\frac{x^n+y^n}{2} \leq \frac{x^{m+n}+y^{m+n}}{2}.$$

이 부등식은 쉽게 $(x^m-y^m)(x^n-y^n) \geq 0$꼴로 변형된다. 만약, 수 m, n이 홀수라면, 부등식 $x \geq y$로부터 부등식 $x^m \geq y^m$, $x^n \geq y^n$이 유도된다. 그리고, 부등식 $x \leq y$로부터 부등식 $x^m \leq y^m$, $x^n \leq y^n$이 유도된다. 만약, m, n이 모두 짝수라면, 부등식 $x^2 \geq y^2$로부터 부등식 $x^m \geq y^m$, $x^n \geq y^n$이 유도된다. 이와 같이,

$$\frac{x+y}{2}\cdot\frac{x^3+y^3}{2} \leq \frac{x^4+y^4}{2}, \qquad \frac{x^2+y^2}{2}\cdot\frac{x^4+y^4}{2} \leq \frac{x^6+y^6}{2}.$$

이들 부등식으로부터 문제가 증명된다.

8.14. 첫 번째 풀이. n에 대한 수학적 귀납법을 사용하자. $n=1$인 경우에 부등식이 성립한다. 부등식이 임의의 n개의 양수에 대해 증명되었다고 가정하자. 양수 $b_1 = \sqrt[n+1]{a_1}, \ldots, b_{n+1} = \sqrt[n+1]{a_{n+1}}$을 생각하자. $(b_i^n - b_j^n)(b_i - b_j) \geq 0$이다. $i > j$인 모든 쌍 i, j에 대해 그러한 부등식들을 더하자. 그러면, 다음이 성립한다(단, 주어진 수들이 모두 같지는 않다면, 등호는 성립하지 않음).

$$n\sum_{i=1}^{n+1} b_i^{n+1} \geq \sum_{i=1}^{n+1} b_i \sum_{j\neq i} b_j^n$$

n개의 수에 대한 산술평균과 기하평균의 부등식을 이용하면,

$$\sum_{i=1}^{n+1} b_i \sum_{j\neq i} b_j^n \geq \sum_{i=1}^{n+1} b_i \times n\prod_{j\neq i} b_j = n(n+1)\prod_{j=1}^{n+1} b_j.$$

결국,

$$\sum_{i=1}^{n+1} b_i^{n+1} \geq (n+1)\prod_{j=1}^{n+1} b_j.$$

두 번째 풀이. 주어진 수들을 증가하는 순서로 배열하자: $a_1 \le a_2 \le \cdots \le a_n$. 만약, $a_1 = a_n$이면, $a_1 = a_2 = \cdots = a_n$. 그러한 경우에, $A = G$. 그러므로, $a_1 < a_n$라고 가정하자. 그러면, $a_1 < A < a_n$이고,

$$A(a_1 + a_n - A) - a_1 a_n = (a_1 - A)(A - a_n) > 0.$$

즉, $A(a_1 + a_n - A) > a_1 a_n$. 특히, $a_1 + a_n - A > 0$.

n에 대한 수학적 귀납법을 사용하자. 임의의 $n-1$개의 양수에 대해 산술평균과 기하평균의 부등식이 성립한다고 가정하자. 이것을 수 $a_2, a_3, \ldots, a_{n-1}, a_1 + a_n - A$에 사용하자. 그러면,

$$\left(\frac{a_2 + a_3 + \cdots + a_{n-1} + a_1 + a_n - A}{n-1}\right)^{n-1} \ge a_2 a_3 \cdots a_{n-1}(a_1 + a_n - A).$$

여기서,

$$\frac{a_2 + a_3 + \cdots + a_{n-1} + a_1 + a_n - A}{n-1} = \frac{nA - A}{n-1} = A.$$

이제, 얻어진 부등식의 양변에 A를 곱하자.

$$A^n \ge a_2 a_3 \cdots a_{n-1} A(a_1 + a_n - A) > a_1 a_2 \cdots a_n.$$

이때, 위에서 증명한 부등식 $A(a_1 + a_n - A) > a_1 a_n$을 이용하였다.

8.15. $a = x^{10}$, $b = y^{15}$라 하자. 산술평균과 기하평균의 부등식에 의해,

$$\frac{x^5 + x^5 + y^5 + y^5 + y^5}{5} \ge \sqrt[5]{x^{10} y^{15}},$$

즉 $2\sqrt{a} + 3\sqrt[3]{b} \ge 5\sqrt[5]{ab}$.

8.16. 수 $2, \frac{3}{2}, \frac{4}{3}, \ldots, \frac{n+1}{n}$에 대해 산술평균과 기하평균의 부등식을 사용하자. 그러면,

$$\frac{1}{n}\left(2 + \frac{3}{2} + \frac{4}{3} + \cdots + \frac{n+1}{n}\right) > \sqrt[n]{n+1},$$
$$(1+1) + \left(1 + \frac{1}{2}\right) + \left(1 + \frac{1}{3}\right) + \cdots + \left(1 + \frac{1}{n}\right) > n\sqrt[n]{n+1}.$$

이제, 수 $1, \frac{1}{2}, \frac{2}{3}, \ldots, \frac{n-1}{n}$에 대해 산술평균과 기하평균의 부등식을 사용하자. 그러면,

$$\frac{1}{n}\left(1 + \frac{1}{2} + \frac{2}{3} + \cdots + \frac{n-1}{n}\right) > \sqrt[n]{\frac{1}{n}},$$
$$1 + \left(1 - \frac{1}{2}\right) + \left(1 - \frac{1}{3}\right) + \cdots + \left(1 - \frac{1}{n}\right) > \frac{n}{\sqrt[n]{n}}.$$

8.17. 첫 번째 풀이. 수 n에 대한 수학적 귀납법과 문제 8.45의 부등식을 사용하자. 편의상, $W_n = W$, $W_{n-1} = w_1 + \cdots + w_{n-1}$라 하자. 그러면,

$$\begin{aligned}(a_1^{w_1} \dots a_n^{w_n})^{1/W_n} &= (a_1^{w_1} \dots a_{n-1}^{w_{n-1}})^{1/W_n} a_n^{w_n/W_n} \leq \\ &\leq \frac{W_{n-1}}{W_n}(a_1^{w_1} \dots a_{n-1}^{w_{n-1}})^{1/W_{n-1}} + \frac{w_n}{W_n} a_n \leq \\ &\leq \frac{W_{n-1}}{W_n} \frac{w_1 a_1 + \cdots + w_{n-1} a_{n-1}}{W_{n-1}} + \frac{w_n}{W_n} a_n = \\ &= \frac{w_1 a_1 + \cdots + w_n a_n}{W_n}.\end{aligned}$$

처음에, 부등식 $ab \leq \frac{a^p}{p} + \frac{b^q}{q}$ ($p = \frac{W_n}{W_{n-1}}$, $q = \frac{W_n}{w_n}$에 대해; 그리고 $\frac{1}{p} + \frac{1}{q} = 1$인 것은 자명함)을 이용했고, 그리고 나서 수학적 귀납법의 가정을 이용했다.

두 번째 풀이. $x \neq 0$에 대해 부등식 $1 + x < e^x$을 이용하자(문제 28.48). 수 $b_1, \dots, b_n$을 부등식

$$a_i = (1 + b_i) \frac{w_1 a_1 + \cdots + w_n a_n}{W}$$

이 성립하도록 정의하자. 그러면,

$$w_i b_i = w_i \frac{a_i(w_1 + \cdots + w_n) - w_1 a_1 - \cdots - w_n a_n}{w_1 a_1 + \cdots + w_n a_n}$$

이므로, $w_1 b_1 + \cdots + w_n b_n = 0$. 쉽게, 만약 수 $a_1, \dots, a_n$이 모두 같은 것은 아니라면, 수 $b_1, \dots, b_n$ 중에서 적어도 하나는 0이 아니라는 것을 알 수 있다. 그러한 경우에,

$$\begin{aligned}(a_1^{w_1} \dots a_n^{w_n})^{1/W} &= \frac{w_1 a_1 + \cdots + w_n a_n}{W} \left((1 + b_1)^{w_1} \dots (1 + b_n)^{w_n}\right)^{1/W} \\ &< \frac{w_1 a_1 + \cdots + w_n a_n}{W} e^{(b_1 w_1 + \cdots + b_n w_n)/W} \\ &= \frac{w_1 a_1 + \cdots + w_n a_n}{W}.\end{aligned}$$

그리고, 우리는 $a_1, \dots, a_n$이 모두 같은 것은 아니라면, 부등식에서 등호는 성립하지 않는다는 것도 증명하였다.

8.18. $g(x) = ax^\alpha$라 하자. 조건에 의해, $f(x_0) = g(x_0)$이고 $f'(x_0) = g'(x_0)$, 즉 $ax_0^\alpha = f(x_0)$이고 $a\alpha x_0^{\alpha-1} = \sum_{i=1}^n a_i \alpha_i x_0^{\alpha_i - 1}$이 성립한다. 결국, $a = f(x_0)/x_0^\alpha$이고 $\alpha f(x_0) = a\alpha x_0^\alpha = \sum_{i=1}^n a_i \alpha_i x_0^{\alpha_i}$이므로, $\alpha = \sum_{i=1}^n \frac{a_i \alpha_i x_0^{\alpha_i}}{f(x_0)}$이다. 그리고,

$$f(x) = \frac{\sum a_i x^{\alpha_i}}{\sum a_i x_0^{\alpha_i}} \sum a_i x_0^{\alpha_i} = \frac{\sum a_i x_0^{\alpha_i} \left(\frac{x}{x_0}\right)^{\alpha_i}}{\sum a_i x_0^{\alpha_i}} f(x_0).$$

문제 8.17의 부등식에 의해,

$$\frac{\sum a_i x_0^{\alpha_i}\left(\frac{x}{x_0}\right)^{\alpha_i}}{\sum a_i x_0^{\alpha_i}} \geq \left(\prod_{i=1}^{n}\left(\frac{x}{x_0}\right)^{\alpha_i a_i x_0^{\alpha_i}}\right)^{1/\sum a_i x_0^{\alpha_i}} = \prod_{i=1}^{n}\left(\frac{x}{x_0}\right)^{\alpha_i a_i x_0^{\alpha_i}/f(x_0)} = \left(\frac{x}{x_0}\right)^{\alpha}.$$

이와 같이, $f(x) \geq \left(\frac{x}{x_0}\right)^{\alpha} f(x_0) = ax^{\alpha}$이다. 이제, 만약 $x \neq x_0$이면, 수 $\left(\frac{x}{x_0}\right)^{\alpha_i}$, $i = 1, \ldots, n$이 쌍쌍이 다르고, 그러므로 등호가 없는 부등식이 얻어진다.

8.19. 삼각형 AOC를 생각하여, $AO = a$, $CO = c$라 하고, 꼭지점 O에서의 각이 120°라 하자. 각 O의 이등분선을 긋고, 여기에 또는 연장선에 선분 $OB = b$을 표시하자. 그러면, 코사인 정리에 의해 $AB = \sqrt{a^2 - ab + b^2}$, $BC = \sqrt{b^2 - bc + c^2}$, $AC = \sqrt{a^2 + ac + c^2}$이 성립한다. 그러므로, 증명하려는 부등식은 일반적인 삼각부등식 $AC \leq AB + BC$이 된다. 이 부등식에서 등호가 성립할 필요충분조건은 점 B가 선분 AC에 속하는 것이다. 이것은 삼각형 AOB와 BOC의 넓이의 합이 삼각형 AOB의 넓이와 같다는 것, 즉 $ac\sin 120^\circ = (ab + bc)\sin 60^\circ$와 동치이다. $\sin 120^\circ = \sin 60^\circ$임을 감안하면, $ac = ab + bc$, 즉 $\frac{1}{a} + \frac{1}{c} = \frac{1}{b}$을 얻을 수 있다.

8.20. 산술평균과 기하평균의 부등식에 의해,

$$\frac{1}{n}\left(\frac{a_1}{a_2} + \frac{a_2}{a_3} + \cdots + \frac{a_n}{a_1}\right) \geq \left(\frac{a_1}{a_2} \cdot \frac{a_2}{a_3} \cdots \frac{a_n}{a_1}\right)^{\frac{1}{n}} = 1.$$

8.21. 완전제곱식을 꺼내자. $a^3b + b^3c + c^3a - a^2bc - b^2ca - c^2ab = (a^3b - 2a^2bc + c^2ab) + (b^3c - 2b^2ca + a^2bc) + (c^3a - 2c^2ab + b^2ca) = ab(a-c)^2 + bc(b-a)^2 + ca(c-b)^2 \geq 0.$

8.22. 수 $x_i = x$을 제외한 모든 수 $x_1, \ldots, x_n$을 고정시키자. 그러면, 부등식의 좌변에 있는 식은 $ax + b$꼴이 된다(단, a, b는 상수). 이것은 $x = 0$ 또는 $x = 1$(또는 항상)에서 최대가 된다. 즉, 부등식의 좌변에 있는 식은 각각의 수 $x_1, \ldots, x_n$이 0 또는 1인 경우에 최대가 된다.

$x_i = x_{i+1} = 1$(또는 $x_n = x_1 = 1$)이라고 가정하자. 순환 번호매김을 하여, $x_1 = x_2 = 1$라고 할 수 있다. 이제, x_1과 x_2에 종속되는 항들, 즉 $x_1 + x_2 - x_1x_2 - x_2x_3 - x_nx_1$만을 살펴보자. $x_1 = 1$, $x_2 = 1$일 때 이 식은 $1 - x_3 - x_n$이고, $x_1 = 1$이고 $x_2 = 0$이면 이 식은 $1 - x_n \geq 1 - x_3 - x_n$와 같다. 그러므로, 수열 $x_1, x_2, \ldots, x_n, x_1$에서 인접하는 어떤 두 수도 동시에 1이 될 수 없다고 할 수 있다. 그러면, 1의 개수는 $[n/2]$을 넘지 않으며, 좌변에 있는 식은 1의 개수와 같다. $x_1 = x_3 = x_5 = \cdots = 0$, $x_2 = x_4 = \cdots = 1$이면, $[n/2]$을 얻을 수 있다.

8.23. 부등식을 다음과 같이 변형시키자: $a^2b^2c^2(a+b+c) - 2abc(ab+bc+ac) - 2abc(a+b+c) + (a^2c+b^2a+c^2b) + abc(a^2c+b^2a+c^2b) + (ab+bc+ac) \geq 0$. 이 부등식의 좌변은 $ab(b+1)(ac-1)^2 + bc(c+1)(ab-1)^2 + ac(a+1)(bc-1)^2$와 같다.

8.24. 부등식 $\frac{a}{b} < \frac{a+c}{b+d}$은 부등식 $ab+ad < ab+bc$, 즉 $ad < bc$와 동치이다. 부등식 $\frac{a+c}{b+d} < \frac{c}{d}$은 부등식 $ad+cd < bc+cd$, 즉 $ad < bc$와 동치이다.

8.25. 만약, $x=y$이면, 부등식은 자명하다. 만약, $x \neq y$이면, 좌변에 있는 식은

$$\frac{x^{2n+1} - y^{2n+1}}{x-y}$$

와 같다. $x > y$인 경우에 분자와 분모는 양수이고, $x < y$인 경우에 이들은 음수이다.

8.26. 조건에 의해, $a-b > 0$, $a/b > 1$. 그러므로, $(a/b)^{a-b} > 1$, 즉 $a^{a-b} > b^{a-b}$이 성립한다. 이 부등식은 증명하려는 부등식과 동치이다.

8.27. 답: 양수이다.
이것을 증명하기 위해, 다음 다항식을 생각하자.

$$f(x) = x^n - \sigma_1 x^{n-1} + \sigma_2 x^{n-2} - \cdots + (-1)^n \sigma_n.$$

수 $x_1, \ldots, x_n$은 이 다항식의 근이다. 그러므로, 만약 $x < 0$이면, $f(x) \neq 0$임을 확인하면 된다. 그러나, 만약 $-x > 0$이면, 다음이 성립한다.

$$(-1)^n f(x) = (-x)^n + \sigma_1(-x)^{n-1} + \sigma_2(-x)^{n-2} + \cdots + \sigma_n > 0.$$

참고. 조건 $\sigma_1 > 0$와 $\sigma_2 > 0$은 복소수 x_1, x_2이 양수이기에는 충분하지 않다. 예를 들어, 만약 $x_1 = 2+i$, $x_2 = 2-i$이면, $\sigma_1 = 4$, $\sigma_2 = 5$이다.

8.28. 만약, $x \leq 0$이면, x^{12}, $-x^9$, x^4, $-x \geq 0$. 만약, $0 < x < 1$이면, $x^{12} + x^4(1-x^5) + (1-x) > 0$. 만약, $x \geq 1$이면, $x^9(x^3-1) + x(x^3-1) + 1 > 0$.

8.29. 조건에 의해, $1-x > 0$, $1+x > 0$, $1-y > 0$, $1+y > 0$. 그러므로, $(1-x)(1+y) > 0$이고 $(1+x)(1-y) > 0$, 즉 $1-x+y-xy > 0$, $1+x-y-xy > 0$. 결국, $1-xy > x-y$, $1-xy > y-x$. 게다가, $1-xy = |1-xy|$.

8.30. 다음이 성립한다.

$$x^n - nx + n - 1 = (1 + x + \cdots + x^{n-1} - n)(x-1).$$

만약, $x > 1$이면, 괄호에 있는 모든 식은 양수이며, $0 < x < 1$이면, 이들은 음수이다.

8.31. $n-1$개의 부등식

$$\frac{1}{n+1} > \frac{1}{2n}, \quad \frac{1}{n+2} > \frac{1}{2n}, \quad \ldots, \quad \frac{1}{2n-1} > \frac{1}{2n}$$

와 등식 $\frac{1}{2n} = \frac{1}{2n}$을 더하자. 그러면, 문제의 부등식이 증명된다.

8.32. 다음이 성립한다.

$$\left(\frac{1}{2} \cdot \frac{3}{4} \cdot \ldots \cdot \frac{2n-1}{2n}\right)^2 = \frac{1 \cdot 3}{2^2} \cdot \frac{3 \cdot 5}{4^2} \cdot \ldots \cdot \frac{(2n-1)(2n+1)}{(2n)^2} \frac{1}{2n+1} < \frac{1}{2n+1}.$$

8.33. $P_n = \frac{1 \cdot 3 \cdot \ldots \cdot (2n-1)}{2 \cdot 4 \cdot \ldots \cdot 2n}$라 하자. 그러면,

$$P_n^2 = \frac{1^2}{2^2} \cdot \frac{3^2}{4^2} \cdot \frac{5^2}{6^2} \cdot \ldots \cdot \frac{(2n-1)^2}{(2n)^2} = \frac{1}{2} \cdot \frac{3^2}{2 \cdot 4} \cdot \frac{5^2}{4 \cdot 6} \cdot \ldots \cdot \frac{(2n-1)^2}{(2n-2)2n} \cdot \frac{1}{2n}.$$

만약, $k > 1$이면, 다음이 성립한다.

$$\frac{(2k-1)^2}{(2k-2)2k} = \frac{(2k-1)^2}{(2k-1)^2 - 1} > 1$$

그러므로, $P_n^2 > \frac{1}{2} \cdot \frac{1}{2n}$, 즉 $P_n > \frac{\sqrt{2}}{2} \cdot \frac{1}{\sqrt{2n}}$이 성립한다.

한편,

$$\frac{(2k-1)(2k+1)}{(2k)^2} = \frac{(2k^2-1)}{(2k)^2} < 1$$

이 성립한다. 그러므로,

$$P_n^2 = \frac{3}{2^2} \cdot \frac{3 \cdot 5}{4^2} \cdot \frac{5 \cdot 7}{6^2} \cdot \ldots \cdot \frac{(2n-3)(2n-1)}{(2n-2)^2} \cdot \frac{2n-1}{(2n)^2} < \frac{3}{4} \cdot \frac{1}{2n}.$$

즉, $P_n < \frac{\sqrt{3}}{2} \cdot \frac{1}{\sqrt{2n}}$이 성립한다.

8.34. 증명하려는 부등식을 $2^n < \left(2 + \frac{1}{n}\right)^n - \left(2 - \frac{1}{n}\right)^n$와 같이 쓸 수 있다. 우변의 식은 다음과 같다.

$$\begin{aligned}
&2^n + 2^{n-1}n \cdot \frac{1}{n} + 2^{n-2}\frac{n(n-1)}{2} \cdot \frac{1}{n^2} + 2^{n-3}\frac{n(n-1)(n-2)}{3} \cdot \frac{1}{n^3} + \ldots \\
&- 2^n + 2^{n-1}n \cdot \frac{1}{n} - 2^{n-2}\frac{n(n-1)}{2} \cdot \frac{1}{n^2} - 2^{n-3}\frac{n(n-1)(n-2)}{3} \cdot \frac{1}{n^3} + \ldots \\
&= 2^n + 2^{n-2}\frac{n(n-1)(n-2)}{3} \cdot \frac{1}{n^3} + \cdots > 2^n.
\end{aligned}$$

8.35. 원에서 수 1과 n이 있는 곳에 점을 찍고, 이들을 연결하여 얻어진 두 호를 생각하자. 각각의 호에서 인접한 수들의 차들의 합은 $n-1$이다(만약, n에서 1로 간다면). 그리고, 수들의 절대값의 합은 이들의 합보다 작지 않다.

8.36. 조건에 의해, $(x_i-a)(x_i-b)\le 0$, $x_i>0$이므로, $\frac{ab}{x_i}+x_i\le a+b$이 성립한다. 그러한 부등식들을 더하면,

$$ab\sum\frac{1}{x_i}+\sum x_i\le n(a+b)$$

을 얻을 수 있다. $x^*=\frac{1}{n}\sum x_i$, $y^*=\frac{1}{n}\sum\frac{1}{x_i}$라 하자. 그러면, 얻어진 부등식을 $aby^*+x^*\le a+b$인 꼴로, 즉 $y^*\le\frac{a+b-x^*}{ab}$와 같이 쓸 수 있다. 이 부등식의 양변에 x^*를 곱하고, 임의의 x에 대한 부등식 $x(a+b-x)\le\left(\frac{a+b}{2}\right)^2$을 이용하자(문제 1.2). 그러면,

$$x^*y^*\le\frac{x^*(a+b-x^*)}{ab}\le\frac{\left(\frac{a+b}{2}\right)^2}{ab}=\frac{(a+b)^2}{4ab}.$$

이 부등식은 증명할 부등식과 동치이다.

8.37. 다항식 $P(x)=4(x+1)\left(x-\frac{1}{2}\right)^2=(x+1)(4x^2-4x+1)=4x^3-3x+1$을 생각하자. 이때, $P(x_i)\ge 0$이다. 부등식 $P(x_1)\ge 0,\ldots,P(x_n)\ge 0$을 더하면, $-3(x_1+\cdots+x_n)+n\ge 0$, 즉 $x_1+\cdots+x_n\le n/3$을 얻을 수 있다.

8.38. 이 부등식의 기하학적 의미를 생각하면, 타원 $x^2+4y^2=4$와 쌍곡선 $xy=4$사이의 거리가 $\sqrt{1.6}$보다 작지 않다는 것이다. 이 문제는 기하학적으로 증명하는 것이 편리하다.

다음 명제를 증명하자: 점 $(\sqrt{2},\frac{1}{2}\sqrt{2})$에서 타원 $x^2+4y^2=4$에 대한 접선은 점 $(2\sqrt{2},\sqrt{2})$에서 쌍곡선 $xy=4$에 대한 접선과 평행하며, 이들 접선들 사이의 거리는 $\sqrt{1.6}$이다.

그림 8.1을 보면, 위의 명제로부터 문제가 증명됨을 쉽게 알 수 있다. 문제 1.26에 의해, 점 $(\sqrt{2},\frac{1}{2}\sqrt{2})$에서 타원 $x^2+4y^2=4$에 대한 접선의 방정식은 $\sqrt{2}x+2\sqrt{2}y=4$, 즉

$$x+2y=2\sqrt{2} \tag{1}$$

이고, 점 $(2\sqrt{2},\sqrt{2})$에서 쌍곡선 $xy=4$에 대한 접선의 방정식은 $\sqrt{2}x+2\sqrt{2}y=8$, 즉

$$x+2y=4\sqrt{2} \tag{2}$$

이다. 방정식 (1)과 (2)에 의해 결정되는 직선들은 평행하다. 이들 사이의 거리는 밑변이 $\sqrt{2}$, $2\sqrt{2}$인 직각삼각형에서 빗변에 그은 높이 h와 같게 된다. $h=ab/c$이고, $a=\sqrt{2}$, $b=2\sqrt{2}$, $c=\sqrt{a^2+b^2}$이다. 이로부터, $h^2=1.6$이고, 문제가 해결된다.

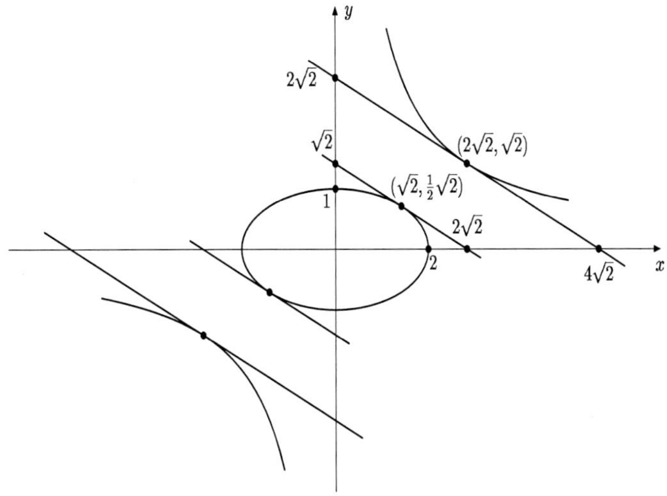

그림 8.1

8.39. 변수를 어떻게 치환하더라도 $A(x)$의 값은 변하지 않으므로, $x_1 \ge x_2 \ge x_3 \ge x_4 \ge x_5$라 할 수 있다. 그러한 경우에, $x_1 - x_2 \ge 0, x_1 - x_3 \ge x_2 - x_3 \ge 0$ 등등이므로, $A_1(x) + A_2(x) = (x_1 - x_2)[(x_1 - x_3)(x_1 - x_4)(x_1 - x_5) - (x_2 - x_3)(x_2 - x_4)(x_2 - x_5)] \ge 0$. 유사한 방법으로, $A_4(x) + A_5(x) \ge 0$을 증명할 수 있다. 그리고, $A_3(x)$는 양이 아닌 두 인수와 음이 아닌 두 인수의 곱이므로, $A_3(x) \ge 0$이 성립한다.

8.40. $x_1 \ge x_2 \ge \cdots \ge x_{100} > 0$라고 할 수 있다. 만약, $x_1 \ge 100$이면, $x_1 + x_2 + x_3 > 100$이 된다. 그러므로, $x_1 < 100$라고 할 수 있다. 그러면, $100 - x_1 > 0$, $100 - x_2 > 0$, $x_1 - x_3 \ge 0$, $x_2 - x_3 \ge 0$이므로,

$$\begin{aligned}100(x_1 + x_2 + x_3) &\ge 100(x_1 + x_2 + x_3) - (100 - x_1)(x_1 - x_3)\\ &\quad - (100 - x_2)(x_2 - x_3)\\ &= x_1^2 + x_2^2 + x_3(300 - x_1 - x_2)\\ &> x_1^2 + x_2^2 + x_3(x_3 + x_4 + \cdots + x_{100})\\ &\ge x_1^2 + x_2^2 + x_3^2 + \cdots + x_{100}^2 > 10000.\end{aligned}$$

결국, $x_1 + x_2 + x_3 > 100$이 성립한다.

8.41. n에 대한 수학적 귀납법을 사용하자. $n = 2$일 때, 부등식 $a^2 + 2ab + b^2 < 2a^2 + 2b^2$을 증명해야 한다. 이 부등식은 $0 < (a - b)^2$와 동치이다.

이제, $\left(\frac{a+b}{2}\right)^n < \frac{a^n+b^n}{2}$라고 가정하자. 그러면,

$$\left(\frac{a+b}{2}\right)^{n+1} < \left(\frac{a^n+b^n}{2}\right)\left(\frac{a+b}{2}\right) = \frac{a^{n+1}+b^{n+1}+a^nb+ab^n}{4}$$

이때, $a^nb+ab^n < a^{n+1}+b^{n+1}$을 증명하면 된다. 이 부등식은 $(a^n-b^n)(a-b)>0$와 동치이다.

8.42. 문제 8.41의 부등식에 $n=3$, $a=\sqrt[3]{8}$, $b=\sqrt[3]{7}$을 대입하면,

$$\frac{\sqrt[3]{8}+\sqrt[3]{7}}{2} < \sqrt[3]{\frac{7+8}{2}}$$

즉, $2+\sqrt[3]{7} < \sqrt[3]{60}$을 얻을 수 있다.

8.43. n을 자연수라 하자. 항등식

$$\frac{y^{n+1}-1}{n+1} - \frac{y^n-1}{n} = \frac{y-1}{n(n+1)}(ny^n - y^{n-1} - \cdots - y - 1)$$

에서 $y>0,\ y\neq 1$일 때에

$$\frac{y^{n+1}-1}{n+1} - \frac{y^n-1}{n} > 0$$

임을 알 수 있다. 실제로, 만약 $y>1$이면, $y-1>0$, $ny^n > y^{n-1}+\cdots+y+1$이고, 만약 $0<y<1$이면, $y-1<0$, $ny^n < y^{n-1}+\cdots+y+1$이다.

m은 자연수이며 $m>n$이라 하자. 그러면, $y>0,\ \ y\neq 1$일 때에, $(y^m-1)/m > (y^n-1)/n$. $x>0,\ x\neq 1$에 대해, $y=x^{1/n}$라 하자. 그러면, $(x^{m/n}-1)/m > (x-1)/n$, 즉 $x^{m/n}-1-\frac{m}{n}(x-1)>0$이 성립한다. 이와 같이, $a=m/n>1$에 대해 증명할 부등식을 얻었다.

나머지 부등식을 증명하기 위해, 다음과 같이 하자. $a>1$에 대해, $x^a = x^{1-b} = y^{b-1}$라 하자(단, $b=1-a<0$, $y=x^{-1}$). 그러면, 부등식 $x^a-ax+a-1>0$을 $y^{b-1}-(1-b)y^{-1}+1-b-1>0$, 즉 $y^{-1}(y^b-by+b-1)>0$, $b<0$와 같이 쓸 수 있다.

이제, $b=1/a$, $y=x^a$라 두자(여기서, $a>1$, $x>0$). 그러면, 부등식 $x^a-ax+a-1>0$는 $y-\frac{1}{b}y^b+\frac{1}{b}-1>0$, 즉 $y^b-by+b-1<0$, $0<b<1$와 같이 쓸 수 있다.

8.44. 문제 8.43(b)의 부등식을 이용하자. $x=m+1$, $a=1/n$라 하자. 그러면, $(m+1)^{1/n} < 1+\frac{m}{n}$을 얻을 수 있다. 같은 방법으로, $(n+1)^{1/m} < 1+\frac{n}{m}$을 얻을 수 있다. 결국,

$$\frac{1}{\sqrt[n]{m+1}} + \frac{1}{\sqrt[m]{n+1}} > \frac{n}{n+m} + \frac{m}{n+m} = 1.$$

8.45. $x = A/B,\ a = 1/p, 1 - a = 1/q$라 하자. 그러면,

$$B(x^a - ax + a - 1) = A^{1/p}B^{1/q} - \frac{A}{p} - \frac{B}{q}$$

이 성립한다. 이제, 문제 8.43의 결과를 이용하면 된다.

참고. $p > 1$인 경우의 증명은 문제 26.22의 풀이에 제시되어 있다.

8.46. $X = x_1^p + \cdots + x_n^p,\ Y = y_1^q + \cdots + y_n^q,\ A = x_i^p/X, B = y_i^q/Y$라 하자. 만약, $p > 1$이면, 문제 8.45에 의해,

$$\frac{x_i}{X^{1/p}}\frac{y_i}{Y^{1/q}} \le \frac{x_i^p}{pX} + \frac{y_i^q}{qY}.$$

$i = 1, \ldots, n$에 대해, 그러한 부등식들을 더하면,

$$\frac{x_1y_1 + \cdots + x_ny_n}{X^{1/p}Y^{1/q}} \le \frac{X}{pX} + \frac{Y}{qY} = \frac{1}{p} + \frac{1}{q} = 1.$$

$p < 1$인 경우에도 유사하게 증명된다.

8.47. $p > 1$이라 하자. 그러면,

$$\sum_{i=1}^{n}(x_i + y_i)^p = \sum_{i=1}^{n} x_i(x_i + y_i)^{p-1} + \sum_{i=1}^{n} y_i(x_i + y_i)^{p-1}.$$

Hölder 부등식에 의해(문제 8.46),

$$\sum_{i=1}^{n} x_i(x_i + y_i)^{p-1} \le \Big(\sum_{i=1}^{n} x_i^p\Big)^{1/p}\Big(\sum_{i=1}^{n}(x_i + y_i)^p\Big)^{1/q}.$$

단, $q = p/(p-1)$, 즉 $\frac{1}{p} + \frac{1}{q} = 1$이다. 두 번째 합에 대해 그러한 부등식을 쓰고, 이들 부등식을 더하자. 그러면, 다음을 얻을 수 있다.

$$\sum_{i=1}^{n}(x_i + y_i)^p \le \left(\Big(\sum_{i=1}^{n} x_i^p\Big)^{1/p} + \Big(\sum_{i=1}^{n} y_i^q\Big)^{1/q}\right)\Big(\sum_{i=1}^{n}(x_i + y_i)^p\Big)^{1/q}.$$

이것은 증명할 부등식과 동치이다. $p < 1$인 경우에도 유사하게 증명된다.

제 9 장

합과 곱의 계산

제 1 절 등차수열과 등비수열

9.1. $a_1, \ldots, a_n$은 등차수열이다. 다음을 증명하여라.

$$\frac{1}{a_1a_2} + \frac{1}{a_2a_3} + \cdots + \frac{1}{a_{n-1}a_n} = \frac{n-1}{a_1a_n}.$$

9.2. $a_1, \ldots, a_n$은 항들이 양수인 등차수열이다. 다음을 증명하여라.

$$\frac{1}{\sqrt{a_1}+\sqrt{a_2}} + \frac{1}{\sqrt{a_2}+\sqrt{a_3}} + \cdots + \frac{1}{\sqrt{a_{n-1}}+\sqrt{a_n}} = \frac{n-1}{\sqrt{a_1}+\sqrt{a_n}}.$$

소수 $\alpha = 0.a_1a_2a_3\ldots$에서 모든 $k \geq N$에 대해 $a_{k+n} = a_k$이면, 이러한 소수를 **순환소수**라 부르며, n을 **순환마디의 길이**라 한다. 만약, $N = 1$이면, 소수는 순순환소수라 부른다. 0이 아닌 정수부분을 가지는 소수에 대해서도 같은 용어를 사용한다. 순환소수를 나타내기 위해, $0.a_1a_2\ldots a_{N-1}(a_Na_{N+1}\ldots a_{N+n-1})$와 같은 표기를 사용한다.

9.3. 순환소수는 유리수임을 증명하여라.

참고. 이 문제의 역은 문제 17.1을 보시오.

9.4. 수 0.1234567891011...(모든 자연수가 순서대로 나열됨)은 유리수인가?

9.5. 1이 아닌 자연수 n, k에 대해, n^k꼴인 임의의 수는 n개의 연속하는 홀수의 합으로 나타낼 수 있다는 것을 증명하여라.

9.6. 합 $1+2x+3x^2+\cdots+(n+1)x^n$을 구하여라.

9.7. $a,\ a+d,\ a+2d,\ \ldots$는 무한등차수열이며, $a>0,\ d>0$이다. 이 수열에서 무한부분등비수열을 잡을 수 있을 필요충분조건은 수 a/d가 유리수라는 것임을 증명하여라.

9.8. $4n$개의 양수가 주어졌다. 이때, 서로 다른 임의의 네 수로 등비수열을 만들 수 있다. $4n$개의 수들 중에서 같은 수 n개를 찾을 수 있다는 것을 증명하여라.

9.9. 공비가 정수인(0, -1은 아닌) 등비수열이 주어졌다. 이 수열에서 임의로 뽑은 항들의 합은 이 수열의 어느 항과도 같게 될 수 없다는 것을 증명하여라.

제 2 절 합하는 순서 바꾸기

9.10. 만약, $n=p+q-1$이면, $(a_1+a_2+\cdots+a_p)+(a_2+\cdots+a_{p+1})+\cdots+(a_{n-p+1}+\cdots+a_n)=(a_1+a_2+\cdots+a_q)+(a_2+\cdots+a_{q+1})+\cdots+(a_{n-q+1}+\cdots+a_n)$임을 증명하여라.

9.11. 수 $a_1,\ a_2,\ \ldots,\ a_n$에서 연속하는 임의의 7개 수의 합은 음수이고, 연속하는 임의의 11개의 수의 합은 양수이다. n의 최대값을 구하여라.

제 3 절 합 $S_k(n) = 1^k + 2^k + \cdots + n^k$

합 $1+2+3+\cdots+n$은 다음과 같이 계산할 수 있다. $k = 1, 2, \ldots, n$에 대해, 등식들 $(k+1)^2 = k^2 + 2k + 1$을 더하자. 그리고 나서, 식을 정리하자. 구하는 합을 $S_1(n)$이라 하면, $(n+1)^2 = 1 + 2S_1(n) + n$을 얻을 수 있다. 이로부터, $S_1(n) = \frac{n(n+1)}{2}$이 성립한다.

9.12. 기술한 것과 같은 방법으로, 합 $S_2(n) = 1^2 + 2^2 + \cdots + n^2$, $S_3(n) = 1^3 + 2^3 + \cdots + n^3$을 구하여라.

9.13. (a) 다음을 증명하여라.

$$\binom{k+1}{k} S_k(n) + \binom{k+1}{k-1} S_{k-1}(n) + \cdots + \binom{k+1}{1} S_1(n) + S_0(n) = (n+1)^{k+1} - 1.$$

(b) 정해진 값 k에 대해 합 $S_k(n)$는 최고차 항의 계수가 $\frac{n^{k+1}}{k+1}$인 n에 대한 $k+1$차 다항식이 된다는 것을 증명하여라.

9.14. (a) $S = \binom{k}{1} S_{2k-1}(n) + \binom{k}{3} S_{2k-3}(n) + \binom{k}{5} S_{2k-5}(n) + \cdots$ 라 하자. 여기서, k가 홀수일 때, 이 합에서 마지막 가수는 $\binom{k}{k} S_k(n)$이고, k가 짝수일 때는 $\binom{k}{k-1} S_{k+1}(n)$이다. 이때, $S = \frac{n^k (n+1)^k}{2}$임을 증명하여라.
(b) 정해진 k값에 대해, $S_{2k-1}(n)$는 $\frac{n(n+1)}{2}$에 대한 k차의 다항식임을 증명하여라.

9.15. $S = \binom{k+1}{1} S_k(n) + \binom{k+1}{3} S_{k-2}(n) + \cdots$ 이라 하자. 여기서, k가 짝수이면, 이 합의 마지막 가수는 $\binom{k+1}{k+1} S_0(n)$이고, k가 홀수이면 $\binom{k+1}{k} S_1(n)$이다. 이때, 다음을 증명하여라.

$$S = \frac{(n+1)^{k+1} + n^{k+1} - 1}{2}$$

9.16. 다음 합을 구하여라.

$$1^3 + 3^3 + 5^3 + \cdots + (2n-1)^3.$$

제 4 절 쌍으로 나누기

9.17. (a) 임의의 소수 $p > 2$에 대해, 분수

$$\frac{m}{n} = 1 + \frac{1}{2} + \frac{1}{3} + \cdots + \frac{1}{p-1}$$

의 분자가 p로 나누어 떨어진다는 것을 증명하여라.

(b) 임의의 소수 $p > 3$에 대해, 분수

$$\frac{m}{n} = 1 + \frac{1}{2} + \frac{1}{3} + \cdots + \frac{1}{p-1}$$

의 분자가 p^2으로 나누어 떨어진다는 것을 증명하여라.

9.18. 분수

$$\frac{p}{q} = 1 - \frac{1}{2} + \frac{1}{3} - \frac{1}{4} + \cdots + \frac{1}{4k-1}$$

은 기약분수이며, 수 $6k-1$은 소수이다. p가 $6k-1$로 나누어 떨어진다는 것을 증명하여라.

9.19. $p > 2$는 소수이고, a_k는 k^p를 p^2으로 나눈 나머지이다. 다음을 증명하여라.

$$a_1 + a_2 + \cdots + a_{p-1} = \frac{p^3 - p^2}{2}$$

제 5 절 한 가지 합을 두 가지 방법으로 계산하기

9.20. 원주에 임의의 순서로 +부호 a개, −부호 b개를 적었다. p는 인접하여 놓인 +쌍의 개수이고, q는 인접하여 놓인 −쌍의 개수이다. 이때, $a - b = p - q$를 증명하여라.

힌트 및 증명

9.1. d를 공차라 하면,

$$\frac{1}{a_k} - \frac{1}{a_{k+1}} = \frac{a_{k+1} - a_k}{a_k a_{k+1}} = \frac{d}{a_k a_{k+1}}$$

이다. 그러므로, 구하는 합은 다음과 같다.

$$\begin{aligned}\frac{1}{d}\left(\frac{1}{a_1} - \frac{1}{a_2} + \frac{1}{a_2} - \frac{1}{a_3} + \cdots + \frac{1}{a_{n-1}} - \frac{1}{a_n}\right) &= \frac{1}{d}\left(\frac{1}{a_1} - \frac{1}{a_n}\right) \\ = \frac{1}{d} \cdot \frac{a_n - a_1}{a_1 a_n} = \frac{1}{d} \cdot \frac{(n-1)d}{a_1 a_n} = \frac{n-1}{a_1 a_n}.\end{aligned}$$

9.2. d를 등차수열의 공차라 하고, 다음을 생각하자.

$$\frac{1}{\sqrt{a_k} + \sqrt{a_{k+1}}} = \frac{\sqrt{a_{k+1}} - \sqrt{a_k}}{\sqrt{a_{k+1}} - \sqrt{a_k}} \cdot \frac{1}{\sqrt{a_k} + \sqrt{a_{k+1}}} = \frac{\sqrt{a_{k+1}} - \sqrt{a_k}}{a_{k+1} - a_k} = \frac{\sqrt{a_{k+1}} - \sqrt{a_k}}{d}.$$

그러므로, 구하는 합은 다음과 같다.

$$\frac{1}{d}(\sqrt{a_n} - \sqrt{a_1}) = \frac{1}{d} \cdot \frac{a_n - a_1}{\sqrt{a_n} + \sqrt{a_1}} = \frac{n-1}{\sqrt{a_n} + \sqrt{a_1}}.$$

9.3. 등식

$$\begin{aligned}&0.a_1 a_2 \ldots a_{N-1}(a_N a_{N+1} \ldots a_{N+n-1}) \\ &\quad = a_1 a_2 \ldots a_{N-1} 10^{-N+1} + 10^{-N} a_N q + 10^{-N-1} a_{N+1} q + \cdots + 10^{-N-n+1} a_{N+n-1} q\end{aligned}$$

이 성립한다(단, $q = 1 + 10^{-n} + 10^{-2n} + 10^{-3n} + \cdots = \frac{1}{1-10^{-n}}$는 유리수).

9.4. 이 수가 유리수라고 가정하자. 그러면, 문제 17.1에 의해 이 수를 순환소수 $0.a_1 a_2 a_3 \ldots$로 나타낼 수 있다(단, 모든 $k \geq N$에 대해, $a_{k+n} = a_k$이고, n은 순환마디의 길이). a_N다음에 수 10^{m+2n}이 적히도록 충분히 큰 m을 잡자. 그러면, 한편으론 주기가 0들로만 구성되며, 다른 한편으론 주기가 1을 포함한다는 것을 얻을 수 있다. 이로부터, 모순이 유도되고, 주어진 수는 무리수이다.

9.5. 수 $a + (a+2) + \cdots + (a+2n-2) = n(a+n-1)$이 n^k와 같으려면, $a + n - 1 = n^{k-1}$, 즉 $a = n^{k-1} - n + 1$라 놓아야 한다. 이때, 수 a는 홀수이다.

9.6. 합을 구하기 위해, 등식들

$$\begin{aligned} 1+x+x^2+\cdots+x^n &= \frac{x^{n+1}-1}{x-1}, \\ x+x^2+\cdots+x^n &= \frac{x^{n+1}-x}{x-1}, \\ \ldots, \quad \ldots, \quad & \ldots, \quad \ldots \\ x^n &= \frac{x^{n+1}-x^n}{x-1} \end{aligned}$$

을 더해야 한다. 그러면,

$$\begin{aligned} \frac{(n+1)x^{n+1}-(1+x+\cdots+x^n)}{x-1} &= \frac{(n+1)x^{n+1}-\frac{x^{n+1}-1}{x-1}}{x-1} \\ &= \frac{(n+1)x^{n+2}-(n+2)x^{n+1}+1}{(x-1)^2}. \end{aligned}$$

9.7. 자연수 m, n에 대해, $a/d = m/n$라 하자. 모든 자연수 k에 대해, 수 $(1+n)^k - 1$는 n으로 나누어 떨어지므로, 수

$$b_k = \frac{a(1+n)^k - a}{d} = \frac{m}{n}((1+n)^k - 1)$$

는 정수이다. 즉, 모든 수 $a(1+n)^k = a + b_k d$는 주어진 등차수열에 속한다.

$a+kd$, $a+ld$, $a+md$은 등차수열의 연속하는 항들이고, $k < l < m$라 하자. 그러면, $(a+ld)^2 = (a+kd)(a+md)$, 즉 $a(2l-k-m) = d(km-l^2)$이 성립한다. 이제, $2l-k-m \neq 0$임을 확인하면 된다. $2l-k-m=0$라 하자. 그러면, $km-l^2=0$. 그러므로, $(k-m)^2 = (k+m)^2 - 4km = 4l^2 - 4l^2 = 0$이고, 조건 $k < m$에 모순된다.

9.8. 주어진 수들 중에 쌍쌍이 서로 다른 수들이 4개보다 많을 수 없다는 것을 증명하자. 같은 수들을 함께 묶고, 각 묶음에서 수를 하나씩 잡아, 선택된 수들을 감소하는 순서로 배열하자: $a > b > c > d > e > \ldots$. 조건에 의해, 수 a, b, c, d는 등비수열을 이룬다. 그리고, $ab > cd$, $ac > bd$이므로, $ad = bc$, 즉 $d = bc/a$. 같은 방법으로, $e = bc/a$을 보일 수 있다.

9.9. 등비수열의 각각의 항을 aq^n(단, $n \geq 0$)인 꼴로 나타낼 수 있다. $q=1$인 경우에는 자명하므로, $q \neq 1$이라 하자. 등식

$$aq^{k_1} + aq^{k_2} + \cdots + aq^{k_m} = aq^{k_{m+1}} \tag{1}$$

을 만족시키는 서로 다른 음이 아닌 정수 $k_1, k_2, \ldots, k_{m+1}(m \geq 2)$이 존재한다고 가정하자. 수들 $l_1 < l_2 < \cdots < l_{m+1}$은 수 $k_1, k_2, \ldots, k_{m+1}$을 증가하는 순서로 배열하였다고 하자. 등식 (1)을 다음과 같이 쓸 수 있다.

$$aq^{l_1} = \pm aq^{l_2} \pm \cdots \pm aq^{l_{m+1}}.$$

aq^{l_1}을 약분하여, 다음을 얻을 수 있다.

$$1 = q^{l_2-l_1}(1 + q^{l_3-l_2} + \cdots + q^{l_{m+1}-l_2}).$$

등식의 좌변은 1이고, 우변은 절대값이 1보다 큰 정수 $q^{l_2-l_1}$으로 나누어 떨어진다. 이로부터, 모순이 유도된다.

9.10. 첫 번째 합을 다음과 같은 꼴로 쓸 수 있다.

$$\begin{aligned}\sum_{i=1}^{n-p+1}(a_i + \cdots + a_{i+p-1}) &= \sum_{i=1}^{n-p+1}\sum_{j=0}^{p-1} a_{i+j} = \sum_{i=0}^{n-p}\sum_{j=0}^{p-1} a_{i+j+1} \\ &= \sum_{j=0}^{p-1}\sum_{i=0}^{n-p} a_{i+j+1} = \sum_{j=0}^{n-q}\sum_{i=0}^{q-1} a_{i+j+1}\end{aligned}$$

결국, 두 번째 합을 얻게 된다.

9.11. 문제 9.10에 의해, $(a_1 + a_2 + \cdots + a_7) + (a_2 + \cdots + a_8) + \cdots + (a_{11} + \cdots + a_{17}) = (a_1 + a_2 + \cdots + a_{11}) + (a_2 + \cdots + a_{12}) + \cdots + (a_7 + \cdots + a_{17})$. 그러므로, $n < 17$.

$n = 16$이면, 그러한 수열로 5, 5, −13, 5,5, 5, −13, 5, 5, −13, 5,5, 5, −13, 5, 5이 존재한다.

9.12. $k = 1, 2, \ldots, n$에 대해, 등식들 $(k+1)^3 = k^3 + 3k^2 + 3k + 1$을 더하면, $(n+1)^3 = 1 + 3S_2(n) + 3S_1(n) + n$을 얻을 수 있다. 즉,

$$3S_2(n) = (n+1)^3 - \frac{3}{2}n(n+1) - (n+1) = \frac{n(n+1)(2n+1)}{2}.$$

$k = 1, 2, \ldots, n$에 대해, 등식들 $(k+1)^4 = k^4 + 4k^3 + 6k^2 + 4k + 1$을 더하면, $(n+1)^4 = 1 + 4S_3(n) + 6S_2(n) + 4S_1(n) + n$을 얻을 수 있다. 즉,

$$4S_3(n) = (n+1)^4 - n(n+1)(2n+1) - 2n(n+1) - (n+1) = n^2(n+1)^2.$$

9.13. (a) 한편으론,

$$\sum_{j=1}^{k}\left((j+1)^{k+1}-j^{k+1}\right)=(n+1)^{k+1}-1$$

이 성립하며, 다른 한편으론

$$\begin{aligned}\sum_{j=1}^{n}\left((j+1)^{k+1}-j^{k+1}\right)&=\sum_{j=1}^{n}\left(\binom{k+1}{k}j^{k}+\binom{k+1}{k-1}j^{k-1}+\cdots+\binom{k+1}{1}j+1\right)\\&=\binom{k+1}{k}S_k(n)+\binom{k+1}{k-1}S_{k-1}(n)+\cdots+\binom{k+1}{1}S_1(n)+S_0(n)\end{aligned}$$

이 성립한다.

(b) 문제 (a)의 공식을 이용하고, k에 대한 수학적 귀납법을 이용하면 된다. 그리고, $\binom{k+1}{k}=k+1$임을 고려하자.

9.14. (a) 한편으로, $\sum_{j=1}^{n}\left(j^k(j+1)^k-j^k(j-1)^k\right)=n^k(n+1)^k$이 성립하고, 다른 한편으론, 이 합이 다음과 같은 꼴의 식들의 합과 같다는 것을 알 수 있다.

$$\begin{aligned}&j^k+\binom{k}{1}j^{2k-1}+\binom{k}{2}j^{2k-2}+\cdots+\binom{k}{k-1}j^{k-1}+\binom{k}{k}j^k\\&-j^k+\binom{k}{1}j^{2k-1}-\binom{k}{2}j^{2k-2}+\cdots\pm\binom{k}{k-1}j^{k-1}\mp\binom{k}{k}j^k.\end{aligned}$$

그러므로, 합은 $2S$이다.

(b) 문제 (a)에 의해,

$$\begin{aligned}S_1(n)&=\frac{n(n+1)}{2},\\\binom{2}{1}S_3(n)&=\frac{n^2(n+1)^2}{2},\\\binom{3}{1}S_5(n)&=\frac{n^3(n+1)^3}{2}-\binom{3}{3}S_3(n)\end{aligned}$$

등이 성립한다.

9.15. 한편으론,

$$\sum_{j=1}^{n}\left((j+1)^{k+1}-(j-1)^{k+1}\right)=(n+1)^{k+1}+n^{k+1}-1$$

이 성립하고, 다른 한편으로, 이 합은 $2S$이다.

9.16. 문제 9.12에 의해,

$$1^3+2^3+3^3+\cdots+m^3=\left(\frac{m(m+1)}{2}\right)^2$$

그러므로,

$$1^3+2^3+3^3+\cdots+(2n-1)^3+(2n)^3=\left(\frac{2n(2n+1)}{2}\right)^2$$

즉,

$$1^3+3^3+5^3+\cdots+(2n-1)^3+2^3(1^3+2^3+\cdots+n^3)=\left(\frac{2n(2n+1)}{2}\right)^2.$$

$1^3+2^3+\cdots+n^3=\left(\frac{n(n+1)}{2}\right)^2$을 이용하여, 마지막 등식을 변형시키자. 그러면, $1^3+3^3+5^3+\cdots+(2n-1)^3=n^2(2n^2-1)$을 얻을 수 있다.

9.17. (a) $k=1, 2, \ldots, \frac{p-1}{2}$에 대해, 구하는 합을 가수들 $\frac{1}{k}+\frac{1}{p-k}$로 분해할 수 있다. 이때, $\frac{1}{k}+\frac{1}{p-k}=\frac{p}{k(p-k)}$. 이러한 분수들을 통분하면, 다음을 얻을 수 있다.

$$\frac{m}{n}=\frac{pq}{1\cdot 2\cdot 3\cdots(p-1)}$$

이제, p가 $2, 3, \ldots, p-1$중의 어느 수로도 나누어 떨어지지 않는다는 것을 생각하면 된다.

(b) 구하는 분수는 다음과 같다.

$$\left(1+\frac{1}{p-1}\right)+\left(\frac{1}{2}+\frac{1}{p-2}\right)+\cdots+\left(\frac{1}{\frac{p-1}{2}+\frac{p+1}{2}}\right)=$$
$$=p\left(\frac{1}{p-1}+\frac{1}{2(p-2)}+\cdots+\frac{1}{\left(\frac{p-1}{2}\right)\left(\frac{p+1}{2}\right)}\right)=p\frac{M}{(p-1)!}.$$

단,

$$M=\frac{(p-1)!}{p-1}+\frac{(p-1)!}{2(p-2)}+\cdots+\frac{(p-1)!}{\left(\frac{p-1}{2}\right)\left(\frac{p+1}{2}\right)}.$$

M이 p로 나누어 떨어진다는 것을 증명해야 한다.

$x\equiv\frac{(p-1)!}{k(p-k)} \pmod p$이라 하자. 그러면, $xk(p-k)\equiv(p-1)! \pmod p$이 성립한다. Wilson 정리(문제 31.15(a))에 의해 $(p-1)!\equiv-1 \pmod p$이므로, $-xk^2\equiv-1 \pmod p$이다. 이제, k가 값 $1, 2, \ldots, \frac{p-1}{2}$을 취할 때, x는 값 $1^2, 2^2, \ldots, \left(\frac{p-1}{2}\right)^2$을 취한다는 것을 쉽게 확인할 수 있다. 실제로, k^2은 모든 제곱잉여를 취한다. 각각의 k에 대해, $\bar{k}$를 $k\bar{k}\equiv 1 \pmod p$이 되도록 잡을 수 있다. 이때, $\bar{k}^2$ 또한 모든 제곱잉여를 취하며, $\bar{k}\equiv x \pmod p$이다.

결국, $M \equiv 1^2 + 2^2 + \cdots + \left(\frac{p-1}{2}\right)^2 \pmod{p}$을 얻을 수 있다. 그리고, 문제 9.12에 의해, 다음이 성립한다.

$$1^2 + 2^2 + \cdots + \left(\frac{p-1}{2}\right)^2 = \left(\frac{p-1}{2}\right)\left(\frac{p+1}{2}\right)\left(\frac{p}{6}\right)$$

그리고, 이 수는 p로 나누어 떨어진다.

9.18. 우선, 다음을 생각하자.

$$\begin{aligned}
&1 - \frac{1}{2} + \frac{1}{3} - \frac{1}{4} + \cdots + \frac{1}{4k-1} \\
&= 1 + \frac{1}{2} + \frac{1}{3} + \frac{1}{4} + \cdots + \frac{1}{4k-1} - 2\left(\frac{1}{2} + \frac{1}{4} + \frac{1}{6} + \cdots + \frac{1}{4k-2}\right) \\
&= 1 + \frac{1}{2} + \frac{1}{3} + \frac{1}{4} + \cdots + \frac{1}{4k-1} - 1 - \frac{1}{2} - \frac{1}{3} - \cdots - \frac{1}{2k-1} \\
&= \frac{1}{2k} + \frac{1}{2k+1} + \cdots + \frac{1}{4k-1}.
\end{aligned}$$

마지막 합에서 가수의 개수는 짝수이므로, 가수들을 다음과 같이 쌍으로 묶을 수 있다.

$$\frac{1}{2k+s} + \frac{1}{4k-1-s} = \frac{6k-1}{(2k+s)(4k-1-s)}.$$

조건에 의해, 수 $6k-1$은 소수이다. 그러므로, 분자가 $6k-1$인 몇몇 분수들의 합은 분자가 $6k-1$으로 나누어 떨어지는 분수이다.

9.19. $k^p + (p-k)^p$이 p^2으로 나누어 떨어진다는 것을 보이자. 실제로, $(x-y)^p = -y^p + pxy^{p-1} + \cdots$ 이고, 이때 점들은 x^2으로 나누어 떨어지는 항들을 나타낸다. 여기서, $(p-k)^p \equiv -k^p + pk^{p-1}p \equiv -k^p \pmod{p^2}$이므로, $k^p + (p-k)^p$은 p^2으로 나누어 떨어진다.

수 p는 소수이므로, 만약 $1 \le k \le p-1$이면, 수 k^p와 $(p-k)^p$는 p로 나누어 떨어지지 않는다. 이것은 $a_k + a_{p-k} = p^2$을 의미한다. 구하는 합은 $a_k + a_{p-k}$꼴인 $(p-1)/2$개의 가수들로 분해되므로, 합은 $p^2(p-1)/2$이다.

9.20. 인접한 +사이에 +2를 쓰고, 인접한 −사이에 −2를 쓰고, 인접한 +와 −사이에는 0을 쓰자. 그러면, 적힌 모든 수들의 합은 $2(a-b)$이다. 한편, 이 합은 $2(p-q)$이 된다.

제 10 장

다항식 I

제 1 절 완전제곱

10.1. 다항식 $(x+1)(x+2)(x+3)(x+4)+1$을 완전제곱식으로 나타내라.

제 2 절 다항식의 근

10.2. (a) 다항식 $f(x)$를 $x-a$로 나눈 나머지는 $f(a)$임을 증명하여라(**Bezout 정리**).
(b) x_0을 다항식 $f(x)$의 근이라 하자. $f(x)$는 $x-x_0$로 나누어 떨어진다는 것을 증명하여라.

10.3. $P(x)=a_nx^n+a_{n-1}x^{n-1}+\cdots+a_1x+a_0$는 계수가 정수인 다항식이다. 다항식이 유리수인 근 $x_0=p/q$을 가지며, p/q는 기약분수라 하자. 이때, a_n은 q로 나누어 떨어지고, a_0는 p로 나누어 떨어진다는 것을 증명하여라.

10.4. 정수인 계수를 가지며, 근이 $\sqrt{2}+\sqrt{3}$인 다항식을 구하여라.

10.5. 정수인 계수를 가지며, 근이 $\sqrt[3]{2}+\sqrt[3]{3}$인 다항식을 구하여라.

10.6. 모든 근이 실수이며 $x^n \pm x^{n-1} \pm x^{n-2} \pm \cdots \pm x \pm 1$꼴인 다항식을 모두 구하여라.

제 3 절 다항식의 계수

10.7. 다항식 $(1+x^5+x^7)^{20}$을 전개하여, 항 x^{17}, x^{18}의 계수를 구하여라.

10.8. $P(x)=a_nx^n+a_{n-1}x^{n-1}+\cdots+a_0$는 실수인 계수를 가지는 다항식이며, $a_n \geq 1$이다. 만약, 수 m이 $|a_{n-1}|+1, \ldots, |a_0|+1$들 각각보다 크면, $Q(x)=P(x+m)$은 계수가 양수인 다항식임을 증명하여라.

10.9. 다항식 $x^{1951}-1$을 $x^4+x^3+2x^2+x+1$으로 나눈다고 하자. 이때, 몫에서 x^{14}의 계수를 구하여라.

제 4 절 Viète 정리

10.10. 다항식 x^3+ax^2+bx+c의 세 근이 등차수열을 이루려면, 다항식의 계수들은 어떤 조건을 만족시켜야 하는가?

10.11. (1) α, β, γ는 다항식 x^3-9x+9의 근이다. 이때, $\alpha^2+\alpha-6$은 β 또는 γ와 같다는 것을 증명하여라.
(b) α, β, γ는 다항식 $x^3-21x+35$의 근이다. 이때, $\alpha^2+2\alpha-14$는 β 또는 γ와 같다는 것을 증명하여라.

제 5 절 나누어 떨어짐

10.12. $P(x)$는 계수가 정수인 다항식이고, a, b는 정수이며, $a > b$이다. 이때, 수 $P(a) - P(b)$는 $a - b$로 나누어 떨어진다는 것을 증명하여라.

10.13. $P(7) = 11$이고 $P(11) = 13$이며, 계수들이 정수인 다항식 $P(x)$가 존재하는가?

10.14. $P(x)$는 계수가 정수인 다항식이고, 어떤 정수 n에 대해 $P(n)$, $P(n+1)$, $P(n+2)$은 3으로 나누어 떨어진다. 임의의 정수 m에 대해, $P(m)$은 3으로 나누어 떨어진다는 것을 증명하여라.

10.15. 계수가 정수인 임의의 다항식(상수는 아닌)은 변수에 어떤 자연수 값을 대입하면, 다항식의 값이 합성수가 된다는 것을 증명하여라.

10.16. $P(x) - 1$은 $x^3 + 1$로 나누어 떨어진다. 이때, $x^2 + 1$으로 나누어 떨어지는 다항식 $P(x)$의 예를 제시하여라.

10.17. $n = 1, 2, \ldots$에 대해, $a_0 = 0$, $a_n = P(a_{n-1})$이다. 그리고, $P(x)$는 계수가 정수인 다항식이고, $x \geq 0$에 대해 $P(x) > 0$이다. 이때, $m > 0, n > 0$이면, $\gcd(a_m, a_n) = a_d$임을 증명하여라(단, $d = \gcd(m, n)$).

10.18. 다항식 $x^{15} - 1$는 1에서 14까지 모든 차수의 약수를 가진다는 것을 증명하여라. 이것을 달리 말하면, 임의의 자연수 $k \leq 14$에 대해 정수인 계수를 가지며 $x^{15} - 1$을 나누는(나머지 없이) k차의 다항식이 존재한다는 것을 증명하여라.

10.19. 다항식 $x^{2n} + x^n + 1$이 $x^2 + x + 1$으로 나누어 떨어질 필요충분조건은 n이 3으로 나누어 떨어지지 않는 것임을 증명하여라.

10.20. (a) a, b, c, d는 주어진 정수이다. 임의의 정수 x에 대해 다항식 $ax^3 + bx^2 + cx + d$이 5로 나누어 떨어진다. 이때, 모든 정수 a, b, c, d이 5로 나누어 떨어진다는 것을 증명하여라.
(b) a, b, c, d, e는 주어진 정수이다. 임의의 정수 x에 대해 다항식 $ax^4 + bx^3 + cx^2 + dx + e$는 7로 나누어 떨어진다. 이때, 모든 수들 a, b, c, d, e가 7로 나누어 떨어진다는 것을 증명하여라.

10.21. 만약, $\frac{p}{q}$가 기약분수이며, 계수가 정수인 다항식

$$f(x) = a_0x^n + a_1x^{n-1} + \cdots + a_n$$

의 근이면, $p - kq$는 임의의 k에 대해 $f(k)$의 약수임을 증명하여라.

10.22. 어떤 정수 A에 대해서도 다항식 $3x^{2n} + Ax^n + 2$는 다항식 $2x^{2m} + Ax^m + 3$로 나누어 떨어지지 않는다는 것을 증명하여라.

제 6 절 근에 대한 부등식

10.23. 방정식 $x(x+1)\cdots(x+n) = 1$의 양수인 근은 $1/n!$보다 작다는 것을 증명하여라.

제 7 절 다항식의 실근의 개수

10.24. n차인 다항식 $P(x)$는 n개보다 많은 서로 다른 근을 가질 수 없다는 것을 증명하여라.

참고. 만약, $P(x)$가 $(x-a)^k$로는 나누어 떨어지지만, $(x-a)^{k+1}$로는 나누어 떨어지지 않으면, 수 a를 다항식 $P(x)$의 k**중근**$(k \geq 1)$이라 부른다.

10.25. n차 다항식 $P(x)$는 다중근을 포함하여 n개보다 많은 근을 가지지 못한다는 것을 증명하여라. 이것을 달리 말하면, $a_1, \ldots, a_m$이 각각 서로 다른 k_1중근, $\ldots$, k_m중근이라 하면, $k_1 + \cdots + k_m \leq n$임을 증명하여라.

10.26. $a_1 \geq 0$, $a_2 \geq 0$, $a_n \geq 0$인 방정식

$$x^n - a_1x^{n-1} - a_2x^{n-2} - \cdots - a_{n-1}x - a_n = 0$$

은 양수인 두 근을 가질 수 없다는 것을 증명하여라.

10.27. $f_1(x) = x^2 - 2,\ \ f_n(x) = f_1(f_{n-1}(x))$라 하자. 임의의 자연수 n에 대해, 방정식 $f_n(x) = x$는 정확히 2^n개의 서로 다른 근을 가진다는 것을 증명하여라.

제 8 절 다양한 문제

10.28. 다음 식에서 괄호를 열어 동류항을 정리하면, 홀수 차수인 x항은 남지 않는다는 것을 증명하여라.

$$(1 - x + x^2 - x^3 + \cdots - x^{99} + x^{100})(1 + x + x^2 + x^3 + \cdots + x^{99} + x^{100})$$

10.29. $x + x^3 + x^9 + x^{27} + x^{81} + x^{243}$을 $(x-1)$으로 나눈 나머지를 구하여라.

10.30. 다음 두 다항식을 전개하여 동류항을 정리하자. 이때, x^{20}의 계수가 큰 것은 어느 다항식인가?

$$(1 - x^2 + x^3)^{1000}, \quad (1 + x^2 - x^3)^{1000}$$

10.31. (a) 다항식 $(x-a)(x-10)+1$이 두 다항식의 곱 $(x+b)(x+c)$으로 인수분해가 되도록 하는 정수 a값을 구하여라(단, b, c는 정수).
(b) 식 $x(x-a)(x-b)(x-c)+1$을 계수가 정수인 두 다항식의 곱으로 인수분해가 되도록 하는 서로 다른 정수 a, b, c를 구하여라(단, a, b, c는 0이 아님).

제 9 절 보간다항식

10.32. $x_1, \ldots, x_{n+1}$은 서로 다른 수들이다. 이때, 점 x_i에서 주어진 값 a_i를 가지는 n차보다 높지 않은 차수를 가지는 다항식 $P(x)$는 오직 하나 존재한다는 것을 증명하여라(**Lagrange 보간다항식**).

10.33. 등식 $\sum_{k=0}^{n}(-1)^k k^m \binom{n}{k} = 0$(단, $m < n$, m은 자연수), $\sum_{k=0}^{n}(-1)^k k^n \binom{n}{k} = (-1)^n n!$을 증명하여라.

10.34. $a_1, \ldots, a_n$은 서로 다른 수들이다. 임의의 $b_0, b_1, \ldots, b_{n-1}$에 대해, 다음 연립방정식이 오직 하나의 해를 가진다는 것을 증명하여라.

$$\begin{cases} x_1 + \cdots + x_n &= b_0, \\ a_1 x_1 + \cdots + a_n x_n &= b_1, \\ a_1^2 x_1 + \cdots + a_n^2 x_n &= b_2, \\ \cdots\cdots & \cdots \\ a_1^{n-1} x_1 + \cdots + a_n^{n-1} x_n &= b_{n-1} \end{cases}$$

10.35. 점 $x_0, x_1, \ldots, x_n$이 주어졌다. 이들 점에서의 값이 $f(x_0), \ldots, f(x_n)$인 n차 다항식 $f(x)$는 다음과 같은 꼴로 표현될 수 있다는 것을 증명하여라.

$$f(x) = f(x_0) + (x - x_0)f(x_0; x_1) + (x - x_0)(x - x_1)f(x_0; x_1; x_2) + \ldots$$
$$+ (x - x_0)\ldots(x - x_{n-1})f(x_0; \ldots; x_n).$$

단, $f(x_0; \ldots; x_k)$는 점 $x_0, \ldots, x_k$와 이들 점에서의 다항식 값들에만 종속된다(**Newton 보간다항식**).

Newton 보간다항식은 $x_0, x_1, \ldots, x_n$에 점 x_{n+1}이 추가되었을 때 $f(x_0; \ldots; x_{n+1})$만을 계산하면 되는 경우, 즉 Larange 보간다항식과는 달리 나머지 계수들을 계산할 필요가 없는 경우에 편리하다.

제 10 절 유리함수

10.36. P, Q는 서로소인 다항식이고, $R(x) = P(x)/Q(x)$라 하자. 이때, $R(x)$를 다음과 같은 꼴로 나타낼 수 있음을 증명하여라.

$$R(x) = A(x) + \sum_{i,k} \frac{c_{ik}}{(x-a_i)^k}$$

단, c_{ik}는 어떤 수이고, $A(x)$는 어떤 다항식이다.

10.37. 유리함수는 문제 10.36과 같은 꼴로 유일하게 표현된다는 것을 증명하여라.

제 11 절 정수치 다항식

모든 정수 x에 대해, 다항식 $p(x)$가 정수값을 가지면, 다항식 $p(x)$를 **정수치 다항식**이라 부른다.

10.38. 다음 다항식이 정수치 다항식임을 증명하여라.

$$\binom{x}{k} = \frac{x(x-1)\dots(x-k+1)}{k!}$$

10.39. $p_k(x)$는 어떤 정수 n에 대해 $x = n, n+1, \dots, n+k$에서 정수값을 가지는 k차의 다항식이다. $c_0, c_1, \dots, c_k$가 정수일 때, 다음을 증명하여라.

$$p_k(x) = c_0\binom{x}{k} + c_1\binom{x}{k-1} + c_2\binom{x}{k-2} + \dots + c_k$$

제 12 절 다변수 다항식

n개의 변수 $x_1, \ldots, x_n$에 대한 다항식은 $a_{k_1 \ldots k_n} x_1^{k_1} \ldots x_n^{k_n}$꼴인 단항식들의 합을 말한다. 단항식의 차수는 수 $k_1 + \cdots + k_n$을 말한다. 몇몇 변수들에 대한 다항식의 차수는 단항식의 가장 높은 차수를 말한다.

10.40. $x^{200}y^{200} + 1$꼴인 다항식을 x만의 다항식과 y만의 다항식들의 곱으로 나타낼 수 없다는 것을 증명하여라.

10.41. (a) 다음 항등식을 만족시키는 변수 x, y, z에 대한 다항식 $P = P(x, y, z)$, $Q = Q(x, y, z)$, $R = R(x, y, z)$은 존재하는가?

$$(x - y + 1)^3 P + (y - z - 1)^3 Q + (z - 2x + 1)^3 R = 1$$

(b) 다음 다항식에 대해, (a)와 같은 물음을 하고, 답하여라.

$$(x - y + 1)^3 P + (y - z - 1)^3 Q + (z - x + 1)^3 R = 1$$

참고. 문제 16.10도 보시오.

힌트 및 증명

10.1. 등식 $(x + 1)(x + 2)(x + 3)(x + 4) + 1 = x^4 + 10x^3 + \cdots + 25$와 $(x^2 + ax + b)^2 = x^4 + 2ax^3 + \cdots + b^2$에서 가능한 것은 이차삼항식 $x^2 + 5x \pm 5$임을 알 수 있다. 이제, $(x^2 + 5x + 5)^2 - 1 = (x^2 + 5x + 4)(x^2 + 5x + 6)$, $x^2 + 5x + 4 = (x + 1)(x + 4)$, $x^2 + 5x + 6 = (x + 2)(x + 3)$을 생각하면 된다.

10.2. (a) $f(x)$를 $x - a$으로 나누자. 그러면, $f(x) = (x - a)g(x) + r$을 얻을 수 있다(단, r은 어떤 수). 이제, $x = a$라 두자. 그러면, $f(a) = r$를 얻을 수 있다.

(b) $f(x_0) = 0$이므로, (a)로부터 곧바로 유도될 수 있다.

10.3. 등식 $a_nx_0^n+a_{n-1}x_0^{n-1}+\cdots+a_1x_0+a_0=0$에 q^n을 곱하여, $a_np^n+a_{n-1}p^{n-1}q+\cdots+a_1pq^{n-1}+a_0q^n=0$와 같이 쓸 수 있다. 수 $a_np^n=-(a_{n-1}p^{n-1}q+\cdots+a_1pq^{n-1}+a_0q^n)$은 q로 나누어 떨어지며, 조건에 의해 p,q는 공약수를 가지지 않는다. 결국, a_n은 q로 나누어 떨어진다. 수 $a_0q^n=-(a_np^n+a_{n-1}p^{n-1}q+\cdots+a_1pq^{n-1})$는 p로 나누어 떨어지며, p와 q는 공약수를 가지지 않는다. 결국, a_0는 p로 나누어 떨어진다.

10.4. $x=\sqrt{2}+\sqrt{3}$라 하자. 그러면, $x^2=5+2\sqrt{6}$이고, $(x^2-5)^2=24$, 즉 $x^4-10x^2+1=0$.

10.5. 계산을 통해, 다음을 알 수 있다.

$$(\sqrt[3]{2}+\sqrt[3]{3})^3=5+3\alpha,$$
$$(\sqrt[3]{2}+\sqrt[3]{3})^6=133+30\alpha+9\beta,$$
$$(\sqrt[3]{2}+\sqrt[3]{3})^9=2555+711\alpha+135\beta.$$

단, $\alpha=\sqrt[3]{6}(\sqrt[3]{2}+\sqrt[3]{3})$, $\beta=\sqrt[3]{36}(\sqrt[3]{4}+\sqrt[3]{9})$이다. 그러므로, $x=\sqrt[3]{2}+\sqrt[3]{3}$에 대해, $x^9-15x^6-87x^3-125=0$이다.

10.6. $x_1,\ \ldots,\ x_n$을 다항식 $x^n+a_{n-1}x^{n-1}+a_{n-2}x^{n-2}+\ldots$의 근이라 하자(단, $a_i=\pm1$). Viète 정리에 의해, $x_1+\cdots+x_n=-a_{n-1}$이고, $\sum_{1\le i<j\le n}x_ix_ja_{n-2}$이다. 그러므로, $x^2+\cdots+x_n^2=a_{n-1}^2-2a_{n-2}$이다.

이제, 모든 근이 실수라고 가정하자. 그러면, $x_1^2+\cdots+x_n^2=a_{n-1}^2-2a_{n-2}=1\pm2=3$이다. 왜냐 하면, 음수는 안된다. 그러므로, $a_{n-2}=-1$이다. 그리고, $x_1^2\ldots x_n^2=a_0^2=1$이다.

산술평균과 기하평균의 부등식에 의해, $(x_1^2+\cdots+x_n^2)/n\ge\sqrt[n]{x_1^2\ldots x_n^2}$, 즉 $3/n\ge1$이 성립한다. 결국, $n\le3$이고, 특히 $n=3$이면 등식 $x_1^2=x_2^2=x_3^2=1$이 성립한다. 다항식 $(x\pm1)^3$는 해가 되지 않는다. 그러므로, $n=3$인 경우에 다항식들은 $(x^2-1)(x\pm1)$이다. $n=1,2$인 경우에는 쉽게 생각할 수 있다.

10.7. 수 18은 몇몇 개의 5와 7의 합의 꼴로 나타낼 수 없으므로, x^{18}의 계수는 0이 된다.

수 17은 $17=7+5+5$와 같이 몇몇 개의 5와 7의 합으로 나타낼 수 있다. 가수의 순서를 바꾸는 것을 고려하면, 이러한 표현은 유일하다. 20개의 식 $1+x^5+x^7$ 중의 하나에서 x^7을 택하고, 나머지 19개의 그러한 식들 중의 두 개에서 x^5을 택해야 한다. 그러므로, x^{17}의 계수는 $20\cdot\frac{19\cdot18}{2}=3420$이다.

10.8. 다항식 $P(x)$을 $P(x) = (a_n - 1)x^n + (x + a_{n-1} - 1)x^{n-1} + (x + a_{n-2} - 1)x^{n-2} + \cdots + (x + a_0 - 1) + 1$인 꼴로 쓰자. 이로부터, $Q(x) = (a_n - 1)(x+m)^n + \big(x + (m + a_{n-1} - 1)\big)(x + m)^{n-1} + \cdots + \big(x + (m + a_0 - 1)\big) + 1$이 성립한다. 이때, $a_n - 1 \geq 0$이고, 수 $m + a_{n-1} - 1$, $\ldots$, $m + a_0 - 1$은 양수이다. 그러므로, 괄호를 열어, 양수인 계수를 가지는 다항식을 얻을 수 있다.

10.9. 답: -1.
등식 $x^4 + x^3 + 2x^2 + x + 1 = (x^2+1)(x^2+x+1)$과 $x^{12} - 1 = (x-1)(x^2+x+1)(x^3+1)(x^2+1)(x^4-x^2+1)$으로부터, 다음을 알 수 있다.

$$\begin{aligned} x^4 + x^3 + 2x^2 + x + 1 &= \frac{x^{12}-1}{(x-1)(x^3+1)(x^4-x^2+1)} = \\ &= \frac{x^{12}-1}{x^8 - x^7 - x^6 + 2x^5 - 2x^3 + x^2 + x - 1}. \end{aligned}$$

그러므로, 다항식 $x^{1951} - 1$을 $x^4 + x^3 + 2x^2 + x + 1$로 나누는 것은, 우선 다항식을 $x^{12} - 1$으로 나누고, 그리고 나서 $x^8 - x^7 - x^6 + 2x^5 - 2x^3 + x^2 + x - 1$을 곱하는 것이다. 그리고,

$$\frac{x^{1951}-1}{x^{12}-1} = x^{1939} + x^{1927} + x^{1915} + \cdots + x^{19} + x^7 + \frac{x^7-1}{x^{12}-1}.$$

그러므로, 구하는 계수는 다음 곱에서 x^{14}의 계수와 같다.

$$\left(x^{1939} + \cdots + x^{19} + x^7 + \frac{x^7-1}{x^{12}-1}\right)(x^8 - x^7 - x^6 + 2x^5 - 2x^3 + x^2 + x - 1).$$

참고. 문제 21.26을 보시오.

10.10. 수 x_1, x_2, x_3이 등차수열을 이룰 필요충분조건은 $x_1 + x_3 = 2x_2$(다시 번호매김도 가능), 즉 $x_1 + x_2 + x_3 = 3x_2$이다. Viète 정리에 의해, $x_1 + x_2 + x_3 = -a$이다. 이와 같이, 수 $x_2 = -a/3$는 주어진 다항식의 근이어야 한다. 동치인 조건은 $\frac{2}{27}a^3 - \frac{ab}{3} + c = 0$이다.

10.11. (a) $y = \alpha^2 + \alpha - 6$라 하자. 이제, $(y-\beta)(y-\gamma) = 0$을 증명하자. Viète 정리에 의해, $(y-\beta)(y-\gamma) = y^2 - (\beta+\gamma)y + \beta\gamma = y^2 + \alpha y - \frac{9}{\alpha}$이 성립한다. $y = \alpha^2 + \alpha - 6$을 대입하고, $\alpha^3 = 9\alpha - 9$, $\alpha^4 = 9\alpha^2 - 9\alpha$, $-\frac{9}{\alpha} = \alpha^2 - 9$를 이용하여, $y^2 + \alpha y - \frac{9}{\alpha}$을 계산하면 된다.

(b) 문제 (a)와 같은 방법으로 증명할 수 있다.

10.12. $P(x) = a_n x^n + a_{n-1}x^{n-1} + \cdots + a_1 x + a_0$라 하자. 그러면, $P(a) - P(b) = a_n(a^n - b^n) + a_{n-1}(a^{n-1} - b^{n-1}) + \cdots + a_1(a - b)$이 성립한다. 그러므로, 임의의 자연수 k에 대해, 수 $a^k - b^k$는 $a - b$으로 나누어 떨어진다는 것을 보이면 된다. 이를 위해, 항등식 $a^k - b^k = (a-b)(a^{k-1} + a^{k-1}b + \cdots + b^{k-1})$을 이용하자.

10.13. 답: 존재하지 않는다.
문제 10.12에 의해, 차 $P(11) - P(7) = 2$는 $11 - 7 = 4$으로 나누어 떨어져야 한다.

10.14. 만약, a, b가 정수이고, $a > b$이면, 수 $P(a) - P(b)$는 $a - b$으로 나누어 떨어진다(문제 10.12). 임의의 정수 m에 대해, 수 $m - n$, $m - (n+1)$, $m - (n+2)$ 중의 하나는 3으로 나누어 떨어진다. 그러므로, 수 $P(m) - P(n)$, $P(m) - P(n+1)$, $P(m) - P(n+2)$ 중의 하나는 3으로 나누어 떨어진다.

10.15. $P(x) = a_0 x^n + a_1 x^{n-1} + \cdots + a_n$라 하자(단, a_0, a_1, ..., a_n는 정수). $P(k) = p$가 소수라고 가정하자(이때, k는 어떤 자연수). 다항식 $P(x)$은 n개보다 많은 서로 다른 점에서 같은 값을 가질 수 없으므로, a를 $P(k + pa) \neq \pm p$가 되도록 잡을 수 있다. 다른 한편으로, $P(k + pa)$는 p로 나누어 떨어진다. 실제로, 문제 10.12에 의해, 차 $P(k + pa) - P(k)$는 $k + pa - k = pa$로 나누어 떨어진다.

10.16. 답: $P(x) = -\frac{1}{2}(x^2 + 1)(x^2 + x - 1)$.
$P(x) = U(x)(x^2+1)$, $P(x) = V(x)(x^3+1)+1$이라 하자. 그러면, $U(x)(x^2+1) - V(x)(x^3+1) = 1$이 성립한다. 그러한 다항식 U, V를 구하려면, $a = x^3 + 1$와 $b = x^2 + 1$에 Euclid 알고리즘을 사용해야 한다.

$$a = xb + r_1 \qquad (r_1 = 1 - x),$$
$$b = -xr_1 + r_2 \qquad (r_2 = x + 1),$$
$$r_1 = -r_2 + 2.$$

차례로 r_1, r_2를 a, b로 나타내면, 다음을 얻을 수 있다.

$$b = -x(a - bx) + r_2,$$
$$a - bx = -b - xa + x^2 b + 2.$$

이와 같이, $(x+1)a + (-x^2 - x + 1)b = 2$이다. 그러므로, $U(x) = -\frac{1}{2}(x^2 + x - 1)$, $V(x) = -\frac{1}{2}(x + 1)$이라 놓을 수 있다.

10.17. $n \geq 2$에 대해, $P_1(x) = P(x)$, $P_n(x) = P\big(P_{n-1}(x)\big)$라 두자. 그러면, $a_n = P_n(a_0)$이고, 일반적으로 $0 \leq k < n$에 대해 $a_n = P_{n-k}(a_k)$이다. 등식 $a_n = P_n(0)$로터, a_n은 다항식 P_n의 상수항, 즉 $P_n(x) = a_n + xQ_n(x)$임을 알 수 있다(단, Q_n는 계수가 정수인 다항식). 이와 같이, 만약 $m > n \geq 1$이면, $\gcd(a_m, a_n) = \gcd(P_{m-n}(a_n), a_n) = \gcd(a_{m-n} + a_nQ_{m-n}(a_n), a_n) = \gcd(a_{m-n}, a_n)$이 성립한다. 문제 4.11의 결과를 이용하면, 문제가 증명된다.

10.18. 다항식 $x^{15} - 1$은 차수가 1, 2, 4, 8인 다항식들로 분해된다. 실제로, $x^{15} - 1 = (x^5 - 1)(x^{10} + x^5 + 1)$, $x^5 - 1 = (x - 1)(x^4 + x^3 + x^2 + x + 1)$이 성립한다. 그리고, 다항식 $x^{10} + x^5 + 1$은 차수가 2, 8인 다항식으로 분해된다(문제 5.6). 쉽게, 임의의 자연수 $k \leq 14$에 대해, $a_0 + a_1 \cdot 2 + a_2 \cdot 4 + a_3 \cdot 8$와 같은 꼴로 표현될 수 있음을 확인할 수 있다(단, $a_i = 0$ 또는 1).

10.19. $n = 0, 1$일 때에 명제는 자명하다. $n = 2$이면, 다항식 $x^4 + x^2 + 1$은 $x^2 + x + 1$으로 나누어 떨어지며, 몫으로 $x^2 - x + 1$을 얻을 수 있다. 다항식 $x^{2(n+3)} + x^{n+3} + 1$와 $x^{2n} + x^n + 1$의 차는 $x^2 + x + 1$으로 나누어 떨어진다. 왜냐 하면, 다항식 $x^{2n+6} - x^{2n} = x^{2n}(x^6 - 1)$과 $x^{n+3} - x^n = x^n(x^3 - 1)$이 $x^3 - 1 = (x - 1)(x^2 + x + 1)$으로 나누어 떨어진다. 그러므로, 다항식 $x^{2(n+3)} + x^{n+3} + 1$ 이 $x^2 + x + 1$으로 나누어 떨어질 필요충분조건은 $x^{2n} + x^n + 1$이 $x^2 + x + 1$으로 나누어 떨어지는 것이다.

10.20. (a) $x = 0$을 대입하면, d가 5로 나누어 떨어진다는 것을 알 수 있다. 그리고, $x = \pm 1$을 대입하면, $a + b + c$, $-a + b - c$이 5로 나누어 떨어진다는 것을 알 수 있다.결국, $2b$, $2a + 2c$는 5로 나누어 떨어지고, 결국 b, $a + c$는 5로 나누어 떨어진다. $x = 2$를 대입하면, $a + 5a + 2(a + c) + 4b + d$가 5로 나누어 떨어진다는 것을 알 수 있다. 즉, a는 5로 나누어 떨어진다. 그러므로, c도 5로 나누어 떨어진다.

(b) $x = 0$을 대입하면, e가 7로 나누어 떨어진다는 것을 알 수 있다. 그리고, $x = \pm 1$을 대입하면, 수 $a \pm b + c \pm d$이 7로 나누어 떨어진다는 것을 알 수 있다. 그러므로, $2(a + c)$, $2(b + d)$는 7로 나누어 떨어지며, 즉 $a + c$, $b + d$는 7로 나누어 떨어진다. 이제, $x = \pm 2$를 대입하고, e가 7로 나누어 떨어진다는 것을 감안하면, 수 $2(8a \pm 4b + 2c \pm d)$가 7로 나누어 떨어진다는 것을 알 수 있다. 그러므로, $4a + c$, $4b + d$는 7로 나누어 떨어진다. 결국, $3a = (4a + c) - (a + c)$는 7로 나누어 떨어진다. 그러므로, a는 7로 나누어 떨어지고, c도 7로 나누어 떨어진다. 유사한 방법으로, b, d가 7로 나누어 떨어진다는 것을 증명할 수 있다.

10.21. 다항식 $f(x)$는 $x - \frac{p}{q}$으로 나누어 떨어지므로, $f(x) = g(x)\left(x - \frac{p}{q}\right)$이다. $g(x) = b_0x^{n-1} + b_2x^{n-2} + \cdots + b_{n-1}$라 하자. 그러면, $a_0 = b_0$, $a_1 = b_1 - b_0\frac{p}{q}$, $a_2 = b_2 - b_1\frac{p}{q}$, $\ldots$, $a_{n-1} = b_{n-1} - b_{n-2}\frac{p}{q}$, $a_n = -b_{n-1}\frac{p}{q}$이다. 수 b_0는 정수이다. 등식 $qa_1 = qb_1 - pb_0$로부터, 수 qb_1이 정수임을 알 수 있다. 그리고, 등식 $q^2a_2 = q^2b_2 - qb_1p$로부터, 수 q^2b_2가 정수임을 알 수 있다 등등. 이와 같이, 다항식 $q^{n-1}g(x)$는 정수인 계수를 가진다.

등식 $q^nf(k) = q^{n-1}g(k)(qk - p)$로부터, 수 $q^nf(k)$가 $qk - p$로 나누어 떨어진다는 것을 알 수 있다. 수 q^n과 $qk - p$는 서로소이므로, 수 $f(k)$는 $qk - p$로 나누어 떨어진다.

10.22. 다항식 $3x^{2n} + Ax^n + 2$가 다항식 $2x^{2m} + Ax^m + 3$으로 나누어 떨어진다고 가정하자. 그러면, 다항식 $2x^{2m} + Ax^m + 3$의 임의의 근은 다항식 $3x^{2n} + Ax^n + 2$의 근이 된다. 만약, x_i가 다항식 $2x^{2m} + Ax^m + 3$의 근이면, 다음이 성립한다.

$$x_i^m = \frac{-A \pm \sqrt{A^2 - 24}}{4} = \alpha_{1,2}$$

이때, $x_1^m = \alpha_1$, $x_2^m = \alpha_2$라고 할 수 있다. 그리고, $\beta_{1,2} = \frac{-A\pm\sqrt{A^2-24}}{6}$는 이차삼항식 $3x^2 + Ax + 2$의 근이라 하자.

첫 번째 경우. $A^2 - 24 > 0$.
이 경우에, $|\alpha_1| \neq |\alpha_2|$이므로, 수 x_1^n과 x_2^n은 일치할 수 없고, 우리는 $x_1^n = \beta_1$, $x_2^n = \beta_2$라고 할 수 있다. 한편, $|x_1x_2| = \sqrt[n]{|\beta_1\beta_2|} = \sqrt[n]{2/3} < 1$이고, 다른 한편으론 $|x_1x_2| = \sqrt[m]{|\alpha_1\alpha_2|} = \sqrt[m]{3/2} > 1$이다. 이로부터, 모순이 유도된다.

두 번째 경우. $A^2 - 24 \leq 0$.
이 경우에, $|\alpha_1| = |\alpha_2| = \sqrt{3/2}$, $|\beta_1| = |\beta_2| = \sqrt{2/3}$이다. 그러므로, 한편으론 $|x_1| = \sqrt[m]{|\alpha_1|} = \sqrt[2m]{3/2} > 1$이고, 다른 한편으론 $|x_1| = \sqrt[n]{|\beta_1|} = \sqrt[2n]{2/3} < 1$이다. 이로부터, 모순이 유도된다.

10.23. 만약, $x > 0$이고, $x(x+1)\cdots(x+n) = 1$이면, 다음이 성립한다.

$$x = \frac{1}{(x+1)\cdots(x+n)} < \frac{1}{1\cdot 2\cdots n} = \frac{1}{n!}.$$

10.24. a를 다항식 $P(x)$의 근이라 하자. $P(x)$을 $x - a$로 나누자. 그러면, $P(x) = (x - a)R(x) + b$이다. 이때, $b = P(a) = 0$. 즉, 다항식 $P(x)$는 $x - a$으로 나누어 떨어진다. 만약, $a_1, \ldots, a_m$이 다항식 $P(x)$의 근이면, 이 다항식은 $(x - a_1)\cdots(x - a_m)$으로 나누어 떨어지므로, $n \geq m$이다.

10.25. 다항식 $P(x)$가 $(x-a_1)^{k_1}\cdots(x-a_m)^{k_m}$로 나누어 떨어지므로, $k_1+\cdots+k_m\le n$이 성립한다.

10.26. 주어진 방정식을 다음과 같은 꼴로 쓰자.

$$1=\frac{a_1}{x}+\frac{a_2}{x^2}+\cdots+\frac{a_n}{x^n}.$$

$x>0$일 때에, 함수

$$f(x)=\frac{a_1}{x}+\frac{a_2}{x^2}+\cdots+\frac{a_n}{x^n}$$

는 단조감소하므로, 이 함수는 서로 다른 두 양수 x에 대해 1의 값을 가질 수 없다.

10.27. 함수 $f_1(x)$가 폐구간 $[-2,0]$에서 2에서 -2로 단조감소하고, 폐구간 $[0,2]$에서 -2에서 2로 단조증가한다. 그러므로, 방정식 $f_1(x)=x$는 근 $x_1\in(-2,0)$와 근 $x_2=2$를 가진다. 게다가, 방정식 $f_1(x)=0$은 두 근 $\pm x_1'$을 가진다.

함수 $f_2(x)$는 폐구간 $[-2,-x_1']$, $[-x_1',0]$, $[0,x_1']$, $[x_1',2]$에서 -2에서 2로 단조증가한다. 그러므로, 이들 구간 각각에서 방정식 $f_2(x)=x$는 적어도 하나의 해를 가지며, 방정식 $f_2(x)=0$는 오직 하나의 해를 가진다. 그리고, 함수 $f_3(x)$는 2^3개의 단조구간을 가진다 등등. 결국, 함수 $f_n(x)$는 적어도 2^n개의 근을 가진다. 그러나, 다항식 $f_n(x)$의 차수가 2^n이므로, 2^n개보다 많은 해를 가질 수는 없다.

10.28. $P(-x)=P(x)$을 만족하는 다항식 $P(x)$가 구하는 곱이다.

10.29. 답: 6.
$x+x^3+x^9+x^{27}+x^{81}+x^{243}=P(x)(x-1)+r$이라 하자. $x=1$을 넣으면, $r=6$을 얻을 수 있다.

10.30. 답: $(1+x^2-x^3)^{1000}$.
$P(x)=(1-x^2+x^3)^{1000}$, $Q(x)=(1+x^2-x^3)^{1000}$라 하자. 다항식 $P(x)$에서 x^{20}의 계수는 다항식 $P(-x)=(1-x^2-x^3)^{1000}$에서의 계수와 같고, 다항식 $Q(x)$에서의 계수는 다항식 $Q(-x)=(1+x^2+x^3)^{1000}$에서의 계수와 같다. 그리고, 다항식 $(1+x^2+x^3)^{1000}$에서 x^{20}의 계수는 다항식 $(1-x^2-x^3)^{1000}$에서의 계수보다 크다. 실제로, 첫 번째 다항식에서 항 $p_{20}x^{20}$은 $(x^2)^n(x^3)^m$꼴(단, $2n+3m=20$)인 몇몇 항들의 합과 같고, 두 번째 다항식에서 항 $q_{20}x^{20}$은 첫 번째에서와 같은 몇몇 항들의 합에 부호 $(-1)^{n+m}$를 붙인 것과 같다. 두 번째 경우에서, $m=2$, $n=7$이면 $-$부호인 항을 만나게 된다.

10.31. (a) $(x-a)(x-10)+1=(x+b)(x+c)$라 하자. $x=-b$라 놓으면, $(b+a)(b+10)=-1$을 얻을 수 있다. 수 a와 b는 정수이므로, 수 $b+a$, $b+10$도 정수이다.

수 -1을 두 가지 방법으로 정수인 두 인수의 곱의 꼴로 표현할 수 있다. 이들에 대해, 두 가지 경우를 얻을 수 있다: (1) $b+10=1$이고 $b+a=-1$; (2) $b+10=-1$이고 $b+a=1$. 그러므로, $a=8$ 또는 $a=12$.

첫 번째 경우에서 $(x-8)(x-10)+1=(x-9)^2$이고, 두 번째 경우에서는 $(x-12)(x-10)+1=(x-11)^2$이다.

(b) $x(x-a)(x-b)(x-c)+1=P(x)Q(x)$라 하자(단, $P(x)$, $Q(x)$는 계수가 정수인 다항식). 그러면, $P(x)$와 $Q(x)$는 최고차 항의 계수가 1인 다항식이다. $x=0$, $x=a$, $x=b$, $x=c$일 때, 등식 $P(x)Q(x)=1$이 성립한다. 즉, $P(x)=1$, $Q(x)=1$ 또는 $P(x)=-1$, $Q(x)=-1$이 성립한다. 두 가지 모든 경우에서, $P(x)-Q(x)=0$이다.

다항식 $P(x)-Q(x)$의 차수는 4보다 작으므로, 모든 x에 대해 $P(x)=Q(x)$이다. 이와 같이, $x(x-a)(x-b)(x-c)=P^2(x)-1=\big(P(x)+1\big)\big(P(x)-1\big)$이 성립한다. 그러므로, $P(x)\pm 1=x(x-a)$ $P(x)\mp 1=(x-b)(x-c)$, 즉 $x(x-a)-(x-b)(x-c)=\pm 2$이다(단, 수 a,b,c의 치환에 의해서만 차이가 나는 해는 구별하지 않았음). 결국, $a=b+c$, $bc=\mp 2$이다. 결국, 다음과 같은 쌍들을 얻을 수 있다: (a,b,c): $(1,2,3)$, $(-1,-2,-3)$, $(1,-2,-1)$, $(2,-1,1)$. 이들은 각각 다음과 같은 다항식의 인수분해에 대응된다: $x(x-a)(x-b)(x-c)+1$: $(x^2-3x+1)^2$, $(x^2+3x+1)^2$, $(x^2+x-1)^2$, $(x^2-x-1)^2$.

10.32. 다항식 P의 유일성은 그러한 두 다항식의 차가 점 $x_1,\dots,x_{n+1}$에서 0이며, 이때 차의 차수가 n보다 크지 않다는 것으로부터 유도된다. 다음 다항식은 요구된 모든 성질을 가지고 있다.

$$\begin{aligned} P(x) &= \sum_{k=1}^{n+1} a_k \frac{(x-x_1)\cdots(x-x_{k-1})(x-x_{k+1})\cdots(x-x_{n+1})}{(x_k-x_1)\cdots(x_k-x_{k-1})(x_k-x_{k+1})\cdots(x_k-x_{n+1})} \\ &= \sum_{k=1}^{n+1} a_k \frac{\omega(x)}{(x-x_k)\omega'(x_k)}. \end{aligned}$$

단, $\omega(x)=(x-x_1)\cdots(x-x_{n+1})$.

10.33. $P(x)$는 차수가 n보다 작거나 같으며, $x=0,1,2,\dots,n$에서 값 x^m을 가지는 Lagrange 보간다항식이라 하자. 그러면,

$$P(x)=\sum_{k=0}^{n} k^m \frac{x(x-1)\dots(x-k+1)(x-k-1)\dots(x-n)}{k(k-1)\dots1(-1)(-2)\dots(k-n)}.$$

이 다항식에서 x^n의 계수는

$$\sum_{k=0}^{n}(-1)^{k-n}\frac{k^m}{k!(n-k)!}=\frac{(-1)^n}{n!}\sum_{k=0}^{n}(-1)^k k^m\binom{n}{k}.$$

한편, 만약 $m \le n$이면, $P(x) = x^m$이다. 그러므로, $m < n$에 대해 $\sum_{k=0}^{n}(-1)^k k^m\binom{n}{k} = 0$이고, $\frac{(-1)^n}{n!}\sum_{k=0}^{n}(-1)^k k^m\binom{n}{k} = 1$이다.

10.34. $P_i(t) = p_{0i}+p_{1i}t+p_{2i}t^2+\cdots+p_{n-1,i}t^{n-1}$을 $t = a_i$에서 1의 값을 가지며, $t = a_j$에서 0의 값을 가지는 Lagrange 보간다항식이라 하자(단, $j \neq i$). 주어진 방정식들에 $p_{0i}, p_{1i}, \ldots, p_{n-1,i}$을 곱하여, 이들을 더하자. 그러면, $P_i(a_1)x_1+\cdots+P_i(a_n)x_n = p_{0i}b_0+\cdots+p_{n-1,i}b_{n-1}$, 즉 $x_i = p_{0i}b_0+\cdots+p_{n-1,i}b_{n-1}$을 얻을 수 있다. 해의 유일성이 증명되었다. 이제, 실제로 그렇게 해를 얻는다는 것을 확인하면 된다. 즉, $k = 0, 1, \ldots, n-1$에 대해, 다음을 확인하면 된다.

$$\sum_{i=1}^{n} a_i^k p_{0i}b_0+\cdots+\sum_{i=1}^{n} a_i^k p_{n-1,i}b_{n-1} = b_k.$$

이를 위해, 기술한 k에 대해, $\sum_{i=1}^{n} a_i^k P_i(t) = t^k$을 증명하면 된다. 그러나, 이것은 자명하다: $k \le n-1$에서 식 $\sum_{i=1}^{n} a_i^k P_i(t) - t^k$은 $t = a_1, \ldots, a_n$일 때에 0의 값을 가지며 차수가 $n-1$보다 크지 않은 다항식이다.

10.35. 다음 등식들이 성립해야 한다:

$$f(x_1) = f(x_0)+(x_1-x_0)f(x_0;x_1),$$
$$f(x_2) = f(x_0)+(x_2-x_0)f(x_0;x_1)+(x_2-x_0)(x_2-x_1)f(x_0;x_1;x_2)$$

등등. 이들 등식으로부터 곧바로 $f(x_0;x_1)$, $f(x_0;x_1;x_2)$ 등에 대한 식을 얻을 수 있다.

10.36. P를 Q로 나누고 나서, 분수 S/Q으로 진행할 수 있다(단, S의 차수는 Q의 차수보다 작다). Q_1, Q_2가 서로소인 다항식이고, $Q = Q_1Q_2$이라 하자. 그러면, 다항식 $a(x), b(x)$을 $a(x)Q_1(x)+b(x)Q_2(x) = 1$이 되도록 잡을 수 있다. 그러므로,

$$\frac{S}{Q_1Q_2}=\frac{aSQ_1+bSQ_2}{Q_1Q_2}=\frac{aS}{Q_2}+\frac{bS}{Q_1}.$$

얻어진 분수식에서 또다시 분자를 분모로 나눈다 등등. 이렇게 몇번의 조작을 수행하면, 다항식 $A(x)$와 몇몇 $p(x)/(x-a)^n$꼴인 분수들의 합에 이르게 된다(단, $p(x)$는 차수가 n보다 작은 다항식). 이제, 다항식 $p(x)$를 다음과 같은 꼴로 쓰면 된다.

$$p(x) = b_1(x-a)^{n-1}+b_2(x-a)^{n-2}+\cdots+b_n.$$

10.37. 주어진 a_i에 대해, 분수 $\frac{c_{ik}}{(x-a_i)^k}$, $c_{ik} \neq 0$에서 만나는 k의 최대값을 잡자. 수 c_{ik}가 유일하게 결정됨을 보이자. 실제로, $(x-a_i)^k$을 곱하면, 다음과 같은 형태의 등식을 얻을 수 있다.

$$R(x)(x-a_i)^k = c_{ik} + (x-a_i)f(x). \tag{1}$$

단, $f(x)$는 유리함수로, 분모에는 인수 $x-a_i$이 없다. 즉, $f(a_i)$의 값이 결정된다. 등식 (1)에 $x = a_i$를 대입하면, c_{ik}는 $x = a_i$에서 유리함수 $R(x)(x-a_i)^k$의 값과 같게 된다.

같은 방법으로, $R(x) - \frac{c_{ik}}{(x-a_i)^k}$을 생각하면, $c_{i,k-1}$을 구할 수 있다 등등.

10.38. $k = 1$에 대해, 문제는 자명하다. 이제, 다항식 $\binom{x}{k}$이 정수치라고 가정하자. 그러면, 쉽게 다음을 확인할 수 있다.

$$\binom{x+1}{k+1} - \binom{x}{k+1} = \binom{x}{k}.$$

결국, 모든 정수 m, n에 대해, 차

$$\binom{m}{k+1} - \binom{n}{k+1}$$

는 정수가 된다. 이제, $\binom{0}{k+1} = 0$을 생각하면 된다.

10.39. k에 대한 수학적 귀납법으로, k차인 임의의 다항식 $p_k(x)$를 다음과 같은 꼴로 표현할 수 있음을 증명하자.

$$p_k(x) = c_0\binom{x}{k} + c_1\binom{x}{k-1} + c_2\binom{x}{k-2} + \ldots + c_k.$$

단, $c_0, c_1, \ldots, c_k$는 어떤 수이다. 실제로,

$$\binom{x}{0} = 1,\ \binom{x}{1} = x,\ \binom{x}{2} = \frac{x^2}{2} - \frac{x}{2},\ \ldots,\ \binom{x}{k} = \frac{x^k}{k!} + \ldots.$$

그러므로, 만약 $p_k(x) = ax^k + \cdots$ 이면, 다항식 $p_k(x) - ak!\binom{x}{k}$는 $k-1$보다 크지 않은 차수를 가지며, 이것에 수학적 귀납법의 가정을 사용할 수 있다. 살펴본 것과 같이, 수 $c_0, c_1, \ldots, c_k$이 정수라는 것만 증명하면 된다. 이것을 k에 대한 수학적 귀납법으로 증명하자.

$k = 0$인 경우를 생각하자. 조건에 의해, 다항식 $p_0(x) = c_0$는 $x = n$에서 정수값을 가지므로, 수 c_0는 정수이다. 이제, 차수가 k보다 크지 않은 다항식들에 대해, 명제가 증명되었다고 가정하자. 다항식

$$p_{k+1}(x) = c_0\binom{x}{k+1} + \ldots + c_{k+1}$$

이 $x = n, n+1, \ldots, n+k+1$에서 정수값을 가진다고 하자. 이제, 다항식

$$\Delta p_{k+1}(x) = p_{k+1}(x+1) - p_{k+1}(x) = c_0\binom{x}{k} + c_1\binom{x}{k-1} + \ldots + c_k$$

을 생각하자. 이 다항식은 $x = n, n+1, \ldots, n+k$에서 정수값을 가진다. 그러므로, 수 $c_0, c_1, \ldots, c_k$는 정수이다. 결국, 수

$$c_{k+1} = p_{k+1}(n) - c_0\binom{n}{k+1} - c_1\binom{n}{k} - \ldots - c_k\binom{n}{1}$$

또한 정수이다.

10.40. $f(x)g(y) = x^{200}y^{200} + 1$인 다항식 $f(x) = a_0x^n + a_1x^{n-1} + \cdots + a_n$, $g(y) = b_0y^m + b_1y^{m-1} + \cdots + b_m$가 존재한다고 가정하자. $x = 0$을 대입하면, $a_ng(y) = 1$, 즉 모든 y에 대해 $g(y) = 1/a_n$을 얻을 수 있다. $y = 0$을 대입하면, 마찬가지로 모든 x에 대해 $f(x) = 1/b_m$을 얻을 수 있다. 이와 같이, $f(x)g(y) = \frac{1}{a_nb_m}$는 상수이고, 함수 $x^{200}y^{200} + 1$은 상수가 아니다.

10.41. (a) 연립방정식 $x-y+1 = 0$, $y-z-1 = 0$, $z-2x+1 = 0$는 해 $(x, y, z) = (1, 2, 1)$을 가진다. 그러한 값들에 대해, 고찰하는 식의 좌변은 0이 된다. 그러므로, 그러한 다항식 P, Q, R은 존재하지 않는다.

(b) $f = x - y + 1$, $g = y - z - 1$, $h = z - x + 1$라 하자. 그러면, $f + g + h = 1$이므로, $(f+g+h)^7 = 1$이다. 이 등식의 좌변에 있는 식은 $f^ag^bh^c$꼴인 가수들의 합이고(단, $a+b+c = 7$), 수 a, b, c의 하나는 3보다 작지 않다. $a \geq 3$인 가수들을 묶자. 그러면, f^3P꼴인 식을 얻게 된다. 나머지 가수들 중에서 $b \geq 3$인 가수들을 묶자. 그러면, g^3Q꼴인 식들을 얻을 수 있다. 나머지 가수들에 대해, $c \geq 3$이다. 즉, 이들의 합은 h^3R꼴이 된다. 결국, 구하는 항등식 $f^3P + g^3Q + h^3R = 1$을 얻을 수 있다.

제 11 장

삼각함수

제 1 절 부등식과 수의 비교

11.1. $0 < \alpha < \pi/2$에 대해, $\sin\alpha < \alpha < \tan\alpha$을 증명하여라.

11.2. $0 < \alpha_1 < \alpha_2 < \cdots < \alpha_n < \pi/2$이고 $n \geq 2$일 때, 다음을 증명하여라.

$$\tan\alpha_1 < \frac{\sin\alpha_1 + \cdots + \sin\alpha_n}{\cos\alpha_1 + \cdots + \cos\alpha_n} < \tan\alpha_n.$$

11.3. 수 $\tan 55°$와 1.4를 비교하여라.

11.4. $0 < \alpha, \beta \leq \pi/4$일 때, 다음을 증명하여라.

$$\sqrt{\tan\alpha\tan\beta} \leq \tan\frac{\alpha+\beta}{2} \leq \frac{\tan\alpha + \tan\beta}{2}.$$

11.5. 다음 합이 양수값과 음수값을 가진다는 것을 증명하여라.

$$\cos 32x + a_{31}\cos 31x + a_{30}\cos 30x + \cdots + a_1\cos x$$

11.6. 임의의 각 φ에 대해, 부등식

$$a_1 \cos\varphi + a_2 \cos 2\varphi + \cdots + a_n \cos n\varphi \geq -1$$

이 성립할 때, 다음을 증명하여라.

$$a_1 + a_2 + \cdots + a_n \leq n$$

11.7. α, β는 예각이고 $\alpha < \beta$라 한다. 이때, 다음을 증명하여라.

$$\frac{\tan\alpha}{\alpha} < \frac{\tan\beta}{\beta}.$$

11.8. A는 임의의 각이고, B와 C는 예각이다. 다음을 만족시키는 각 X가 항상 존재하는가?

$$\sin X = \frac{\sin B \sin C}{1 - \cos A \cos B \cos C}$$

제 2 절 삼각함수 항등식

11.9. 다음 식을 간단히 하여라.

$$\tan 20^\circ + \tan 40^\circ + \sqrt{3}\tan 20^\circ \tan 40^\circ.$$

11.10. 다음을 증명하여라.

$$\arctan\frac{1}{3} + \arctan\frac{1}{5} + \arctan\frac{1}{7} + \arctan\frac{1}{8} = \frac{\pi}{4}.$$

11.11. 다음을 증명하여라.

$$4\arctan\frac{1}{5} - \arctan\frac{1}{239} = \frac{\pi}{4}.$$

11.12. $\arcsin\cos\arcsin x$와 $\arccos\sin\arccos x$사이의 관계를 구하여라.

제 3 절 방정식

11.13. 다음 방정식을 풀어라.

$$3 - 7\cos^2 x \sin x - 3\sin^3 x = 0.$$

11.14. 다음 방정식을 풀어라.

$$\frac{1+\tan x}{1-\tan x} = 1 + \sin 2x.$$

11.15. 다음 방정식의 모든 실근을 구하여라.

$$x^2 + 2x\sin(xy) + 1 = 0.$$

11.16. 다음 방정식을 풀어라.

$$3\sin\varphi\cos\varphi + 4\sin\varphi + 3\cos^2\varphi = 4 + \cos\varphi.$$

11.17. 방정식 $\sin x = \frac{x}{100}$은 몇 개의 근을 가지는가?

제 4 절 정다각형에 관련된 사인과 코사인의 합

11.18. 정다각형의 중심에서 꼭지점으로 나가는 벡터들의 합은 영벡터임을 증명하여라.

11.19. 다음 등식을 증명하여라.

(a) $\sin\frac{2\pi}{n} + \sin\frac{4\pi}{n} + \cdots + \sin\frac{2(n-1)\pi}{n} = 0;$

(b) $\cos\frac{2\pi}{n} + \cos\frac{4\pi}{n} + \cdots + \cos\frac{2(n-1)\pi}{n} = -1;$

(c) $\sin\alpha + \sin\left(\alpha + \frac{2\pi}{n}\right) + \sin\left(\alpha + \frac{4\pi}{n}\right) + \cdots + \sin\left(\alpha + \frac{2(n-1)\pi}{n}\right) = 0.$

11.20. 다음 등식을 증명하여라.

$$\text{(a)}\cos 36^\circ - \cos 72^\circ = 1/2;$$
$$\text{(b)}\cos\frac{\pi}{7} - \cos\frac{2\pi}{7} + \cos\frac{3\pi}{7} = \frac{1}{2}.$$

11.21. 다음 등식을 증명하여라.

$$\cos\frac{2\pi}{2m+1} + \cos\frac{4\pi}{2m+1} + \cos\frac{6\pi}{2m+1} + \cdots + \cos\frac{2m\pi}{2m+1} = -\frac{1}{2}.$$

제 5 절 합과 곱의 계산

11.22. $\alpha+\beta+\gamma=0$일 때, 다음을 증명하여라.

$$\sin\alpha + \sin\beta + \sin\gamma = -4\sin\frac{\alpha}{2}\sin\frac{\beta}{2}\sin\frac{\gamma}{2}.$$

11.23. $\sin\alpha \neq 0$일 때, 다음을 증명하여라.

$$\cos\alpha\cos 2\alpha\cos 4\alpha\cdots\cos 2^n\alpha = \frac{\sin 2^{n+1}\alpha}{2^{n+1}\sin\alpha}.$$

11.24. 다음을 증명하여라.

(a) $\cos\frac{2\pi}{7}\cos\frac{4\pi}{7}\cos\frac{8\pi}{7} = \frac{1}{8}$;

(b) $\cos\frac{2\pi}{9}\cos\frac{4\pi}{9}\cos\frac{8\pi}{9} = -\frac{1}{8}$.

11.25. (a) $\cot\alpha - \tan\alpha = 2\cot 2\alpha$을 증명하여라.

(b) 다음 등식을 증명하여라.

$$\tan\alpha + 2\tan 2\alpha + 4\tan 4\alpha + \cdots + 2^n\tan 2^n\alpha = \cot\alpha - 2^{n+1}\cot 2^{n+1}\alpha.$$

11.26. 다음을 증명하여라.

$$\frac{1}{\cos\alpha\cos 2\alpha}+\frac{1}{\cos 2\alpha\cos 3\alpha}+\cdots+\frac{1}{\cos(n-1)\alpha\cos n\alpha}=\frac{\tan n\alpha-\tan\alpha}{\sin\alpha}.$$

11.27. 다음을 증명하여라.

$$\cos\frac{\pi}{2n+1}\cos\frac{2\pi}{2n+1}\cdots\cos\frac{n\pi}{2n+1}=\frac{1}{2^n}.$$

11.28. 다음을 증명하여라.

(a) $\sin\alpha+\sin 2\alpha+\sin 3\alpha+\cdots+\sin n\alpha=\frac{\sin\frac{n\alpha}{2}\sin\frac{(n+1)\alpha}{2}}{\sin\frac{\alpha}{2}}$;

(b) $\cos\alpha+\cos 2\alpha+\cos 3\alpha+\cdots+\cos n\alpha=\frac{\sin\frac{(2n+1)\alpha}{2}}{2\sin\frac{\alpha}{2}}-\frac{1}{2}$.

11.29. 다음을 증명하여라.

(*a*) $\cos\alpha+\cos(\alpha+x)+\cos(\alpha+2x)+\cdots+\cos(\alpha+nx)=$

$$\frac{\sin\left(\alpha+\left(n+\frac{1}{2}\right)x\right)-\sin\left(\alpha-\frac{1}{2}x\right)}{2\sin\frac{1}{2}x};$$

(b) 만약, $\varphi=\frac{2k\pi}{n+1}$이면(단, k는 정수이고, $1\le k\le n$),

$$1+\cos\varphi+\cos 2\varphi+\cdots+\cos n\varphi=0.$$

제 6 절 $\cos n\varphi$에 대한 식

11.30. (a) T_n, U_n은 n차 다항식이다. 이때, $\cos n\varphi=T_n(\cos\varphi)$, $\sin(n+1)\varphi=U_n(\cos\varphi)\sin\varphi$을 증명하여라.

(b) P_k는 k차의 다항식이다. 이때, $\sin(2k+1)\varphi=\sin\varphi P_k(\sin^2\varphi)$을 증명하여라.

11.31. 다음을 증명하여라.

$$\frac{\sin(2k+1)\varphi}{\sin\varphi}=(-4)^k\left(\sin^2\varphi-\sin^2\frac{\pi}{2k+1}\right)\left(\sin^2\varphi-\sin^2\frac{2\pi}{2k+1}\right)\cdots\left(\sin^2\varphi-\sin^2\frac{k\pi}{2k+1}\right).$$

제 7 절 보조 삼각함수

11.32. 다음 연립방정식을 풀어라.

$$\begin{cases} 2x + x^2 y &= y, \\ 2y + y^2 z &= z, \\ 2z + z^2 x &= x. \end{cases}$$

11.33. 다음 연립방정식을 풀어라.

$$\begin{cases} 3\left(x + \frac{1}{x}\right) = 4\left(y + \frac{1}{y}\right) &= 5\left(z + \frac{1}{z}\right), \\ xy + yz + zx &= 1. \end{cases}$$

11.34. (a) $x_1, \ldots, x_n$은 서로 다른 양수이고, $n \geq 3$이다. 이들 중에서 다음을 만족시키는 두 수 x_i, x_j를 잡을 수 있다는 것을 증명하여라.

$$0 < \frac{x_i - x_j}{1 + x_i x_j} < \tan \frac{\pi}{2(n-1)}.$$

(b) $x_1, \ldots, x_n$는 서로 다른 수이고, $n \geq 3$이다. 이들 중에서 다음을 만족시키는 두 수 x_i, x_j를 잡을 수 있다는 것을 증명하여라.

$$0 < \frac{x_i - x_j}{1 + x_i x_j} \leq \tan \frac{\pi}{n}.$$

11.35. 임의의 양수 x와 임의의 자연수 n에 대해, 다음 부등식을 증명하여라.

$$\frac{x}{1+x^2} + \frac{x}{2^2+x^2} + \cdots + \frac{x}{n^2+x^2} < \frac{\pi}{2}.$$

제 8 절 삼각함수 다항식

$a_0, a_1, \ldots, a_n$는 어떤 수이고, $a_n \neq 0$이다. 함수 $f(\varphi) = a_0 + a_1 \cos\varphi + a_2 \cos 2\varphi + a_3 \cos 3\varphi + \cdots + a_n \cos n\varphi$을 n차의 **삼각함수 다항식**이라 부른다.

11.36. 임의의 삼각함수 다항식 $f(\varphi) = a_0 + a_1 \cos\varphi + \cdots + a_n \cos n\varphi$에 대해, 최고차 항의 계수가 $2^{n-1}a_n$이고 $P(\cos\varphi) = f(\varphi)$을 만족하는 n차의 다항식 $P(x)$이 존재한다는 것을 증명하여라. 역으로, 임의의 다항식에 삼각함수 다항식이 대응된다는 것을 증명하여라.

11.37. f는 차수가 n이고 최고차 항의 계수가 a_n인 삼각함수 다항식이다.
(a) 다음 등식을 증명하여라.

$$\frac{1}{2n}\sum_{m=0}^{2n-1}(-1)^m f\left(\frac{m\pi}{n}\right) = a_n$$

(b) 어떤 정수 m에 대해, $\left|f\left(\frac{m\pi}{n}\right)\right| \geq |a_n|$임을 증명하여라.

11.38. $P(x) = x^n + a_{n-1}x^{n-1} + \cdots + a_0$이면, $-1 \leq x_0 \leq 1$인 어떤 x_0에 대해 $|P(x_0)| \geq \frac{1}{2^{n-1}}$임을 증명하여라.

11.39. $0 < a_0 < a_1 < \cdots < a_n$라 하자. 삼각함수 다항식 $f(\varphi) = a_0 + a_1 \cos\varphi + \cdots + a_n \cos n\varphi$은 구간 $[0, \pi]$에서 정확히 n개의 근을 가진다는 것을 증명하여라.

힌트 및 증명

11.1. O를 반지름이 1인 원의 중심이라 하고, A, B를 $\angle AOB = \alpha$인 원주의 점이라 하자. 점 B에서 원에 대한 접선이 반직선 OA와 교차하는 점 C를 생각하자. S_{AOB}을 삼각형 AOB의 넓이, S를 반지름 AO와 OB에 의해 만들어진 부채꼴의 넓이, S_{BOC}를 삼각형 BOC의 넓이라 하자. 그러면, $S_{AOB} < S < S_{BOC}$이 성립한다. 그리고, $S_{AOB} = \frac{1}{2}\sin\alpha$, $S = \frac{1}{2}\alpha$, $S_{BOC} = \frac{1}{2}\tan\alpha$.

11.2. 우선, $\tan\alpha_1 < \tan\alpha_2$임을 생각하자. 이제, 문제 8.24에 의해,

$$\tan\alpha_1 < \frac{\sin\alpha_1 + \sin\alpha_2}{\cos\alpha_1 + \cos\alpha_2} < \tan\alpha_2 < \tan\alpha_3.$$

다시, 문제 8.24를 사용하면,

$$\tan\alpha_1 < \frac{\sin\alpha_1 + \sin\alpha_2 + \sin\alpha_3}{\cos\alpha_1 + \cos\alpha_2 + \cos\alpha_3} < \tan\alpha_3$$

등등.

11.3. 다음이 성립한다.

$$\tan 55^\circ = \tan(45^\circ + 10^\circ) = \frac{\tan 45^\circ + \tan 10^\circ}{1 - \tan 45^\circ \tan 10^\circ} = \frac{1 + \tan 10^\circ}{1 - \tan 10^\circ}.$$

그리고, $\tan 10^\circ = \tan\frac{\pi}{18} > \frac{\pi}{18} > \frac{3}{18} = \frac{1}{6}$이다. 그러므로,

$$\frac{1 + \tan 10^\circ}{1 - \tan 10^\circ} = \frac{2}{1 - \tan 10^\circ} - 1 > \frac{7}{5} = 1.4$$

11.4. 두 각의 차에 대한 탄젠트 공식에 의해, 다음을 얻을 수 있다.

$$\tan\alpha - \tan\frac{\alpha+\beta}{2} = \tan\frac{\alpha-\beta}{2}\left(1 + \tan\alpha\tan\frac{\alpha+\beta}{2}\right),$$
$$\tan\beta - \tan\frac{\alpha+\beta}{2} = -\tan\frac{\alpha-\beta}{2}\left(1 + \tan\beta\tan\frac{\alpha+\beta}{2}\right).$$

그러므로, $0 < \alpha, \beta < \pi/2$에 대해,

$$\tan\alpha + \tan\beta - 2\tan\frac{\alpha+\beta}{2} = \tan\frac{\alpha-\beta}{2}\tan\frac{\alpha+\beta}{2}(\tan\alpha - \tan\beta) \geq 0$$

그리고, 다음이 성립한다.

$$\begin{aligned}\tan^2\frac{\alpha+\beta}{2} - \tan\alpha\tan\beta &= \frac{\sin^2\frac{\alpha+\beta}{2}}{\cos^2\frac{\alpha+\beta}{2}} - \frac{\sin\alpha\sin\beta}{\cos\alpha\cos\beta}\\ &= \frac{1-\cos(\alpha+\beta)}{1+\cos(\alpha+\beta)} - \frac{\sin\alpha\sin\beta}{\cos\alpha\cos\beta}.\end{aligned}$$

이들 분수를 통분하면, 분자가 $\cos(\alpha+\beta)\bigl(1 - \cos(\alpha-\beta)\bigr) \geq 0$인 분수를 얻을 수 있다(단, $0 < \alpha, \beta \leq \pi/4$). 그러한 α, β에 대해, 분수의 분모는 양수이다.

11.5. 모든 x에 대해, 합

$$\cos 32x + a_{31}\cos 31x + a_{30}\cos 30x + \cdots + a_1\cos x$$

이 오직 양수값 만을 가진다고 가정하자. x를 $x + \pi$으로 바꾸면, 식

$$\cos 32x - a_{31}\cos 31x + a_{30}\cos 30x - \cdots + a_2\cos 2x - a_1\cos x$$

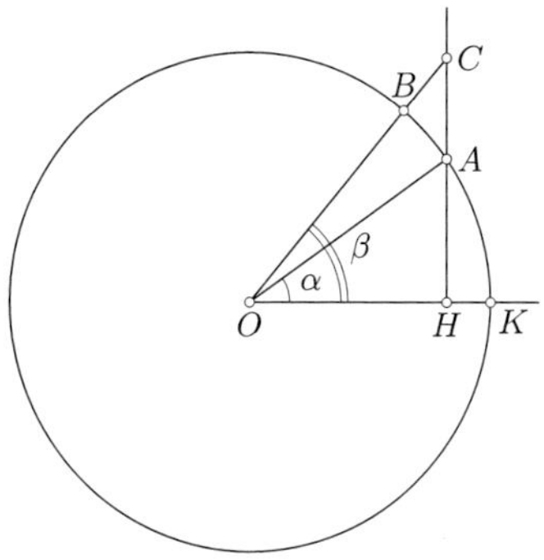

그림 11.1

은 모든 x에 대해 양수값들을 가진다는 것을 알 수 있다. 이들 식을 더하면, 합

$$\cos 32x + a_{30}\cos 30x + \cdots + a_4 \cos 4x + a_2 \cos 2x$$

은 모든 x에 대해 양수값을 가진다는 것을 알 수 있다. 그리고 나서, x를 $x+\frac{\pi}{2}$, $x+\frac{\pi}{4}$, $x+\frac{\pi}{8}$, $x+\frac{\pi}{16}$로 차례로 바꾸어, 같은 방법을 반복하여 사용하자. 그러면, $\cos 32x$는 모든 x에 대해 양수값을 가진다는 것을 알 수 있다. 그런데, $x=\pi/32$일 때, 식 $\cos 32x$는 값으로 -1을 가진다. 이로부터, 모순이 유도된다.

11.6. 문제 11.29에 의해, $\varphi_k = \frac{2k\pi}{n+1}$(단, $k = 1,\ 2,\ \ldots,\ n$)에 대해 $\cos\varphi_k + \cos 2\varphi_k + \cdots + \cos n\varphi_k = -1$이 성립한다. 그러므로, n개의 부등식

$$a_1\cos\varphi_k + a_2\cos 2\varphi_k + \cdots + a_n \cos n\varphi_k \geq -1.$$

을 더하면, $-a_1 - a_2 - \cdots - a_n \geq -n$을 얻을 수 있다.

11.7. 반지름이 1이고 중심이 O인 원에 점 K, A, B을 $\angle AOK = \alpha$, $\angle BOK = \beta$가 되도록 잡자(그림 11.1). 점 A로부터 직선 OK에 수선 AH를 긋자. C는 이 수선과 직선 OB의 교점이라 하자. 부채꼴 OAB의 넓이와 삼각형 OAC의 넓이를 비교하면, 다음을 얻을 수 있다.

$$(\beta - \alpha) < OH \cdot (\tan\beta - \tan\alpha)$$

부채꼴 OAK의 넓이와 삼각형 OAH의 넓이를 비교하면, $\alpha > OH \cdot \tan\alpha$을 얻을 수 있다. 얻어진 두 부등식으로부터,

$$\frac{\beta-\alpha}{\alpha} < \frac{\tan\beta - \tan\alpha}{\tan\alpha}, \quad \text{즉} \quad \frac{\beta}{\alpha} < \frac{\tan\beta}{\tan\alpha}.$$

11.8. 답: 항상 존재한다.

조건에 의해, $\cos B\cos C > 0$. 게다가, $\sin B\sin C + \cos B\cos C = \cos(B-C) \le 1$, $\cos A \le 1$이다. 그러므로, $\sin B\sin C \le 1 - \cos B\cos C \le 1 - \cos A\cos B\cos C$이고, 다음이 성립한다.

$$0 < \frac{\sin B\sin C}{1 - \cos A\cos B\cos C} \le 1.$$

11.9. $\tan 20^\circ + \tan 40^\circ + \sqrt{3}\tan 20^\circ\tan 40^\circ = \sqrt{3}$, 즉

$$\sqrt{3} = \frac{\tan 20^\circ + \tan 40^\circ}{1 - \tan 20^\circ\tan 40^\circ}$$

임을 보이자. 실제로, 다음이 성립한다.

$$\frac{\tan 20^\circ + \tan 40^\circ}{1 - \tan 20^\circ\tan 40^\circ} = \tan 60^\circ = \sqrt{3}$$

11.10. 공식

$$\tan(x+y) = \frac{\tan x + \tan y}{1 - \tan x\tan y}$$

을 사용하면, 다음을 얻을 수 있다.

$$\tan\left(\arctan\frac{1}{3} + \arctan\frac{1}{5}\right) = \frac{\frac{1}{3}+\frac{1}{5}}{1-\frac{1}{15}} = \frac{4}{7},$$

$$\tan\left(\arctan\frac{1}{3} + \arctan\frac{1}{5} + \arctan\frac{1}{7}\right) = \frac{\frac{4}{7}+\frac{1}{7}}{1-\frac{4}{49}} = \frac{7}{9},$$

$$\tan\left(\arctan\frac{1}{3} + \arctan\frac{1}{5} + \arctan\frac{1}{7} + \arctan\frac{1}{8}\right) = \frac{\frac{7}{9}+\frac{1}{8}}{1-\frac{7}{72}} = 1.$$

살펴본 arctan들 각각은 $\pi/4$보다 작으므로, 이들의 합은 π보다 작다. 만약, 어떤 각이 0에서 π사의 값을 가지며, 이것의 탄젠트가 1이면, 이 각은 $\pi/4$이다.

11.11. $\tan\varphi = \frac{1}{5}$라 하자. 등식 $\tan 2\varphi = \frac{2\tan\varphi}{1-\tan^2\varphi}$을 두 번 사용하면,

$$\tan 2\varphi = \frac{5}{12}, \quad \tan 4\varphi = \frac{120}{119}$$

을 얻을 수 있다. 그러므로, $\tan\left(4\arctan\frac{1}{5}\right) = \frac{120}{119}$, 즉 다음이 성립한다.

$$\tan\left(4\arctan\frac{1}{5} - \arctan\frac{1}{239}\right) = \frac{\frac{120}{119} - \frac{1}{239}}{1 + \frac{120}{119}\cdot\frac{1}{239}} = \frac{28561}{28561} = 1.$$

11.12. 답: $\arcsin\cos\arcsin x + \arccos\sin\arccos x = \frac{\pi}{2}$.
$\arcsin\cos\arcsin x = \alpha$이고, $\arccos\sin\arccos x = \beta$라 하자. 그러면, $0 \le \alpha, \beta \le \pi/2$이 된다. 실제로, $-\frac{\pi}{2} \le \arcsin x \le \frac{\pi}{2}$이므로, $0 \le \cos\arcsin x \le 1$, 그리고 $0 \le \arccos x \le \pi$이므로, $0 \le \sin\arccos x \le 1$이다.

$\sin\alpha = \cos\arcsin x$이므로, $\arcsin x = \pm\left(\frac{\pi}{2} - \alpha\right)$, $\sin\left[\pm\left(\frac{\pi}{2} - \alpha\right)\right] = \pm\cos\alpha$이다. 그리고, $\cos\beta = \sin\arccos x$이므로, $\arccos x = \frac{\pi}{2} \mp \beta$, $x = \cos\left(\frac{\pi}{2} \mp \beta\right) = \pm\sin\beta$이 성립한다. $\cos\alpha = \sin\beta (= \pm x)$으로부터, $\alpha + \beta = \frac{\pi}{2}$이 유도된다.

11.13. 답: $x = \frac{\pi}{2} + 2k\pi$, $x = (-1)^k \frac{\pi}{6} + k\pi$.
$t = \sin x$라 놓자. $\cos^2 x = 1 - t^2$임을 감안하면, 방정식 $4t^3 - 7t + 3 = 0$을 얻을 수 있다. 이 방정식은 근 $t_1 = 1$, $t_2 = \frac{1}{2}$, $t_3 = -\frac{3}{2}$을 가진다. 마지막 근은 버리자.

11.14. 답: $x = -\frac{\pi}{4} + k\pi$, $x = k\pi$.
$t = \tan x$라 놓자. $\sin 2x = \frac{2t}{1+t^2}$임을 감안하면, 다음 방정식을 얻을 수 있다.

$$\frac{1+t}{1-t} = 1 + \frac{2t}{1+t^2}.$$

즉, $2(1+t)t^2 = 0$이 성립한다(단, 조건에 의해, $t \ne 1$). 이 방정식은 근 $t_1 = -1$, $t_2 = 0$을 가진다.

11.15. 답: $x = \pm 1$, $y = -\frac{\pi}{2} + 2k\pi$.
만약, 주어진 방정식을 x에 대한 이차방정식이라 생각하면, 이것의 판별식은 $4\big(\sin^2(xy) - 1\big)$이 된다. 판별식은 음수가 아니므로, $\sin^2(xy) \ge 1$, 즉 $\sin(xy) = \pm 1$이다. 방정식 $x^2 \pm 2x + 1 = 0$는 $x = \mp 1$인 해를 가진다. 이제, $\sin(\mp y) = \pm 1$이면, $\sin y = -1$이다.

11.16. $x = \sin\varphi$, $y = \cos\varphi$라 놓자. 주어진 방정식은 다음 연립방정식과 동치이다.

$$3xy + 4x + 3y^2 - y - 4 = 0, \quad x^2 + y^2 = 1.$$

조건 $x^2 + y^2 = 1$에 의해, 첫 번째 방정식은 다음 방정식과 동치이다.

$$3xy + 4x + 3y^2 - y - 4 + \lambda(x^2 + y^2 - 1) = 0.$$

좌변이 두 선형 인수의 곱으로 표현될 수 있도록 λ를 잡자. 문제 5.25에 의해, 이를 위해 λ는 다음 등식을 만족시켜야 한다.

$$\lambda(\lambda+3)(-4-\lambda)+2\cdot\frac{3}{2}\cdot\frac{4}{2}\cdot\left(-\frac{1}{2}\right)=4(\lambda+3)+\frac{1}{4}\lambda+\frac{9}{4}(-4-\lambda).$$

쉽게, 이 방정식이 근 $\lambda=-3$을 가진다는 것을 알 수 있다.

식 $3xy-3x^2+4x-y-1$을 인수분해 하기 위해, 우선 $3xy-3x^2=3x(y-x)$을 생각하자. 이제, 다음이 성립한다.

$$(3x+a)(y-x+b)=3xy-3x^2+(3b-a)x+ay+ab.$$

그러므로, $a=-1$, $b=1$라 놓아야 한다. 결국, 처음 방정식은 다음 방정식과 동치임을 알 수 있다.

$$(3\sin\varphi-1)(\cos\varphi-\sin\varphi+1)=0.$$

11.17. 답: 63.
우선, 양근의 개수는 음근의 개수와 같으며, 근으로 0이 더 있음을 생각해자. 그러므로, 양수인 근의 개수가 31임을 보이면 된다. 만약, $\sin x=\frac{x}{100}$이면, $|x|=100|\sin x|\le 100$이다.

함수 $y=x/100$와 $y=\sin x$의 그래프를 생각하자. Ox축에서 0으로부터 100까지에는 크기가 2π인 구간이 15개 있으며, 크기가 2π보다 작은 구간이 하나 있다. 작도한 그래프들로부터, 크기가 2π인 첫 번째 구간에서 주어진 방정식은 하나의 근을 가진다는 것을 알 수 있다. 그리고, 크기가 2π인 나머지 14개의 구간 각각에서는 근이 두 개씩 존재한다. 한편, 마지막 구간의 크기는 π보다 크므로, 여기에도 근이 두 개 존재한다. 그러므로, 전체 31개의 양수인 근을 얻을 수 있다.

11.18. 정n각형의 중심에서 꼭지점들로 가는 벡터들의 합을 $2\pi/n$만큼 회전시키면, 자신으로 보내진다. $2\pi/n$만큼 회전시켜 자신으로 보내지는 벡터는 영벡터 밖에 없다.

11.19. 반지름이 1이고 중심이 원점인 원에 내접하는 정n각형을 잡자. 이제, 꼭지점 중의 하나가 $(1,0)$이 되도록 정n각형을 회전시키자. 정n각형의 중심에서 꼭지점들로 가는 벡터들의 합을 x축과 y에 대해 사영시키면, 등식 (a), (b)를 얻을 수 있다(이때, $\sin 0=0$, $\cos 0=1$임을 고려하자). 만약, 이 n각형을 각 α만큼 회전시키면, 등식 (c)를 얻게 된다.

11.20. (a) 문제 11.19(b)에 의해, 다음이 성립한다.

$$\cos\frac{2\pi}{5}+\cos\frac{4\pi}{5}+\cos\frac{6\pi}{5}+\cos\frac{8\pi}{5}=1$$

이때,

$$\cos\frac{8\pi}{5}=\cos\frac{2\pi}{5}=\cos 72^\circ,\quad \cos\frac{4\pi}{5}=\cos\frac{6\pi}{5}=-\cos 36^\circ$$

(b) 중심이 원점이고 한 꼭지점이 점 $(-1,0)$에 놓인 정7각형을 잡자. 좌표의 원점에서 7각형의 꼭지점으로 가는 벡터들의 합을 x에 대해 사영시키면, 구하는 식을 얻을 수 있다.

11.21. $n=2m+1$일 때에, 문제 11.19(b)에 의해 합은 짝수개의 가수들로 구성된다. 이들 가수는 쌍들 $\cos\frac{2k\pi}{n}=\cos\frac{2(n-k)\pi}{n}$으로 나뉘어진다.

11.22. 다음을 증명해야 한다.

$$\sin\alpha+\sin\beta-\sin(\alpha+\beta)=4\sin\frac{\alpha}{2}\sin\frac{\beta}{2}\sin\frac{\alpha+\beta}{2}.$$

좌변에서 $\sin(\alpha+\beta)$을 $\sin\alpha\cos\beta+\sin\beta\cos\alpha$으로 바꾸자. 그러면,

$$\begin{aligned}4\sin\frac{\alpha}{2}\sin\frac{\beta}{2}\sin\frac{\alpha+\beta}{2}&=4\sin\frac{\alpha}{2}\sin\frac{\beta}{2}\left(\sin\frac{\alpha}{2}\cos\frac{\beta}{2}+\sin\frac{\beta}{2}\cos\frac{\alpha}{2}\right)\\&=2\sin^2\frac{\alpha}{2}\sin\beta+2\sin^2\frac{\beta}{2}\sin\alpha\\&=(1-\cos\alpha)\sin\beta+(1-\cos\beta)\sin\alpha.\end{aligned}$$

11.23. 우선, $\cos\alpha=\frac{\sin 2\alpha}{2\sin\alpha}$을 생각하자. 그러면, 다음과 같은 식들을 얻을 수 있다.

$$\cos\alpha\cos 2\alpha=\frac{\sin 2\alpha\cos 2\alpha}{2\sin\alpha}=\frac{\sin 4\alpha}{4\sin\alpha}$$

11.24. (a) $n=2$, $\alpha=2\pi/7$에 대해 문제 11.23의 공식을 사용하자. 그러면, 구하는 곱은 $\frac{\sin(16\pi/7)}{8\sin(2\pi/7)}$와 같게 된다. 그리고, $\sin(16\pi/7)=\sin(2\pi/7)$이다.

(b) (a)와 유사한 방법으로 문제가 해결된다. 이때, $\sin(16\pi/9)=-\sin(2\pi/9)$임을 고려해야 한다.

11.25. (a) 다음이 성립한다.

$$\frac{\cos\alpha}{\sin\alpha}-\frac{\sin\alpha}{\cos\alpha}=\frac{\cos^2\alpha-\sin^2\alpha}{\cos\alpha\sin\alpha}=\frac{\cos 2\alpha}{\frac{1}{2}\sin 2\alpha}=2\cot 2\alpha$$

(b) 문제 (a)에 의해,

$$\tan\alpha=\cot\alpha-2\cot 2\alpha,$$

$$2\tan 2\alpha=2\cot 2\alpha-4\cot 4\alpha,$$

$$\cdots\quad\cdots$$

$$2^n\tan 2^n\alpha=2^n\cot 2^n\alpha-2^{n+1}\cot 2^{n+1}\alpha.$$

이들 등식을 더하면, 구하는 식을 얻게 된다.

11.26. 다음이 성립한다.

$$\tan(k+1)\alpha-\tan k\alpha=\frac{\sin(k+1)\alpha}{\cos(k+1)\alpha}-\frac{\sin k\alpha}{\cos k\alpha}=\frac{\sin\big((k+1)\alpha-k\alpha\big)}{\cos k\alpha\cos(k+1)\alpha}=\frac{\sin\alpha}{\cos k\alpha\cos(k+1)\alpha}$$

그러므로,

$$\frac{\sin\alpha}{\cos\alpha\cos 2\alpha}+\frac{\sin\alpha}{\cos 2\alpha\cos 3\alpha}+\cdots+\frac{\sin\alpha}{\cos(n-1)\alpha\cos n\alpha}=\tan n\alpha-\tan\alpha.$$

11.27. 우선, 다음을 증명하자.

$$\sin\frac{2\pi}{2n+1}\sin\frac{4\pi}{2n+1}\cdots\sin\frac{2n\pi}{2n+1}=\sin\frac{\pi}{2n+1}\sin\frac{2\pi}{2n+1}\cdots\sin\frac{n\pi}{2n+1}. \tag{1}$$

n이 짝수일 경우와 홀수일 경우를 각각 살펴보자. 만약, $n=2k$이면, 다음을 이용해야 한다.

$$\sin\frac{(2k+2)\pi}{2n+1}=\sin\frac{(2k-1)\pi}{2n+1},\ \sin\frac{(2k+4)\pi}{2n+1}=\sin\frac{(2k-3)\pi}{2n+1},\ldots,\sin\frac{4k\pi}{2n+1}=\sin\frac{\pi}{2n+1}$$

같은 인수들을 약분하여 정리하면, 똑같은 인수들의 곱만 남게 된다.

만약, $n=2k+1$이면, 다음을 이용해야 한다.

$$\sin\frac{(2k+2)\pi}{2n+1}=\sin\frac{(2k+1)\pi}{2n+1},\sin\frac{(2k+4)\pi}{2n+1}=\sin\frac{(2k-1)\pi}{2n+1},\ldots,\sin\frac{(4k+2)\pi}{2n+1}=\sin\frac{\pi}{2n+1}$$

등식 (1)의 좌변에서 인수 $\sin 2\alpha$를 $2\cos\alpha\sin\alpha$으로 바꾸자.

$$\sin\frac{\pi}{2n+1}\sin\frac{2\pi}{2n+1}\cdots\sin\frac{n\pi}{2n+1}\neq 0$$

으로 약분하면, 구하는 식을 얻을 수 있다.

11.28. (a) S를 구하는 사인의 합이라 하자. 항등식 $2\sin x\sin y = \cos(x-y) - \cos(x+y)$을 이용하면, 다음을 얻을 수 있다.

$$\begin{aligned}2S\sin\frac{\alpha}{2} &= 2\sin\alpha\sin\frac{\alpha}{2} + 2\sin 2\alpha\sin\frac{\alpha}{2} + \cdots + 2\sin n\alpha\sin\frac{\alpha}{2}\\ &= \left(\cos\frac{\alpha}{2} - \cos\frac{3\alpha}{2}\right) + \left(\cos\frac{3\alpha}{2} - \cos\frac{5\alpha}{2}\right) + \cdots\\ &\quad\cdots + \left(\cos\frac{(2n-1)\alpha}{2} - \cos\frac{(2n+1)\alpha}{2}\right)\\ &= \cos\frac{\alpha}{2} - \cos\frac{(2n+1)\alpha}{2}.\end{aligned}$$

이제, 항등식 $\cos x - \cos y = 2\sin\frac{y-x}{2}\sin\frac{y+x}{2}$을 이용하자. 그러면, $2S\sin\frac{\alpha}{2} = 2\sin\frac{n\alpha}{2}\sin\frac{(n+1)\alpha}{2}$을 얻을 수 있다.

(b) S를 구하는 코사인의 합이라 하자. 항등식 $2\cos x\sin y = \sin(x+y) - \sin(x-y)$을 이용하면, 다음을 얻을 수 있다.

$$\begin{aligned}2S\sin\frac{\alpha}{2} &= 2\cos\alpha\sin\frac{\alpha}{2} + 2\cos 2\alpha\sin\frac{\alpha}{2} + \cdots + 2\cos n\alpha\sin\frac{\alpha}{2}\\ &= \left(\sin\frac{3\alpha}{2} - \sin\frac{\alpha}{2}\right) + \left(\sin\frac{5\alpha}{2} - \sin\frac{3\alpha}{2}\right) + \cdots\\ &\quad\cdots + \left(\sin\frac{(2n+1)\alpha}{2} - \sin\frac{(2n-1)\alpha}{2}\right)\\ &= \sin\frac{(2n+1)\alpha}{2} - \sin\frac{\alpha}{2}.\end{aligned}$$

11.29. (a) $k = 0, 1, 2, \ldots, n$에 대한 다음 항등식들을 더하자.

$$\sin\left(\alpha + \left(k+\frac{1}{2}\right)x\right) - \sin\left(\alpha + \left(k-\frac{1}{2}\right)x\right) = 2\sin\frac{1}{2}x\cos(\alpha + kx)$$

그러면, 구하는 식을 얻을 수 있다.

(b) $\alpha = 0$, $x = \varphi$에 대해, 문제 (a)의 공식으로부터 다음 등식을 얻을 수 있다.

$$1 + \cos\varphi + \cos 2\varphi + \cdots + \cos n\varphi = \frac{\sin(n+\frac{1}{2})\varphi + \sin\frac{\varphi}{2}}{2\sin\frac{\varphi}{2}}.$$

이때, $(n+\frac{1}{2})\varphi + \frac{\varphi}{2} = (n+1)\varphi = 2k\pi$이다. 이제, 만약 두 각의 합이 $2k\pi$이면, 이들 각의 사인의 합은 0이 된다는 것을 생각하면 된다. 게다가, $0 < \frac{\varphi}{2} < \pi$이므로, $\sin\frac{\varphi}{2} \neq 0$이다.

11.30. (a) $U_0(x) = 1$, $U_1(x) = 2x$, $T_1(x) = x$이다. 게다가, 공식

$$\sin(n+1)\varphi = \sin n\varphi\cos\varphi + \cos n\varphi\sin\varphi,$$

$$\cos(n+1)\varphi = \cos n\varphi\cos\varphi - \sin n\varphi\sin\varphi$$

으로부터, $U_n(x) = xU_{n-1}(x) + T_n(x)$, $T_{n+1}(x) = xT_n(x) - U_{n-1}(x)(1-x^2)$을 얻을 수 있다.

(b) 얻어진 점화식들을 이용하면, 쉽게 $T_{2k+1}(x) = xa_k(x^2)$, $T_{2k}(x) = b_k(x^2)$, $U_{2k+1}(x) = xc_k(x^2)$, $U_{2k}(x) = d_k(x^2)$을 알 수 있다(단, a_k, b_k, c_k, d_k는 k차의 다항식). 그러므로, $U_{2k}(\cos x) = d_k(\cos^2 x) = d_k(1-\sin^2 x) = P_k(\sin^2 x)$이다.

11.31. 문제 11.30(b)에 의해, $\frac{\sin(2k+1)\varphi}{\sin\varphi} = P_k(\sin^2\varphi)$이다(단, P_k는 k차의 다항식). 그리고, $\varphi = \frac{l\pi}{2k+1}$이면, $\sin(2k+1)\varphi = 0$이다. 그러므로,

$$P_k(x) = \lambda\left(x - \sin^2\frac{\pi}{2k+1}\right)\left(x - \sin^2\frac{2\pi}{2k+1}\right)\cdots\left(x - \sin^2\frac{k\pi}{2k+1}\right).$$

단, λ는 어떤 수이다. λ를 계산하기 위해, $x = 0$이라 놓자. 이때,

$$P(0) = \lim_{\varphi\to 0}\frac{\sin(2k+1)\varphi}{\sin\varphi} = 2k+1.$$

게다가, 문제 23.7(c)에 의해, 다음이 성립한다.

$$\sin^2\frac{\pi}{2k+1}\sin^2\frac{2\pi}{2k+1}\cdots\sin^2\frac{k\pi}{2k+1} = \frac{2k+1}{4^k}.$$

즉, $\lambda = (-4)^k$이다.

11.32. 첫 번째 방정식을 $y = \frac{2x}{1-x^2}$와 같이 쓸 수 있다(단, $x \neq \pm 1$). 이제, $x = \tan\varphi$라 놓자. 그러면, $y = \tan 2\varphi$이다. 같은 방법으로, $z = \tan 4\varphi$, $x = \tan 8\varphi$이다. 이와 같이, $\tan 8\varphi = \tan\varphi$이다. 그러므로, 다음이 성립한다.

$$\tan 7\varphi = \frac{\tan 8\varphi - \tan\varphi}{1 + \tan 8\varphi\tan\varphi} = \frac{\tan\varphi - \tan\varphi}{1+\tan^2\varphi} = 0$$

즉, $7\varphi = k\pi$이다(단, k는 정수). 역으로, $7\varphi = k\pi$이면, $\tan 8\varphi = \tan\varphi$이고, 주어진 연립방정식의 해를 얻을 수 있다. 각 $\varphi = 0, \frac{\pi}{7}, \ldots, \frac{6\pi}{7}$에 상응하는 해 7개를 얻을 수 있다.

11.33. 답: $\left(\frac{1}{3}, \frac{1}{2}, 1\right)$, $\left(-\frac{1}{3}, -\frac{1}{2}, -1\right)$.

등식

$$\frac{x}{3(1+x^2)} = \frac{y}{4(1+y^2)} = \frac{z}{5(1+z^2)}$$

로부터, 수 x, y, z는 같은 부호이며, (x, y, z)이 연립방정식의 해이면 $(-x, -y, -z)$도 연립방정식의 해가 됨을 알 수 있다.

$\tan\varphi + \frac{1}{\tan\varphi} = \frac{2}{\sin 2\varphi}$을 이용하자. 0에서 π사이에 있으며, $\tan(\alpha/2) = x$, $\tan(\beta/2) = y$, $\tan(\gamma/2) = z$인 각 α, β, γ를 잡자. 그러면, 다음이 성립한다.

$$\frac{\sin\alpha}{3} = \frac{\sin\beta}{4} = \frac{\sin\gamma}{5}$$

그리고, $\frac{1}{z} = \frac{x+y}{1-xy}$, 즉 $\cot\frac{\gamma}{2} = \tan\frac{\alpha+\beta}{2}$이 성립한다. 만약, $0 < \alpha, \beta, \gamma < \pi$이면, 등식 $\tan\left(\frac{\pi}{2} - \frac{\gamma}{2}\right) = \tan\frac{\alpha+\beta}{2}$은 $\frac{\pi}{2} - \frac{\gamma}{2} = \frac{\alpha+\beta}{2}$일 때만, 즉 $\alpha + \beta + \gamma = \pi$인 경우에만 성립한다. 이와 같이, α, β, γ는 변의 길이의 비가 $3 : 4 : 5$인 삼각형의 각이다. 결국, $\sin\alpha = \frac{3}{5}$, $\sin\beta = \frac{4}{5}$, $\gamma = \frac{\pi}{2}$이다. 그러므로,

$$\tan\frac{\alpha}{2} = \frac{1}{3}, \quad \tan\frac{\beta}{2} = \frac{1}{2}, \quad \tan\frac{\gamma}{2} = 1$$

가 된다(공식 $\tan\frac{\alpha}{2} = \frac{1}{\sin\alpha} - \sqrt{\frac{1}{\sin^2\alpha} - 1}$을 이용할 수 있음).

11.34. (a) $0 < \varphi_i < \pi/2$에 대해, $x_i = \tan\varphi_i$라 놓자. 그러면,

$$\frac{x_i - x_j}{1 + x_i x_j} = \tan(\varphi_i - \varphi_j).$$

이제, $x_1 < \cdots < x_n$라 하자. 그러면, 수 $\varphi_2 - \varphi_1$, $\varphi_3 - \varphi_2$, $\ldots$, $\varphi_n - \varphi_{n-1}$는 양수이며, 이들의 합은 $\pi/2$보다 작다. 결국, 이들 중에 $\frac{\pi}{2(n-1)}$보다 작은 양수가 존재한다. 이에 상응하는 수 x_i, x_j의 쌍이 문제에서 요구된 성질을 만족시킨다.

(b) $-\pi/2 < \varphi_i < \pi/2$에 대해, $x_i = \tan\varphi_i$라고 놓자. 그러면,

$$\frac{x_i - x_j}{1 + x_i x_j} = \tan(\varphi_i - \varphi_j).$$

이제, $x_1 < \cdots < x_n$라 하자. 그러면, 수 $\varphi_2 - \varphi_1$, $\varphi_3 - \varphi_2$, $\ldots$, $\varphi_n - \varphi_{n-1}$, $\pi + \varphi_1 - \varphi_n$는 양수이며, 이들의 합은 π이다. 결국, 이들 중 π/n를 넘지 않는 양수가 존재한다. 이에 상응하는 수 x_i, x_j의 쌍이 문제에서 요구된 성질을 만족시킨다.

11.35. Ox축에 점 $A = (x, 0)$을 잡고, Oy축에 점 $B_k = (0, k)$를 잡자(단, $k = 0, 1, \ldots$). 삼각형 $B_{k-1}AB_k$을 생각하자. 이제, $\varphi_k = \angle B_{k-1}AB_k$라 놓자(단, $k = 1, 2, \ldots$).

삼각형 $B_{k-1}AB_k$의 넓이를 두 가지 방법으로 계산하면, $\frac{1}{2}x = \frac{1}{2}B_{k-1}A \cdot AB_k \sin\varphi_k$을 얻을 수 있다. 즉, $x = \sqrt{(k-1)^2 + x^2}\sqrt{k^2 + x^2}(\sin\varphi_k)$이다. 그러므로, 다음이 성립한다.

$$\sin\varphi_k = \frac{x}{\sqrt{(k-1)^2 + x^2}\sqrt{k^2 + x^2}} > \frac{x}{k^2 + x^2}.$$

$\varphi_k \geq \sin\varphi_k$을 감안하면, $\frac{x}{k^2+x^2} < \varphi_k$을 얻을 수 있다. 이제, $\varphi_1 + \cdots + \varphi_n < \pi/2$을 생각하면 된다.

11.36. Chebyshev 다항식의 정의에 의해, $\cos n\varphi = T_n(\cos\varphi)$이고, 게다가 $T_n(x) = 2^{n-1}x^n + \cdots$ 이다(문제 32.30). 그러므로, $f(\varphi) = a_0 + a_1T_1(x) + a_2T_2(x) + \cdots + a_nT_n(x)$이다(단, $x = \cos\varphi$).

역으로, 다항식 $P(x) = b_0 + b_1x + \cdots + b_nx^n$이 주어졌다고 하자. 등식 $\cos\varphi = \cos\varphi$, $\cos 2\varphi = 2\cos^2\varphi - 1$, $\cos 3\varphi = 4\cos^3\varphi - 3\cos\varphi$, ...로부터, 식 $\cos\varphi = \cos\varphi$, $\cos^2\varphi = \frac{1}{2}(\cos 2\varphi + 1)$, $\cos^3\varphi = \frac{1}{4}(\cos 3\varphi + 3\cos\varphi)$, ...을 얻을 수 있다. 이때, $\cos^m\varphi$에 대한 식에서 식 $\cos^k\varphi$이 있으면(단, $k < m$), $\cos^k\varphi$에 대신에 앞에서 얻어진 식을 쓰자. 그러면, 다음 식을 얻을 수 있다.

$$\cos^m\varphi = \frac{1}{2^{m-1}}\cos m\varphi + c_1\cos(m-1)\varphi + \cdots + c_{m-1}\cos\varphi + c_m.$$

다항식 $P(x)$에서 각각의 단항식 x^m을

$$\frac{1}{2^{m-1}}\cos m\varphi + c_1\cos(m-1)\varphi + \cdots + c_{m-1}\cos\varphi + c_m$$

으로 바꾸면, 상응하는 삼각함수 다항식을 얻을 수 있다.

11.37. (a) n차의 삼각함수 다항식은 $\cos k\varphi$꼴인 가수들의 합으로 표현할 수 있다($0 \le k \le n$). 그러므로, 다음을 확인하면 된다.

$$\frac{1}{2n}\sum_{m=0}^{2n-1}(-1)^m\cos\frac{km\pi}{n} = \begin{cases} 0 & \text{단, } 0 \le k \le n-1; \\ 1 & \text{단, } k = n. \end{cases}$$

$k = 0$, $k = n$이면, 이것은 자명하다. 이제, $1 \le k \le n-1$일 때, 다음을 보이자.

$$\sum_{m=0}^{n-1}(-1)^m\cos\frac{2km\pi}{n} = 0, \quad \sum_{m=0}^{n-1}(-1)^m\cos\frac{k(2m+1)\pi}{n} = 0.$$

실제로, 문제 11.29에 의해, 다음이 성립한다.

$$\frac{1}{2n}\sum_{m=0}^{2n-1}(-1)^m\cos\left(\alpha + \frac{km\pi}{n}\right) = \frac{\sin\left(\alpha + \frac{(2n-1)k\pi}{n}\right) - \sin\left(\alpha - \frac{k\pi}{n}\right)}{2\sin\frac{\alpha}{2}} = 0.$$

(b) 문제 (a)에 의해, 수 $f(0)$, $f\left(\frac{\pi}{n}\right)$, ..., $f\left(\frac{(2n-1)\pi}{n}\right)$의 산술평균은 a_n이므로, 이들의 절대값에 대한 산술평균은 $|a_n|$보다 작지 않다. 그리고, 수들의 산술평균이 $|a_n|$보다 작지 않으면, 수들 중의 하나는 $|a_n|$보다 작지 않다.

11.38. 문제 11.36에 의해, 다항식 $P(x)$는 최고차 항의 계수가 $1/2^{n-1}$이며 $f(\varphi) = P(\cos\varphi)$인 삼각함수 다항식 $f(\varphi)$에 대응된다. 문제 11.37에 의해, 어떤 φ_0에 대해, $|f(\varphi_0)| \geq \frac{1}{2^{n-1}}$이 성립한다. $x = \cos\varphi_0$라 놓자. 그러면, 다음이 성립한다.

$$|P(x_0)| = |f(\varphi_0)| \geq \frac{1}{2^{n-1}}$$

11.39. 함수 $g(\varphi) = 2\sin\frac{\varphi}{2}f(x)$을 생각하자. 다음 항등식을 사용하자.

$$2\sin\frac{\varphi}{2}\cos k\varphi = \sin\left(k+\frac{1}{2}\right)\varphi - \sin\left(k-\frac{1}{2}\right)\varphi,$$

그러면, $g(\varphi) = a_n\sin\left(n+\frac{1}{2}\right)\varphi - h(\varphi)$을 얻을 수 있다. 단,

$$h(\varphi) = (a_n - a_{n-1})\sin\left(n-\frac{1}{2}\right)\varphi + \cdots + (a_1 - a_0)\sin\frac{\varphi}{2} + a_0\sin\left(-\frac{\varphi}{2}\right).$$

이때, $|h(\varphi)| \leq (a_n - a_{n-1}) + \cdots + (a_1 - a_0) + a_0 = a_n$이다. 게다가, 수 $\sin\frac{\varphi}{2}$, $\sin\left(-\frac{\varphi}{2}\right)$는 동시에 $+1$이 될 수 없으므로, $|h(\varphi)| < a_n$이다. 이와 같이, 만약 $\sin\left(n+\frac{1}{2}\right)\varphi = 1$이면, $g(\varphi) > 0$이고, $\sin\left(n+\frac{1}{2}\right)\varphi = -1$이면, $g(\varphi) < 0$이다.

$\left(n+\frac{1}{2}\right)\varphi = \frac{\pi}{2} + l\pi$, 즉 $\varphi = \frac{1+2l}{1+2n}\pi$에 대해 $\sin\left(n+\frac{1}{2}\right)\varphi = \pm 1$이다. 인접한 점들 $\frac{1+2l}{1+2n}\pi$ 각각의 쌍 사이에는 방정식 $g(\varphi) = 0$의 근이 정확히 하나 존재한다(단, $l = 0, 1, \ldots, n$). 모두 n개의 근을 얻을 수 있으며, $\varphi = 0$은 근이 아니다. 즉, 이들 모든 점에 대해, 함수 $\sin\frac{\varphi}{2}$는 0이 되지 않는다(만약, $0 \leq \varphi \leq \pi$이면, $\sin\frac{\varphi}{2}$는 오직 $\varphi = 0$인 경우에만 0이 된다). 즉, 이들은 삼각함수 다항식 $f(\varphi)$의 근이다.

제 12 장

정수범위에서 방정식

제 1 절 pythagoras 세수

등식 $a^2+b^2=c^2$을 만족시키는 세 자연수 a, b, c을 **pythagoras 세수**라고 부른다. 만약, a, b, c가 공약수를 가지지 않으면, 이러한 pythagoras 세수를 **원시 pythagoras 세수**라고 부른다.

12.1. a, b, c가 pythagoras 세수이면, 이들 중에서 하나는 3으로 나누어 떨어지고, 두 번째 수는 4로, 세 번째 수는 5로 나누어 떨어진다는 것을 증명하여라.

12.2. a, b, c을 원시 pythagoras 세수라 하자. 이때, a, b 중의 하나는 짝수이고 다른 하나는 홀수임을 증명하여라.

12.3. a, b, c은 원시 pythagoras 세수이고, 수 a는 짝수이다. $a=2mn,\ b=m^2-n^2$, $c=m^2+n^2$인 서로소인 수 m, n이 존재한다는 것을 증명하여라.

12.4. a, b, c는 원시 pythagoras 세수이다. 이때, ab가 12로 나누어 떨어진다는 것을 증명하여라.

12.5. a, b, c는 원시 pythagoras 세수이다. 수 $ab/2$(밑변이 a, b인 직각삼각형의 넓이)는 제곱수가 될 수 없다는 것을 증명하여라.

제 2 절 모든 해를 찾기

12.6. 정수범위에서 방정식 $2xy + 3x + y = 0$을 풀어라.

12.7. 정수범위에서 방정식 $xy + 3x - 5y = -3$을 풀어라.

12.8. 정수범위에서 방정식 $x + y = x^2 - xy + y^2$을 풀어라.

12.9. 자연수범위에서 방정식 $2^x + 7 = y^2$을 풀어라.

12.10. $p > 2$는 소수라 하자. 수 $2/p$는 $1/x + 1/y$인 꼴로 유일한 방법으로 표현될 수 있다는 것을 증명하여라(단, x, y는 서로 다른 자연수).

12.11. n은 자연수라 하자. 자연수에서 방정식 $\frac{1}{x} + \frac{1}{y} = \frac{1}{n}$의 근의 개수는 수 n^2의 약수의 개수와 같다는 것을 증명하여라.

12.12. (a) 다음을 만족시키는 모든 자연수 x, y, z를 구하여라.

$$\frac{1}{x} + \frac{1}{y} + \frac{1}{z} = 1$$

(b) 다음을 만족시키는 모든 자연수 x, y, $z > 1$를 구하여라.

$$\frac{1}{x} + \frac{1}{y} + \frac{1}{z} > 1$$

12.13. (a) 자연수범위에서 방정식 $x^2 + y^2 + z^2 = 2xyz$의 모든 해를 구하여라.
(b) 자연수범위에서 방정식 $x^2 + y^2 + z^2 + u^2 = 2xyzu$의 모든 해를 구하여라.

12.14. 정수범위에서 다음 방정식을 풀어라.

$$x^3 - 2y^3 - 4z^3 = 0$$

12.15. 자연수범위에서 방정식 $2^n + 1 = 3^m$을 풀어라.

12.16. 다음과 같은 범위에서 방정식 $x^y = y^x$의 모든 해를 구하여라.
(a) 자연수;
(b) 유리수.

제 3 절 어떤 해를 구하기

12.17. (a) 임의의 자연수 n에 대해, 방정식 $a^n + b^n = c^{n+1}$은 자연수범위에서 무한히 많은 서로 다른 해를 가진다는 것을 증명하여라.
(b) m, n이 서로소인 자연수이면, 방정식 $a^n + b^n = c^m$은 자연수범위에서 무한히 많은 해를 가진다는 것을 증명하여라.

제 4 절 해의 유한성 증명

12.18. 임의의 자연수 n에 대해 방정식 $x^3 + y^3 = n$은 유한 개의 정수해를 가진다는 것을 증명하여라.

제 5 절 Pell 방정식

방정식 $x^2 - dy^2 = 1$을 **Pell 방정식**이라고 부른다. 이때, d는 **제곱으로부터 자유로운** 자연수, 즉 1이 아닌 자연수의 제곱으로는 나누어 떨어지지 않는 자연수이다.

12.19. 방정식 $x^2 - 2y^2 = 1$은 자연수범위에서 무한히 많은 해를 가진다는 것을 증명하여라.

12.20. d는 제곱으로부터 자유로운 자연수이다. 부등식 $|x^2 - dy^2| < C$이 무한히 많은 정수해를 가지도록 하는 상수 C가 존재한다는 것을 증명하여라.

참고. 자연수범위에서 y_1이 최소인 Pell 방정식의 해를 **기본해**라고 부른다.

12.21. 임의의 자연수 d(제곱으로부터 자유로운)에 대해, Pell 방정식이 자연수범위에서 무한히 많은 해를 가진다는 것을 증명하여라. 특히, (x_1, y_1)이 기본해이면, 임의의 해 (x_n, y_n)은 다음과 같은 꼴을 가진다.

$$x_n + y_n\sqrt{d} = (x_1 + y_1\sqrt{d})^n.$$

12.22. 만약, $d \equiv 3 \pmod 4$이면, 방정식 $x^2 - dy^2 = -1$은 자연수범위에서 해를 가지지 않는다는 것을 증명하여라.

12.23. 만약, d가 소수이고 $d \equiv 1 \pmod 4$이면, 방정식 $x^2 - dy^2 = -1$는 자연수범위에서 해를 가진다는 것을 증명하여라.

12.24. 만약, 방정식 $x^2 - dy^2 = -4$가 홀수인 해 x, y를 가지면, 방정식 $X^2 - dY^2 = -1$은 해를 가진다는 것을 증명하여라.

참고. 문제 31.37, 35.11–35.13도 보시오.

제 6 절 Markov 방정식

자연수 m, n, p에 대해, 방정식

$$m^2 + n^2 + p^2 = 3mnp \tag{12.1}$$

을 **Markov 방정식**이라 부른다.

12.25. Markov 방정식은 무수히 많은 해를 가진다는 것을 증명하여라.

12.26. 자연수범위에서 방정식 $m^2 + n^2 + p^2 = mnp$의 모든 해는 $3m_1$, $3n_1$, $3p_1$인 꼴이라는 것을 증명하여라(단, m_1, n_1, p_1은 Markov 방정식의 해).

12.27. 만약, $k \neq 1$ 또는 $k \neq 3$이면, 방정식 $x^2 + y^2 + z^2 = k\,xyz$는 자연수범위에서 해를 가지지 않는다는 것을 증명하여라.

12.28. 만약, m, n, p이 Markov 방정식의 해라면, m, n, p는 서로소임을 증명하여라.

힌트 및 증명

12.1. 문제 4.42에 의해, 정수의 제곱을 3, 4로 나누면 나머지가 0 또는 1이고, 5로 나누면 나머지가 0, 1, 4이다. 나머지 1과 4만을 이용하면, 등식 $a^2 + b^2 = c^2$이 성립되도록 할 수 없다. 3과 5로 나누는 경우에는, 이것으로 증명이 종결된다.

4로 나누는 경우에는, 세 수 a, b, c 모두가 짝수이거나 또는 a, b 중에서 하나는 짝수, 다른 것은 홀수라는 것을 얻을 수 있다. 첫 번째 경우에는 원시 pythagoras 세수에 대해서만 증명하면 되므로, 검사하지 않아도 된다. 그러므로, 정수 a_1, b_1, c_1에 대해 등식

$$(2a_1)^2 + (2b_1 + 1)^2 = (2c_1 + 1)^2 \tag{1}$$

이 성립하면, 수 a_1가 짝수라는 것만 증명하면 된다. 등식 (1)을 다음과 같이 쓸 수 있다.

$$a_1^2 = c_1(c_1 + 1) - b_1(b_1 + 1).$$

수 $c_1(c_1 + 1)$과 $b_1(b_1 + 1)$은 짝수이므로, 수 a_1은 짝수이다.

12.2. 수 a, b는 모두 짝수일 수 없다. 왜냐 하면, 모두 짝수라 하면, 수 c도 짝수가 될 것이다. 한편, 수 a, b는 모두 홀수가 될 수 없다. 왜냐 하면, 모두 홀수라 하면, a^2+b^2는 2로 나누어 떨어지지만 4로는 나누어 떨어지지 않게 될 것이다.

12.3. 수 $\frac{c-b}{2}$와 $\frac{c+b}{2}$는 서로소이므로, 등식

$$\left(\frac{a}{2}\right)^2 = \frac{c-b}{2}\cdot\frac{c+b}{2}$$

로부터, $\frac{c-b}{2} = n^2$, $\frac{c+b}{2} = m^2$이 유도된다(단, m, n은 서로소). 이때, $c = m^2+n^2$, $b = m^2-n^2$이다.

12.4. 서로소인 임의의 자연수 m, n에 대해, $mn(m+n)(m-n)$은 6으로 나누어 떨어진다. 만약, m, n이 홀수이면, $m+n$은 짝수이다. 만약, m, n이 3으로 나누어 떨어지지 않으면, 수 m, n을 3으로 나누면 나머지가 같거나(그러면, $m-n$은 3으로 나누어 떨어짐) 또는 이들 중 하나를 3으로 나누면 나머지가 1이고 다른 수는 나머지가 2가 된다(그러면, $m+n$은 3으로 나누어 떨어짐).

12.5. $mn(m+n)(m-n) = s^2$을 만족시키는 서로소인 자연수 m, n이 존재한다고 가정하자(단, s는 자연수). s는 그러한 꼴의 등식이 성립하는 수들 중에서 가장 작은 수라고 하자. 수 m, n, $m+n$, $m-n$는 쌍쌍이 서로소이므로, $m=x^2$, $n=y^2$, $m+n=z^2$, $m-n=t^2$이다(단, x, y, z, t는 자연수). 수 m, n에서 하나는 짝수이고 하나는 홀수이므로, 수 z, t는 홀수이다.

이제, $A = \frac{z+t}{2}$, $B = \frac{z-t}{2}$라 두자. 그러면, 다음이 성립한다.

$$A^2+B^2 = \frac{z^2+t^2}{2} = m = x^2, \quad \frac{AB}{2} = \frac{z^2-t^2}{8} = \frac{n}{4} = \frac{y^2}{4}.$$

이와 같이, 수 $y/2$에 대해서도 위와 같은 꼴의 등식이 성립한다. 그러므로, $y^2 \geq 4s^2$, 즉 $y^2 \geq 4x^2y^2(x^2-y^2)(x^2+y^2)$이 성립한다. 이로부터, 모순이 유도된다.

12.6. 답: $(0,0)$, $(1,-1)$, $(-1,-3)$, $(-2,-2)$.
주어진 방정식을 다음과 같이 다시 쓸 수 있다: $(2x+1)(2y+3)=3$. 이제, 다음과 같은 4개의 연립방정식을 풀면 된다: $2x+1=1$, $2y+3=3$; $2x+1=3$, $2y+3=1$; $2x+1=-1$, $2y+3=-3$; $2x+1=-3$, $2y+3=-1$.

12.7. 주어진 방정식을 $(x-5)(y+3)=-18$와 같이 쓸 수 있다. 정수범위에서 이 방정식의 해는 수 -18을 두 정수의 곱의 꼴로 표현하는 것에 대응된다.

12.8. 답: $(0,0)$, $(0,1)$, $(1,0)$, $(1,2)$, $(2,1)$, $(2,2)$.
주어진 방정식을 x에 대한 이차방정식으로 생각할 수 있다:

$$x^2-(y+1)x+y^2-y=0.$$

이 방정식의 판별식은 $-3y^2+6y+1$이다. 이때, 판별식은 $y\geq 3$이고 $y\leq -1$일 때에 음이다. 그러므로, y에 대해 가능한 값으로 0, 1, 2을 얻을 수 있다. 이들 각각에 대해, 방정식을 얻을 수 있으며, 이들은 쉽게 해결된다.

12.9. 답: $x=1, y=3$.
다른 해가 없다는 것을 증명하자. $2^2+7=11$은 제곱수가 아니므로, $x\geq 3$이라고 할 수 있다. 그러면, 2^x는 8로 나누어 떨어진다. 즉, $y^2\equiv 7 \pmod 8$이다. 그러나, 정수의 제곱을 8로 나누면 나머지가 0, 1, 4만 가능하다(이것은 쉽게 확인할 수 있음).

12.10. 등식 $1/x+1/y=2/p$을 $p(x+y)=2xy$와 같이 쓸 수 있다. 즉, 수 x, y중의 하나는 p로 나누어 떨어진다. 예를 들어, $x=px'$라 하자. 그러면, $px'+y=2y$, 즉 $(2x'-1)y=px'$이다. 만약, $x'=1$이면, $y=p$, $x=p$이다. 그리고, 조건에 의해, 수 y와 x는 서로 다르다. 만약, $x'>1$이면, $2x'-1>x'$이므로, $y<p$이다. 게다가, 수 $2x'-1$와 x'는 서로소이다. 즉, $2x'-1=p$이고, $y=x'$이다. 결국, $y=x'=\frac{p+1}{2}$, $x=p\frac{p+1}{2}$을 얻을 수 있다.

12.11. 주어진 방정식을 $n^2=(x-n)(y-n)$와 같이 쓸 수 있다. 수 n^2의 각각의 약수 d에 근 $x=n+d,\ \ y=n+\frac{n^2}{d}$이 대응된다.

12.12. (a) $x\geq y\geq z$라 하자. 그러면, $1=\frac{1}{x}+\frac{1}{y}+\frac{1}{z}\leq\frac{3}{z}$이므로, $z\leq 3$이다. 그리고, $z\neq 1$이다. 만약, $z=3$이면, $\frac{1}{x}+\frac{1}{y}=\frac{2}{3}$이고, 이때 $\frac{1}{x}+\frac{1}{y}\leq\frac{2}{y}$, 즉 $y\leq 3$이다. 그리고, $y\geq z=3$이므로, $y=3$, $x=3$을 얻을 수 있다.

만약, $z=2$이면, $\frac{1}{x}+\frac{1}{y}=\frac{1}{2}$이고, 이때 $\frac{1}{x}+\frac{1}{y}\leq\frac{2}{y}$, 즉 $2\leq y\leq 4$이다. 그리고, $y\neq 2$이다. $y=3$일 때에 $x=6$을 얻고, $y=4$이면 $x=4$을 얻는다.

(b) $x\geq y\geq z$라 하자. 그러면, $z<3$, 즉 $z=2$이다. 그러므로, $\frac{2}{y}>\frac{1}{x}+\frac{1}{y}>\frac{1}{2}$, 즉 $y<4$이다. 만약, $y=2$이면, 수 x는 임의의 수가 될 수 있다. 만약, $y=3$이면, $\frac{1}{x}>\frac{1}{6}$, 즉 $x=3$, 4 또는 5이다.

12.13. (a) $x = 2^m x_1,\ y = 2^n y_1,\ z = 2^k z_1$라 하자(단, $x_1,\ y_1,\ z_1$은 홀수). $m \le n \le k$라고 할 수 있다. 그러면, 방정식의 양변을 $(2^m)^2$로 약분할 수 있다. 그리하여, 다음이 얻어진다.

$$x_1^2 + 2^{(n-m)}y_1^2 + 2^{(k-m)}z_1^2 = 2^{n+k-m+1}x_1y_1z_1.$$

단, $n+k-m+1 \ge 1$. 만약, $n = m = k$이면, 문제 4.42(b)에 의해 등식의 양변을 4로 나누면, 좌변에는 나머지가 3이고, 우변에는 나머지가 0 또는 2가 된다. 만약, $k > m$이면, 좌변에 있는 수는 나머지로 1 또는 2를 가지며, 우변에 있는 수는 0을 나머지로 가진다. 결국, 방정식은 자연수에서 해를 가지지 않는다.

(b) 수 $x^2 + y^2 + z^2 + u^2$이 짝수이므로, 수 x, y, z, u 중에는 홀수가 짝수개 있다. 만약, 모든 수 x, y, z, u가 홀수이면, $x^2 + y^2 + z^2 + u^2 \equiv 0 \pmod 4$이고, 이때 $2xyzu$은 4로 나누어 떨어지지 않는다. 만약, 수 x, y, z, u 중에서 홀수가 두 개이면, $x^2 + y^2 + z^2 + u^2$은 4로 나누어 떨어지지 않으며, $2xyzu$은 4로 나누어 떨어진다.

그러므로, 수 x, y, z, u은 모두 짝수이며, 즉 $x = 2x_1$, $y = 2y_1$, $z = 2z_1$, $u = 2u_1$이다. 그리고, 방정식 $x_1^2+y_1^2+z_1^2+u_1^2 = 8x_1y_1z_1u_1$를 얻을 수 있다. 이제, $(2k+1)^2 = 4k(k+1)+1 \equiv 1 \pmod 8$을 생각하자. 그러면, x_1, y_1, z_1, u_1이 홀수라 하면, $x_1^2 + y_1^2 + z_1^2 + u_1^2$은 8로 나누어 떨어지지 않는다. 만약, 이들 중에서 홀수가 두 개이면, $x_1^2 + y_1^2 + z_1^2 + u_1^2$은 4로 나누어 떨어지지 않는다. 즉, $x_1 = 2x_2$, $y_1 = 2y_2$, $z_1 = 2z_2$, $u_1 = 2u_2$이고, 방정식 $x_2^2 + y_2^2 + z_2^2 + u_2^2 = 32x_2y_2z_2u_2$을 얻을 수 있다. 이와 같은 과정을 반복하면, 모든 N에 대해 x, y, z, u이 2^n으로 나누어 떨어진다는 것을 얻을 수 있는데, 이것은 불가능하다.

12.14. 답: $x = y = z = 0$.

$x^3 - 2y^3 - 4z^3 = 0$라 하자(단, x, y, z는 정수). 그러면, 수 x는 짝수이다. 이제, $x = 2x_1$라 놓으면, $8x_1^3 - 2y^3 - 4z^3 = 0$을 얻게 된다. 2로 약분하면, $4x_1^3 - y^3 - 2z^3 = 0$을 얻는다. 즉, 수 y는 짝수이다.

이제, $y = 2y_1$ 라 두면, 방정식 $4x_1^3 - 8y_1^3 - 2z^3 = 0$을 얻는다. 다시, 2로 약분하면, $2x_1^3 - 4y_1^3 - z^3 = 0$이며, 수 z는 짝수이다. $z = 2z_1$라 두면, 방정식 $x_1^3 - 2y_1^3 - 4z_1^3 = 0$을 얻게 되는데, 이것은 처음 방정식과 같은 꼴이다. 그러므로, 다시금 수 x_1, y_1, z_1가 짝수라는 것을 증명할 수 있다 등등. 그러나, 이것은 $x = y = z = 0$인 경우에만 가능하다.

12.15. 답: $n = 1$, $m = 1$ 또는 $n = 3$, $m = 2$.

만약, $n = 1$이면, $m = 1$이다. 이제, $n > 1$인 경우를 생각하자. 이 경우에, $3^m \equiv 1 \pmod 4$이다. $3^{2k+1} = 3 \cdot 9^k \equiv 3 \pmod 4$을 생각하자. 그러므로, $m = 2k$, 즉 $(3^k - 1)(3^k + 1) = 2^n$이

다. 이와 같이, 수 3^k-1와 3^k+1는 2만큼 차이가 나는 2의 거듭제곱이다. 이것은 $k=1$, 즉 $m=2$, $n=3$인 경우에만 가능하다.

12.16. 항상 자명한 해 $x=y$가 존재하므로, $x>y$인 경우를 생각하면 된다(단, $x<y$인 경우는 유사한 방법으로 생각하면 된다). 가령, $x=ky$라 하자(단, $k>1$는 유리수). 그러면, $(ky)^y=(y^k)^y$이므로, $ky=y^k$, 즉 $y=k^{\frac{1}{k-1}}$이다. $\frac{1}{k-1}=\frac{p}{q}$를 기약분수라 하자. 그러면, 다음이 성립한다.

$$y=\left(\frac{p+q}{p}\right)^{\frac{p}{q}},\quad x=\left(\frac{p+q}{p}\right)^{\frac{p+q}{q}}.$$

수 p와 $p+q$는 서로소이므로, 수 y는 어떤 자연수 a,b에 대해 $p=a^q$, $p+q=b^q$인 경우에만 유리수가 된다. $q\geq 2$라고 가정하자. 그러면, $a^q<p+q\leq a^q+qa^{q-1}<(a+1)^q$이다. 이로부터, 모순이 유도된다. 왜냐하면, 수 a^q와 $(a+1)^q$의 사이에는 수 $b^q=p+q$이 있을 수 없다. 그러므로, $q=1$이다. 임의의 자연수 p에 대해 수 $x=\left(1+\frac{1}{p}\right)^{p+1}$와 $y=\left(1+\frac{1}{p}\right)^{p}$는 유리수이며, 이들은 방정식 $x^y=y^x$의 해이다. 이들 수는 $p=1$인 경우에만 정수이다. 이 경우에, $x=4$, $y=2$이다.

12.17. (a) 방정식을 $c=\left(\frac{a}{c}\right)^n+\left(\frac{a}{c}\right)^n$와 같이 쓰자. $a=a_1c$, $b=b_1c$꼴인 해를 찾자(단, a_1, b_1는 자연수). 그러면, $c=a_1^n+b_1^n$, $a=a_1(a_1^n+b_1^n)$, $b=b_1(a_1^n+b_1^n)$이다. 쉽게, 해를 얻었음을 확인할 수 있다.

(b) 자연수 p,q를 $pm-qn=1$이 성립하도록 잡자(Euclid 알고리즘을 이용하여 잡을 수 있음). $c=(a_1^n+b_1^n)^p$, $a=a_1(a_1^n+b_1^n)^q$, $b=b_1(a_1^n+b_1^n)^q$라 놓자(단, a_1, b_1은 임의의 자연수). 그러면, $a^n+b^n=(a_1^n+b_1^n)(a_1^n+b_1^n)^{qn}=(a_1^n+b_1^n)^{pm}=c^m$이 성립한다.

12.18. $x+y=a$, $x^2-xy+y^2=b$라 하자. 그러면, $ab=n$이다. 수 n을 인수 a,b로 분해하는 방법은 유한개이므로, 유한개의 연립방정식 $x+y=a$, $x^2-xy+y^2=b$을 얻을 수 있다. 첫 번째 방정식을 y에 대해 나타내고, 이것을 두 번째 방정식에 대입하자. 그러면, $x^2-x(a-x)+(a-x)^2=b$을 얻으며, 이것은 두 개보다 많지 않은 해를 가진다. 이 방정식의 각각의 정수해 x에 처음 연립방정식의 정수해가 하나씩, 즉 $(x,a-x)$이 대응된다.

12.19. 어렵지 않게 이 방정식의 한 근을 찾을 수 있다. 예를 들어, $x_1=3$, $y_1=2$. 등식 $x_1^2-2y_1^2=1$을 다음과 같이 쓰자.

$$(x_1-y_1\sqrt{2})(x_1+y_1\sqrt{2})=1.$$

그러면, 다음이 성립한다.

$$(x_1 - y_1\sqrt{2})^n(x_1 + y_1\sqrt{2})^n = 1.$$

게다가, 문제 6.22에 의해, $(x_1 \pm y_1\sqrt{2})^n = x_n \pm y_n\sqrt{2}$이다. 그러므로,

$$x_n^2 - 2y_n^2 = 1$$

이 성립하며, (x_n, y_n) 또한 해가 되며, $x_{n+1} > x_n$, $y_{n+1} > y_n$이다.

12.20. $\alpha = \sqrt{d}$에 대해 문제 17.11을 사용하자. 그러면, $|x - y\sqrt{d}| < 1/y$을 만족시키는 무수히 많은 서로소인 수들의 쌍 x, y가 존재한다는 것을 얻을 수 있다. 그러한 경우에,

$$|x + y\sqrt{d}| < |x - y\sqrt{d}| + 2\sqrt{d}|y| < \frac{1}{y} + 2\sqrt{d}\,y,$$

즉

$$|x^2 - dy^2| = |x + y\sqrt{d}| \cdot |x - y\sqrt{d}| < \frac{1}{y}\left(\frac{1}{y} + 2\sqrt{d}\,y\right) \le 2\sqrt{d} + 1.$$

이와 같이, 상수 C의 값으로 수 $2\sqrt{d} + 1$을 잡을 수 있다.

12.21. 어떤 정수 k에 대해, 문제 12.20에 의해, 방정식 $x^2 - dy^2 = k$은 무수히 많은 자연수해를 가진다. $y_1 \equiv y_2 \pmod{k}$인 서로 다른 두 해 $x_1^2 - dy_1^2 = k$, $x_2^2 - dy_2^2 = k$를 잡자. 그러면, $x_1 \equiv \pm x_2 \pmod{k}$이므로, 해를 $x_1 \equiv x_2 \pmod{k}$와 같이 택할 수 있다. 그러한 경우에,

$$(x_1x_2 - dy_1y_2)^2 - d(x_1y_2 - x_2y_1)^2 = (x_1^2 - dy_1^2)(x_2^2 - dy_2^2) = k^2.$$

그리고, $x_1x_2 - dy_1y_2 \equiv x_1^2 - dy_1^2 \equiv 0 \pmod{k}$, $x_1y_2 - x_2y_1 \equiv 0 \pmod{k}$이다. 이때, $x_1y_2 - x_2y_1 \neq 0$이다. 왜냐 하면, 그렇지 않다면,

$$\frac{y_1^2}{y_2^2} = \frac{x_1^2}{x_2^2} = \frac{k + dy_1^2}{k + dy_2^2} \quad \Longrightarrow \quad y_1^2 = y_2^2$$

이다. 이제, $X = k^{-1}(x_1x_2 - dy_1y_2)$, $Y = k^{-1}(x_1y_2 - x_2y_1) \neq 0$라 놓자. 그러면, $X^2 - dY^2 = 1$, 즉 X, Y의 쌍은 Pell 방정식의 근이다.

(x_1, y_1)을 Pell 방정식의 기본해라고 하자. 그러면, $(x_1 + y_1\sqrt{d})^n(x_1 - y_1\sqrt{d})^n = 1$이므로, 쌍 (x_n, y_n) 또한 Pell 방정식의 근이 된다(단, $x_n + y_n\sqrt{d} = (x_1 + y_1\sqrt{d})^n$). 왜냐 하면, 문제 6.23에 의해, $x_n - y_n\sqrt{d} = (x_1 - y_1\sqrt{d})^n$이다. 그리고, $x_n - y_n\sqrt{d} = (x_1 + y_1\sqrt{d})^{-n}$이 성립한다. 그러므로, 임의의 자연수해 $(x,\, y)$을 $x + y\sqrt{d} = (x_1 + y_1\sqrt{d})^n$인 꼴로 표현할 수

있다는 것만 확인하면 된다(단, n 은 자연수). 이제, 자연수해 (x, y)를 그러한 꼴로 나타낼 수 없다고 가정하자. 그러면,

$$(x_1 + y_1\sqrt{d})^n < x + y\sqrt{d} < (x_1 + y_1\sqrt{d})^{n+1}$$

인 자연수 n을 잡을 수 있다. $(x_1 + y_1\sqrt{d})^{-n} = x_n - y_n\sqrt{d}$을 곱하면,

$$1 < (x + y\sqrt{d})(x_n - y_n\sqrt{d}) < x_1 + y_1\sqrt{d}$$

을 얻는다. 이제, $(x + y\sqrt{d})(x_n - y_n\sqrt{d}) = X + Y\sqrt{d}$라 놓자. 모순임을 보이기 위해, $X^2 - dY^2 = 1$, $X > 0$, $Y > 0$을 보이면 된다. 조건에 의해, $(x + y\sqrt{d})(x - y\sqrt{d}) = 1$, $(x_n - y_n\sqrt{d})(x_n + y_n\sqrt{d}) = 1$이므로, $(X + Y\sqrt{d})(X - Y\sqrt{d}) = 1$, 즉 $X^2 - dY^2 = 1$이다. 게다가, $X + Y\sqrt{d} > 1$, 즉 $0 < X - Y\sqrt{d} < 1$이다. 결국,

$$\begin{aligned} 2X &= (X + Y\sqrt{d}) + (X - Y\sqrt{d}) > 1 + 0 > 0, \\ 2Y\sqrt{d} &= (X + Y\sqrt{d}) - (X - Y\sqrt{d}) > 1 - 1 = 0. \end{aligned}$$

12.22. d는 $p = 4k + 3$의 소인수이다. $x^2 - dy^2 = -1$라고 가정하자. 그러면, $x^2 \equiv -1 \pmod p$이므로, 수 -1은 법 p에 대한 제곱잉여이다. 한편, $p = 4k + 3$이 소수이면, 문제 31.36에 의해, 수 -1은 법 p에 대한 제곱잉여가 아니다.

12.23. (x_1, y_1)을 Pell 방정식 $x^2 - dy^2 = 1$의 기본해라고 하자. 조건에 의해, $d \equiv 1 \pmod 4$로부터, $x_1^2 - y_1^2 \equiv 1 \pmod 4$이 유도된다. 결국, $x_1 \equiv 1 \pmod 2$, $y_1 \equiv 0 \pmod 2$이다. 등식 $x_1^2 - dy_1^2 = 1$을

$$\frac{x_1 + 1}{2} \cdot \frac{x_1 - 1}{2} = d\left(\frac{y_1}{2}\right)^2$$

인 꼴로 쓰자. 조건에 의해, 수 d는 소수이므로,

$$\frac{x_1 + 1}{2} = da^2, \quad \frac{x_1 - 1}{2} = b^2$$

또는

$$\frac{x_1 + 1}{2} = a^2, \quad \frac{x_1 - 1}{2} = db^2.$$

첫 번째 경우에서는 $b^2 - da^2 = -1$을 얻을 수 있다. 그리고, 두 번째 경우에서는 $a^2 - db^2 = 1$을 얻을 수 있는데, 이것은 해 (x_1, y_1)의 최소성에 모순된다.

12.24. 다음과 같이 놓자.

$$X+Y\sqrt{d}=\left(\frac{x+y\sqrt{d}}{2}\right)^3, \quad 즉\ X=\frac{x(x^2+3dy^2)}{8}, Y=\frac{y(3x^2+dy^2)}{8}.$$

문제 4.42(d)에 의해, $x^2 \equiv 1(\mod 8)$이고, $y^2 \equiv 1(\mod 8)$이다. 결국, $d \equiv 5(\mod 8)$이다. 즉, $x^2+3dy^2 \equiv 1+15 \equiv 0 \pmod 8$, $3x^2+dy^2 \equiv 3+5 \equiv 0 \pmod 8$이므로, 수 X, Y는 정수이다. 게다가,

$$X+Y\sqrt{d}=\left(\frac{x+y\sqrt{d}}{2}\right)^3\left(\frac{x-y\sqrt{d}}{2}\right)^3=-1.$$

12.25. 수들 m, n, p 중에 같은 수가 있다고 가정하자. 예를 들어, $n=p$라고 가정하자. 그러면, $m^2+2n^2=3mn^2$, 즉 $3m=\left(\frac{m}{n}\right)^2+2$이다. 결국, $m=dn$이다(단, d는 정수). 이때, $d^2+2=3nd$, 즉 $d(3n-d)=2$. 그러므로, $d=1$ 또는 2이다. 이들 두 경우에서 $n=1$이다. 결국, 해 $(1,1,1)$과 $(2,1,1)$을 얻을 수 있다. 이들을 **특수해**라고 부르자.

이제, 서로 다른 수 m,n,p에 대해, 특수해가 아닌 해 (m,n,p)를 잡고, 다음 이차삼항식을 생각하자.

$$f(x)=x^2-3xnp+n^2+p^2$$

그러면, $f(m)=0$이 성립한다. 즉, 이차삼항식 f의 한 근은 m이다. 그리고, 두 번째 근 m'은 Viète 정리에 의해 구할 수 있다: $m'=3np-m$. 이때, (m',n,p)은 방정식 (12.1)의 근이다.

이제, 수들 n,p에서 가장 큰 수가 m과 m'사이에 놓여있다는 것을 보이자. 이를 위해, 편의상 $n>p$라 하자. 그러면,

$$(n-m)(n-m')=f(n)=2n^2+p^2-3n^2p<0.$$

이것은 n이 m과 m'사이에 놓여있다는 것을 의미한다.

유사한 방법으로 근 (m,n,p)에 의해 근 (m,n',p), (m,n,p')을 만들 수 있다. m은 수들 m, n, p에서 가장 큰 수라고 하자. 그러면,

$$m>\max(n,p)>m', \quad n<m=\max(m,p)<n'.$$

이와 같이, 근 (m,n,p)에서 근 (m',n,p)으로 옮겨갈 때에, 세 수들 중에서 가장 큰 수는 감소되며, 근 (m,n',p)와 (m,n,p')으로 옮겨갈 때에는 증가된다.

만약, 근 (1,1,1)에서 시작하면, 다음과 같은 근들의 수형도를 얻을 수 있다.

$$
\begin{array}{ccccccc}
 & & & (1,1,1) & & & \\
 & & & \downarrow & & & \\
 & & & (2,1,1) & & & \\
 & & & \downarrow & & & \\
 & & \longleftarrow & (5,2,1) & \longrightarrow & & \\
 & \swarrow & & & & \searrow & \\
 & (13,1,5) & & & & (29,5,2) & \\
\swarrow & & \searrow & & \swarrow & & \searrow \\
(34,1,13) & & (194,13,5) & & (433,5,29) & & (169,29,2) \\
\ldots & & \ldots & & \ldots & & \ldots
\end{array}
$$

이 수형도는 모든 근을 포함한다. 왜냐 하면, 임의의 근에 대해 최대값을 줄이는 조작을 몇 번 수행하면, 특수해를 얻을 수 있다. 최대값을 줄일 때에, 근 (m,n,p)에서 (m',n,p)로 이동하게 된다(단, $m > \max(n,p)$).

12.26. 만약, $m^2+n^2+p^2=mnp$이면, 수 m, n, p이 3으로 나누어 떨어진다는 것을 증명하면 된다. 만약, 정수가 3으로 나누어 떨어지지 않으면, 이것의 제곱을 3으로 나누면, 나머지가 1이다. 그러므로, 만약 $m^2+n^2+p^2$이 3으로 나누어 떨어지지 않으면, 수들 m, n, p중에는 3으로 나누어 떨어지는 수들, 3으로 나누어 떨어지지 않는 수들이 존재한다. 그러면, $m^2+n^2+p^2=mnp$은 3으로 나누어 떨어지는데, 이것은 불가능하다. 즉, $m^2+n^2+p^2$은 3으로 나누어 떨어지며, 게다가 수들 m, n, p은 모두 3으로 나누어 떨어지거나 또는 모두 3으로 나누어 떨어지지 않는다. 두 번째 경우는 불가능하다. 왜냐 하면, $mnp=m^2+n^2+p^2$은 3으로 나누어 떨어진다.

12.27. $k=2$인 경우는 문제 12.13(a)이다. 그러므로, $k>3$이라고 가정하자. 그리고, $x^2+y^2+z^2=k\,xyz$라고 가정하자(단, x, y, z는 자연수). 우선, 이들 수가 서로 다르다는 것을 보이자. $y=z$라고 놓자. 그러면, $x^2=kxy^2-2y^2=(kx-2)y^2$이므로, $x=\lambda y$(단, λ는 자연수). 이때, $\lambda^2=k\lambda y-2$, 즉 $2=\lambda(ky-\lambda)$이다. 결국, $\lambda=1$ 또는 2이다. 이들 두 가지 경우에서 $ky=3$인데, 이것은 부등식 $k>3$에 모순된다.

편의상 $x>y>z$라 하자. 이제, 이차삼항식 $f(t)=t^2-kyz\,t+y^2+z^2$을 생각하자. 이것의 한 근은 x이고, 두 번째 근 x'은 Viète 정리에 의해 $kyz-x$이다. 그리고, $(y-x)(y-x')=$

$f(y) = 2y^2 + z^2 - ky^2z < 0$, 즉 $x > y > x'$이다. 살펴본 바와 같이, 근 x, y, z에 따라, 어떤 $x', y, z < x$에 대해 새로운 근 x', y, z을 만들었다. 이것을 x번 반복하면, 모순에 이르게 된다(Markov 방정식과 비교하여 결정적인 차이는, 여기에는 같은 두 수를 가지는 해가 없으므로, 근을 감소시키는 조작은 무한 번 계속되게 된다).

12.28. $m = dm_1$, $n = dn_1$, $p = dp_1$라고 가정하자(단, $d > 1$). 그러면, $m_1^2 + n_1^2 + p_1^2 = 3d\,m_1n_1p_1$이다. 문제 12.27에 의해, 방정식 $x^2 + y^2 + z^2 = k\,xyz$은 $k > 3$인 경우에 자연수인 해를 가지지 않는다.

제 13 장

수학적 귀납법

제 1 절 합의 계산

13.1. 다음 합을 계산하여라.

$$\frac{1}{2!}+\frac{2}{3!}+\frac{3}{4!}+\cdots+\frac{n-1}{n!}.$$

13.2. 다음 합을 구하여라.

$$1\cdot 1!+2\cdot 2!+3\cdot 3!+\cdots+n\cdot n!.$$

13.3. 다음을 증명하여라.

$$1^3+2^3+3^3+\cdots+m^3=\left(\frac{m(m+1)}{2}\right)^2.$$

13.4. 다음을 증명하여라.

$$1-\frac{1}{2}+\frac{1}{3}-\frac{1}{4}+\cdots-\frac{1}{2n}=\frac{1}{n+1}+\frac{1}{n+2}+\cdots+\frac{1}{2n}.$$

제 2 절 부등식

13.5. 다음 부등식을 증명하여라.

$$1 \cdot 1! + 2 \cdot 2! + 3 \cdot 3! + \cdots + k \cdot k! < (k+1)!.$$

13.6. 만약, $0 < x_1, \ldots, x_n < 1$, $n \geq 2$이면, $(1-x_1)\cdots(1-x_n) > 1-(x_1+\cdots+x_n)$이 성립한다는 것을 증명하여라.

13.7. 정수 $n \geq 2$과 $|x| < 1$에 대해, 다음을 증명하여라.

$$2^n > (1-x)^n + (1+x)^n.$$

13.8. 다음을 증명하여라.

$$\left(1+\frac{1}{2}\right)\left(1+\frac{1}{4}\right)\left(1+\frac{1}{8}\right)\cdots\left(1+\frac{1}{2^n}\right) < 3.$$

13.9. (a) 임의의 $\alpha > 0$와 임의의 자연수 $n > 1$에 대해, 부등식 $(1+\alpha)^n > 1+n\alpha$을 증명하여라.
(b) 만약, $0 < \alpha \leq 1/n$이고 n이 자연수라 하면, 부등식 $(1+\alpha)^n < 1+n\alpha+n^2\alpha^2$을 증명하여라.

13.10. 양의 정수 n에 대해, 산술평균과 기하평균에 대한 다음 부등식을 증명하여라.

$$(a_1 a_2 \ldots a_n)^{1/n} \leq (a_1 + \cdots + a_n)/n$$

단, 등호는 $a_1 = \cdots = a_n$인 경우에만 성립한다.

13.11. 임의의 자연수 $n \neq 3$에 대해, 부등식 $3^n > n^3$을 증명하여라.

13.12. 다음 부등식을 증명하여라.

$$\frac{2-\overbrace{\sqrt{2+\sqrt{2+\cdots+\sqrt{2}}}}^{n\text{번}}}{2-\underbrace{\sqrt{2+\sqrt{2+\cdots+\sqrt{2}}}}_{n-1\text{번}}} > \frac{1}{4}.$$

제 3 절 항등식 증명

13.13. 수 $a_1, a_2, \ldots a_n$들 중의 몇몇은 $+1$이고, 나머지는 -1이다. 다음을 증명하여라.

$$2\sin\left(a_1 + \tfrac{a_1a_2}{2} + \tfrac{a_1a_2a_3}{4} + \cdots + \tfrac{a_1a_2\cdot\ldots\cdot a_n}{2^{n-1}}\right)\tfrac{\pi}{4}$$
$$= a_1\sqrt{2+a_2\sqrt{2+a_3\sqrt{2+\cdots+a_n\sqrt{2}}}}.$$

제 4 절 다양한 문제

13.14. 고리모양으로 된 자동차 전용도로에 같은 자동차 몇 대가 서 있다. 만약, 전체 자동차에 들어있는 모든 휘발유를 한 대의 차에 모으면, 이 차는 고리모양 도로를 일주하여 출발지점으로 돌아올 수 있다. 전체 자동차들 중에는 휘발유를 도로에서 나머지 차들로부터 공급받아 고리모양의 도로를 주어진 방향으로 일주하여 출발점으로 돌아올 수 있는 자동차가 적어도 하나 존재한다는 것을 증명하여라.

13.15. $0 < m/n < 1$인 임의의 분수 m/n을 다음과 같은 꼴로 표현할 수 있다는 것을 증명하여라.

$$\frac{m}{n} = \frac{1}{q_1} + \frac{1}{q_2} + \frac{1}{q_3} + \cdots + \frac{1}{q_r}.$$

단, $0 < q_1 < q_2 < \cdots < q_r$이고, $k = 2, 3, \ldots, r$에 대해 수 q_k는 q_{k-1}로 나누어 떨어진다.

힌트 및 증명

13.1. n에 대한 수학적 귀납법으로 구하는 합이 $1 - \frac{1}{n!}$임을 증명하자. $n = 2$이면, 등식 $\frac{1}{2!} = 1 - \frac{1}{2!}$이 성립한다. n에 대해 등식이 증명되었다고 가정하자. 그러면, 다음을 얻을 수 있다.

$$\frac{1}{2!} + \frac{2}{3!} + \cdots + \frac{n-1}{n!} + \frac{n}{(n+1)!} = 1 - \frac{1}{n!} + \frac{n}{(n+1)!} =$$
$$= 1 - \frac{n+1}{(n+1)!} + \frac{n}{(n+1)!} = 1 - \frac{1}{(n+1)!}.$$

13.2. n에 대한 수학적 귀납법으로, 구하는 합이 $(n+1)! - 1$임을 증명하자. $n = 1$이면, 등식 $1 \cdot 1! = 2! - 1$을 얻을 수 있다. 이제, 어떤 n에 대해, 등식이 성립한다고 가정하자. 그러면, 다음을 얻을 수 있다.

$$1 \cdot 1! + 2 \cdot 2! + \cdots + n \cdot n! + (n+1) \cdot (n+1)! = (n+1)! - 1 + (n+1) \cdot (n+1)! =$$
$$= (n+2)! - 1.$$

13.3. $n = 1$인 경우에 등식이 성립하므로, 다음 등식을 증명하면 된다.

$$\frac{m^2(m+1)^2}{4} + (m+1)^3 = \frac{(m+1)^2(m+2)^2}{4}.$$

$m+1$로 나눈 다음 4를 곱하면, 등식 $m^2 + 4(m+1) = (m+2)^2$을 얻을 수 있다.

13.4. $A_n = 1 - \frac{1}{2} + \frac{1}{3} - \frac{1}{4} + \cdots - \frac{1}{2n}$, $B_n = \frac{1}{n+1} + \frac{1}{n+2} + \cdots + \frac{1}{2n}$라 하자. 그러면, 다음이 성립한다.

$$A_{n+1} = A_n + \frac{1}{2n+1} - \frac{1}{2n+2}, \quad B_{n+1} = B_n - \frac{1}{n+1} + \frac{1}{2n+1} + \frac{1}{2n+2}$$

즉, $A_{n+1} - B_{n+1} = A_n - B_n + \frac{1}{n+1} - \frac{2}{2n+2} = A_n - B_n$. 등식 $A_1 = B_1$은 자명하므로, 모든 n에 대해 $A_n = B_n$이 성립한다.

13.5. k에 대한 수학적 귀납법을 사용하자. $k = 1$이면, 증명하려는 부등식은 자명하다: $1 \cdot 1! < 2!$. 어떤 k에 대해, 부등식이 증명되었다고 가정하자. 그러면, $1 \cdot 1! + 2 \cdot 2! + 3 \cdot 3! + \cdots + k \cdot k! + (k+1) \cdot (k+1)! < (k+1)! + (k+1) \cdot (k+1)! = (k+2)!$.

13.6. n에 대한 수학적 귀납법을 사용하자. 우선, $(1-x_1)(1-x_2) = 1-(x_1+x_2)+x_1x_2 > 1-(x_1+x_2)$임을 생각하자. 이제, $(1-x_1)\cdots(1-x_{n-1}) > 1-(x_1+\cdots+x_{n-1})$을 가정하자. 그러면, $(1-x_1)\cdots(1-x_n) > 1-x_n-(x_1+\cdots+x_{n-1})+x_n(x_1+\cdots+x_{n-1}) > 1-(x_1+\cdots+x_n)$.

13.7. n에 대한 수학적 귀납법을 사용하자. $n = 2$이면, $(1-x)^2+(1+x)^2 = 2(1+x^2) < 4$이다. 이제, $(1-x)^n + (1+x)^n < 2^n$을 가정하자. 그러면, 다음을 얻을 수 있다.

$$(1-x)^{n+1} + (1+x)^{n+1} < ((1-x)^n + (1+x)^n)((1-x) + (1+x)) < 2^n \cdot 2 = 2^{n+1}.$$

13.8. 증명하려는 부등식은 다음 부등식과 동치이다.

$$\left(1+\frac{1}{4}\right)\left(1+\frac{1}{8}\right)\cdots\left(1+\frac{1}{2^n}\right) < 2.$$

만약, $0 < x < 1$이면, $0 < 1 - x^2 < 1$이므로, $1 + x < \frac{1}{1-x}$이 성립한다. 즉, $\left(1+\frac{1}{2^k}\right) < \left(1-\frac{1}{2^k}\right)^{-1}$이다. 문제 13.6의 부등식을 사용하면, 다음이 성립한다.

$$\left(1-\frac{1}{4}\right)\left(1-\frac{1}{8}\right)\cdots\left(1-\frac{1}{2^n}\right) > 1-\frac{1}{4}-\frac{1}{8}-\cdots-\frac{1}{2^n} > \frac{1}{2}.$$

13.9. (a) 만약, $\alpha > 0$, $(1+\alpha)^n > 1+n\alpha$이면, $(1+\alpha)^{n+1} > 1+(n+1)\alpha$임을 보이자. 실제로, $(1+\alpha)^{n+1} = (1+\alpha)(1+\alpha)^n > (1+\alpha)(1+n\alpha) = 1+(n+1)\alpha+n\alpha^2 > 1+(n+1)\alpha$.

(b) $n = 1$일 때, 증명하려는 부등식은 성립한다. 만약, $0 < \alpha \le 1/n$이면, 부등식 $(1+\alpha)^n < 1+n\alpha+n^2\alpha^2$이 성립한다. 이제, 수 β는 $0 < \beta \le 1/(n+1)$을 만족시킨다고 하자. 그러면, $\beta \le 1/n$이므로, $(1+\beta)^{n+1} < (1+n\beta+n^2\beta^2)(1+\beta) = 1+(n+1)\beta+(n^2+n+n^2\beta)\beta^2$이 성립한다. 이제, $n^2+n+n^2\beta \le (n+1)^2$, 즉 $n^2\beta \le n+1$을 확인하면 된다. 이 부등식은 $\beta \le 1/(n+1)$, $n^2 < (n+1)^2$로부터 유도된다.

13.10. 우선, $n = 2^m$꼴인 수에 대해 부등식이 성립한다는 것을 m에 대한 수학적 귀납법으로 증명하자. $m = 1$에 대해, 부등식은 $a - 2\sqrt{ab} + b = (\sqrt{a} - \sqrt{b})^2 \ge 0$으로부터 유도된다. 이때, 등호는 $a = b$인 경우에만 성립한다.

이제, 부등식이 m에 대해 성립한다고 가정하고, $m+1$에 대해 증명하자. $a_k a_{k+2^m} \le ((a_k + a_{k+2^m})/2)^2$이 성립한다. 그러므로,

$$(a_1a_2\ldots a_{2^{m+1}})^{1/2^{m+1}} \le (b_1b_2\ldots b_{2^m})^{1/2^m}.$$

단, $b_k = (a_k + a_{k+2^m})/2$. 수학적 귀납법의 가정에 의해,

$$(b_1 \dots b_{2^m})^{1/2^m} \le \frac{1}{2^m}(b_1 + \cdots + b_{2^m}) = \frac{1}{2^{m+1}}(a_1 + \cdots + a_{2^{m+1}}).$$

이제, n을 임의의 수라고 하자. 그러면, 어떤 m에 대해 $n < 2^m$이다. $a_{n+1} = \cdots = a_{2^m} = (a_1+\cdots+a_n)/n = A$라고 놓자. 그러면, $(a_1+\cdots+a_n)+(a_{n+1}+\cdots+a_{2^m}) = nA+(2^m-n)A = 2^m A$이고, $a_1 \dots a_{2^m} = a_1 \dots a_n \cdot A^{2^m-n}$이다. 그러므로, $a_1 \dots a_n \cdot A^{2^m-n} \le (2^m A/2^m)^{2^m} = A^{2^m}$, 즉 $a_1 \dots a_n \le A^n$이 성립한다. 등호는 $a_1 = \cdots = a_n$인 경우에만 성립한다.

13.11. $n = 2, 4, 5$에 대해, 부등식을 쉽게 확인할 수 있다. $n \ge 5$일 때에, 부등식 $3^n > n^3$으로부터 부등식 $3^{n+1} > (n+1)^3$이 유도된다는 것을 보이자. 수학적 귀납법의 가정에 의해, $3^{n+1} > 3n^3$이므로, 부등식 $2n^3 > 3n^2 + 3n + 1$만 확인하면 된다. $n \ge 5$일 때에 부등식 $1 < 3n < 3n^2 < 2n^3/3$이 성립하므로, $3n^2 + 3n + 1 < 3(2n^3/3) = 2n^3$이다.

13.12. $a = \underbrace{\sqrt{2+\sqrt{2+\cdots+\sqrt{2}}}}_{n-1}$라고 하자. 그러면, $\underbrace{\sqrt{2+\sqrt{2+\cdots+\sqrt{2}}}}_{n} = \sqrt{2+a}$이다. 이와 같이,

$$\frac{2-\sqrt{2+a}}{2-a} > \frac{1}{4}$$

을 증명하면 된다. n에 대한 수학적 귀납법으로 쉽게 $a < 2$을 증명할 수 있다. 그러므로, 다음 부등식들은 증명하려는 부등식과 동치이다.

$$\begin{aligned} 8 - 4\sqrt{2+a} &> 2-a, \\ 6+a &> 4\sqrt{2+a}. \end{aligned}$$

제곱을 하면, 부등식 $36 + 12a + a^2 > 32 + 16a$, 즉 $(a-2)^2 > 0$을 얻을 수 있다.

13.13. n에 대한 수학적 귀납법을 사용하자. $n = 1$인 경우는 쉽게 확인할 수 있다. 등식

$$\begin{aligned} &2\left(a_1 + \frac{a_1a_2}{2} + \frac{a_1a_2a_3}{4} + \cdots + \frac{a_1a_2\cdot\ldots\cdot a_na_{n+1}}{2^n}\right)\frac{\pi}{4} \\ &= a_1\frac{\pi}{2} + a_1\left(a_2 + \frac{a_2a_3}{2} + \cdots + \frac{a_2a_3\cdot\ldots\cdot a_{n+1}}{2^{n-1}}\right)\frac{\pi}{4} \end{aligned}$$

으로부터 다음 등식을 알 수 있다.

$$\begin{aligned} &\cos 2\left(a_1 + \frac{a_1a_2}{2} + \frac{a_1a_2a_3}{4} + \cdots + \frac{a_1a_2\cdot\ldots\cdot a_na_{n+1}}{2^n}\right)\frac{\pi}{4} \\ &= -\sin\left(a_2 + \frac{a_2a_3}{2} + \cdots + \frac{a_2a_3\cdot\ldots\cdot a_{n+1}}{2^{n-1}}\right)\frac{\pi}{4}. \end{aligned}$$

이 공식과 항등식 $2\sin\frac{\alpha}{2} = \pm\sqrt{2-2\cos\alpha}$을 이용하여, 다음을 얻을 수 있다.

$$2\sin\left(a_1 + \frac{a_1a_2}{2} + \frac{a_1a_2a_3}{4} + \cdots + \frac{a_1a_2\cdot\ldots\cdot a_na_{n+1}}{2^n}\right)\frac{\pi}{4}$$
$$= \pm a_1\sqrt{2 + 2\sin\left(a_2 + \frac{a_2a_3}{2} + \cdots + \frac{a_2a_3\cdot\ldots\cdot a_na_{n+1}}{2^{n-1}}\right)\frac{\pi}{4}}.$$

이때, 수

$$a_1 + \frac{a_1a_2}{2} + \frac{a_1a_2a_3}{4} + \cdots + \frac{a_1a_2\cdot\ldots\cdot a_na_{n+1}}{2^n}$$

의 부호는 수 a_1의 부호와 일치하므로, 어렵지 않게 항상 +부호를 가진다는 것을 확인할 수 있다. 이제, 수학적 귀납법의 가정을 이용하면, 구하는 등식을 증명할 수 있다.

13.14. 자동차의 대수 n에 대한 수학적 귀납법을 사용하자. $n=1$이면, 명제는 자명하다. 명제가 n대의 자동차에 대해 증명되었다고 가정하고, $n+1$에 대해 증명하자. 차들 중에서 바로 앞에 서 있는 자동차 B까지 달릴 수 있는 자동차 A가 반드시 존재한다. 만약, 존재하지 않으면, 모든 자동차에 있는 휘발유로 고리 모양의 전용도로를 일주하지 못한다.

이제, 자동차 B로부터 A로 휘발유를 옮기고, 자동차 B를 치우자. 그러면, 남은 n대의 자동차 중에는 수학적 귀납법의 가정에 의해, 길에서 나머지 자동차들로부터 휘발유를 공급받아 고리모양의 도로를 일주할 수 있는 자동차가 존재한다. 이 차는 고리모양의 도로를 일주하여 출발점(B로부터 A에 휘발유를 옮긴)으로 돌아올 수 있다. 실제로, 이 차는 A에서 B까지 갈 수 있으며, 도로의 나머지 부분에서의 휘발유는 n대의 차에서의 상황과 같게 된다.

13.15. 분수 m/n을 기약분수라 하자. m에 대한 수학적 귀납법으로 증명하자. $m=1$인 경우에는 자명하자. 이제, $m>1$이라 하자. n을 m을 나누어, 몫을 d_0-1꼴로, 나머지를 $m-k$꼴로 쓰자. 그러면, $n = m(d_0-1)+(m-k) = md_0 - k$을 얻을 수 있다(단, $d_0>1$, $0<k<m$). 이때, $\frac{m}{n} = \frac{1}{d_0}\left(1+\frac{k}{n}\right)$이다. 수학적 귀납법의 가정에 의해, 분수 k/n를 원하는 꼴로 쓸 수 있다.

$$\frac{k}{n} = \frac{1}{d_1} + \frac{1}{d_1d_2} + \cdots + \frac{1}{d_1d_2\cdots d_r}.$$

그러므로, 분수

$$\frac{m}{n} = \frac{1}{d_0} + \frac{1}{d_0d_1} + \frac{1}{d_0d_1d_2} + \cdots + \frac{1}{d_0d_1d_2\cdots d_r}$$

을 원하는 꼴로 쓸 수 있다.

제 14 장

조합론

제 1 절 조합론의 기초

14.1. 다음의 각 경우에 대해, n개의 서로 다른 대상들로부터 k개의 대상을 택하는 방법에 대한 경우의 수를 구하여라.

(a) 순서를 고려한다;

(b) 순서를 고려하지 않는다.

14.2. 흰 구슬 5개, 검은 구슬 2개로 몇 가지 종류의 목걸이를 만들 수 있는가?

14.3. (a) 일곱 명의 소녀가 강강술래를 하고 있다. 이들이 둥글게 서는 방법에 대한 경우의 수를 구하여라.

(b) 7개의 서로 다른 구슬로 몇 가지 종류의 목걸이를 만들 수 있는가?

14.4. 평면에서 좌표가 $(0, n)$인 점으로부터 좌표가 (m, m)인 점으로 이동하려 한다. 윗쪽으로 1만큼씩(y좌표가 1만큼씩 증가됨) 또는 왼쪽으로 1만큼씩(x좌표가 1만큼씩 감소됨) 이동할 수 있다. 이러한 이동에 대한 서로 다른 경로의 개수를 구하여라.

14.5. (a) 자연수 n을 m개의 음이 아닌 정수의 합으로 나타내려 한다. 만약, $n = x_1 + \cdots + x_m$와 $n = y_1 + \cdots + y_m$이 같은 것으로 취급할 필요충분조건이 $x_1 = y_1, \ldots, x_m = y_m$이라면, n을 m개의 정수의 합으로 표현하는 방법에 대한 경우의 수를 구하여라.
(b) (a)에서 자연수의 합의 꼴로 표현한다고 하자. 이러한 방법에 대한 경우의 수를 구하여라.

제 2 절 이항계수에 대한 항등식

14.6. 다음을 증명하여라.
(a) $\binom{n}{0} + \binom{n}{1} + \cdots + \binom{n}{n} = 2^n$;
(b) $\binom{n}{0} + \binom{n}{2} + \binom{n}{4} + \binom{n}{6} + \cdots = \binom{n}{1} + \binom{n}{3} + \binom{n}{5} + \cdots = 2^{n-1}$.

14.7. 다음을 증명하여라(**Vandermonde 항등식**).

$$\binom{n+m}{k} = \binom{m}{0}\binom{n}{k} + \binom{m}{1}\binom{n}{k-1} + \cdots + \binom{m}{k}\binom{n}{0}$$

14.8. 다음을 증명하여라.

$$\binom{2n}{n} = (\binom{n}{0})^2 + (\binom{n}{1})^2 + \cdots + (\binom{n}{n})^2$$

14.9. 다음을 증명하여라.

$$\binom{2n}{n+k} = \sum_i 2^{n-k-2i}\binom{n}{k}\binom{n-i}{i+k}$$

14.10. 다음을 증명하여라.

$$\binom{n-1}{k-1}\binom{n}{k+1}\binom{n+1}{k} = \binom{n-1}{k}\binom{n+1}{k+1}\binom{n}{k-1}$$

14.11. $p+q=1$이라 할 때, 다음을 증명하여라.

$$\sum_{0\le r\le n/2}(-1)^r\binom{n-r}{r}p^r q^r=\frac{p^{n+1}-q^{n+1}}{p-q}$$

14.12. $P(x)$는 n차의 다항식이고, $x=1,\ 2,\ \ldots,\ n+1$에 대해 $P(x)=2^x$이다. $P(n+2)$을 계산하여라.

14.13. 다음을 증명하여라.

$$\sum_{m=1}^{n} m\binom{n}{m}=n2^{n-1},\quad \sum_{m=1}^{n} m^2\binom{n}{m}=n(n+1)2^{n-2}.$$

14.14. 다음을 증명하여라.

$$\sum_{m=1}^{n}\frac{1}{m+1}\binom{n}{m}=\frac{2^{n+1}-1}{n+1},\quad \sum_{m=1}^{n}\frac{(-1)^m}{m+1}\binom{n}{m}=\frac{1}{n+1}.$$

제 3 절 이항계수를 가진 공식

14.15. $|x|<1$이라 할 때, 다음을 증명하여라.

$$\left(\frac{1}{1-x}\right)^n=1+\sum_{k=1}^{\infty}\binom{n+k-1}{n-1}x^k$$

제 4 절 산술에서 Newton 이항식

14.16. 수 $(a+1)^{a^n}-1$과 $(a-1)^{a^n}+1$은 a^{n+1}로는 나누어 떨어지지만, a^{n+2}로는 나누어 떨어지지 않는다는 것을 증명하여라.

14.17. $p_1=2, p_2=3, \ldots$는 소수열이라 하자. 이때, $p_1\cdots p_k\le 4^{p_k}$을 증명하여라.

제 5 절 산술에서 조합

14.18. 네 개의 숫자로 만들어진 번호를 생각하자(0001에서 9999까지). 이때, 처음 두 수의 합이 나머지 두 수의 합과 같은 번호는 몇 개가 존재하는가?

14.19. 1에서 1000사이에 $x^2 + y^2$이 7로 나누어 떨어지는 정수 x, y의 쌍은 몇 개가 존재하는가?

14.20. 1000보다 작으며, 5 또는 7로 나누어 떨어지지 않는 자연수는 몇 개가 존재하는가?

14.21. 부등식 $|x| + |y| < 100$은 서로 다른 정수해를 몇 개 가지는가?

14.22. 10000보다 작으며, $2^x - x^2$이 7로 나누어 떨어지도록 하는 양의 정수 x의 개수를 구하여라.

14.23. $P_{\text{홀수}}$는 $a_1, \ldots, a_n$에서 홀수 개의 서로 다른 수들로 이루어진 모든 묶음의 gcd의 곱이고, $P_{\text{짝수}}$는 $a_1, \ldots, a_n$에서 짝수 개의 서로 다른 수들로 이루어진 모든 묶음의 lcm의 곱이다. 이때, $\gcd(a_1, \ldots, a_n) = P_{\text{홀수}}/P_{\text{짝수}}$임을 증명하여라(단, 수들 $a_1, \ldots, a_n$은 쌍쌍이 서로 다름).

14.24. 6개의 숫자 0, 1, 2, 3, 4, 5이 주어졌다. 이들 숫자를 이용하여 만들 수 있는 짝수인 모든 네 자리수의 합을 구하여라(단, 같은 숫자를 반복하여 사용할 수 있음).

14.25. 수 1 000 000을 세 자연수의 곱의 꼴로 표현하는 방법의 개수를 구하여라. 단, 곱에서 인수의 순서에서만 차이가 나는 것은 같은 것으로 간주한다.

제 6 절 이항계수 부등식

14.26. 다음을 증명하여라.

$$2^n \le \binom{2n}{n} \le 2^{2n}$$

제 7 절 이항계수의 산술

14.27. p는 소수이고, $1 \le k \le p-1$이다. $\binom{p}{k}$가 p로 나누어 떨어진다는 것을 증명하여라.

14.28. p는 소수이다. 모든 자연수 $m \le p-1$에 대해, 수 $(-1)^m\binom{p-1}{m} - 1$은 p로 나누어 떨어진다는 것을 증명하여라.

14.29. p는 소수이다. 이때, $\binom{np}{n} \equiv n \pmod{p^2}$을 증명하여라.

14.30. p는 홀수인 소수이고, $n = p^{\alpha-2}$이다(단, $\alpha \ge 2$). 이때, $m \ge 2$이면, $\binom{n}{m}$이 $p^{\alpha-m}$로 나누어 떨어진다는 것을 증명하여라.

14.31. p는 소수이다. 이때, p^α가 $\binom{n}{k}$를 나누면, $p^\alpha \le n$임을 증명하여라.

제 8 절 포함과 배제 공식

14.32. N개의 대상이 주어졌고, 속성 $P_1, \ldots, P_n$이 있다. N_i는 속성 P_i을 가진 대상의 개수이며, N_{ij}는 속성 P_i와 P_j를 가지는 대상의 개수이다 등등. 주어진 속성들 중에서 어느 것도 가지지 않는 대상들의 개수는 다음과 같음을 증명하여라(**포함과 배제 공식**).

$$N - \sum N_i + \sum_{i_1<i_2} N_{i_1i_2} - \sum_{i_1<i_2<i_3} N_{i_1i_2i_3} + \cdots + (-1)^n N_{123\ldots n}$$

14.33. $n = p_1^{a_1} \ldots p_k^{a_k}$는 수를 소인수분해 한 것이며, $\varphi(n)$는 1에서 n까지의 수들 중에서 n과 서로소인 수들의 개수이다. 이때, 다음을 증명하여라.

$$\varphi(n) = n\left(1 - \frac{1}{p_1}\right)\left(1 - \frac{1}{p_2}\right)\ldots\left(1 - \frac{1}{p_k}\right).$$

14.34. (a) 모든 i에 대해 $a_i \neq i$을 만족하는 $1, \ldots, n$에 대한 순열 $a_1, \ldots, a_n$의 개수는 다음과 같다는 것을 증명하여라.

$$n!\left(1 - 1 + \frac{1}{2!} - \frac{1}{3!} + \cdots + \frac{(-1)^k}{k!} + \cdots + \frac{(-1)^n}{n!}\right).$$

(b) $n \to \infty$일 때, 모든 순열에 대한 그러한 순열의 비는 $1/e$에 수렴한다는 것을 증명하여라.

제 9 절 이항계수의 유사체

14.35. m, n은 음이 아닌 정수이다. 이때, 수 $\frac{m!(2n+2m)!}{(2m)!n!(n+m)!}$이 정수라는 것을 증명하여라.

제 10 절 Catalan 수

$c_0 = 1,\ c_1 = c_0c_0 = 1,\ c_2 = c_0c_1 + c_1c_0 = 2,\ c_3 = c_0c_2 + c_1c_1 + c_2c_0 = 5$이고, $c_k = c_0c_{k-1} + c_1c_{k-2} + \cdots + c_{k-1}c_0$이라 하자. 이러한 점화 관계식에 의해 얻어지는 수 c_k를 **Catalan 수**라고 부른다.

14.36. 볼록n각형을 교차하지 않는 대각선들에 의해 삼각형들로 분할하는 서로 다른 방법의 수는 c_{n-2}임을 증명하여라(**Euler**).

14.37. $n+1$개의 알파벳이 한 줄에 적혀있다. 이들 알파벳에 n쌍의 괄호를 넣어, 각각의 괄호에는 인접한 두 알페벳이 놓이거나 또는 한 알파벳과 괄호로 묶인 인접

한 식이 놓이거나 또는 괄호로 묶인 두 인접한 식이 놓이도록 해야 한다[1]. 괄호를 배열하는 서로 다른 방법의 수는 c_n임을 증명하여라(**Catalan**).

14.38. 문제 14.37의 괄호 배열에서 모든 알파벳과 양 끝에 있는 괄호를(왼쪽과 오른쪽) 지우자. 이때, 얻어지는 괄호의 배열을 괄호의 정구조라고 부르자. n쌍의 괄호로 만들어진 괄호의 정구조의 개수는 c_n임을 증명하여라.

참고. $(1, \pm 1)$을 성분으로 하는 벡터들을 생각하자. 이들 벡터 $2n$개를 변으로 하며, 좌표가 $(0,0)$, $(0,2n)$인 점을 연결하며, $x \geq 0$인 반평면에 속하는 평면상의 꺾인 선을 $2n$개의 변으로 된 **Dyck의 경로**라 부른다.

14.39. (a) $2n$개의 변들로 된 서로 다른 Dyck의 경로의 개수는 c_n과 같다는 것을 증명하여라.
(b) $2n$개의 변들로 된 서로 다른 Dyck의 경로의 개수는 $\frac{1}{n+1}\binom{2n}{n}$과 같다는 것을 증명하여라.

14.40. (a) $a_i = \pm 1$, $a_1 \geq 0$, $a_1 + a_2 \geq 0$, $\ldots$, $a_1 + a_2 + \cdots + a_{2n-1} \geq 0$, $a_1 + a_2 + \cdots + a_{2n} = 0$이 성립한다. 이때, 서로 다른 수열 $a_1, a_2, \ldots, a_{2n}$의 개수는 c_n임을 증명하여라.
(b) 5000원짜리 표를 판매하는 점원은 판매를 시작할 때에는 돈이 하나도 없었다. $2n$명의 사람이 표를 사려고 줄을 서 있다. 이들 중에서 절반은 10000원짜리 지폐 한 장씩을 가지고 있고, 나머지 절반은 5000원짜리 지폐 한 장씩을 가지고 있다. 점원이 모든 사람들에게 표를 팔 수 있도록 줄을 서는 방법의 수는 c_n임을 증명하여라.

14.41. $n \times n$인 체스판에서 말이 왼쪽 맨 아래쪽 칸에서 오른쪽 맨 위쪽 칸으로 이동하려 한다. 말은 오른쪽으로, 위로만 움직일 수 있다. 말이 체스판의 주대각선과 만나지 않고 이동하는 서로 다른 경로의 개수는 c_{n-2}임을 증명하여라(단, 시작하는 지점과 끝나는 지점은 주대각선과 교차하지 않아야 한다는 조건에서 제외함).

[1]괄호가 그렇게 놓인 예로 ((a((bc)d))(ef))이 있음.

14.42. 평면에서 순환경로가 없으며, 각 꼭지점에 세 개 또는 하나의 모서리가 모이는 그래프를 **평면이항나무**라 부른다. 한 꼭지점을 고정시키고, 이 꼭지점으로부터 한 모서리를 그어, 이 모서리를 꼭지점의 뿌리라 하자. 이제, 모든 나머지 꼭지점들로부터 정확히 하나의 모서리를 그어, 이들 모서리를 잎이라 부르자. 한 개의 뿌리와 n개의 잎을 가지는 서로 다른 평면이항나무의 개수는 c_{n-1}임을 증명하여라(**Cayley**).

14.43. 정$(2n+1)$각형의 꼭지점들에 0과 1을 표시하자. 이때, 꼭지점에 모두 $n+1$개의 0과 n개의 1을 썼다. 정다각형을 회전하여 수들이 모두 일치하면, 정다각형에 적힌 0과 1의 표시가 동일한 것으로 간주하자.

(a) 0과 1을 표시하는 서로 다른 방법의 개수는 다음과 같다는 것을 증명하여라.

$$\frac{1}{2n+1}\binom{2n+1}{n} = \frac{1}{n+1}\binom{2n}{n}$$

(b) 0과 1을 표시하는 서로 다른 방법의 개수는 c_n과 같다는 것을 증명하여라.

14.44. 다음 등식이 성립한다고 하자.

$$\frac{1}{1-x-y+2xy} = \sum_{p,q=0}^{\infty} a_{p,q}x^p y^q$$

이때, 수 $(-1)^n a_{2n,2n+2} = \frac{1}{n+1}\binom{2n}{n}$ 이 Catalan 수 c_n이라는 것을 증명하여라.

제 11 절 확률론의 기초

14.45. 주사위 두 개를 던져 그 합을 계산하자. 이때, 그 합이 9가 될 확률이 높은가? 10이 될 확률이 높은가?

14.46. 소년은 부모님과 테니스 세 게임을 해야 한다. 이때, 소년이 연달아 두 게임을 이기면, 소년이 이긴 것으로 한다. 아버지는 어머니보다 테니스를 더 잘 친다. 아버지-어머니-아버지 또는 어머니-아버지-어머니와 같은 순서로 게임을 하는 것 중에서 어느 것이 소년에게 더 유리할까?

14.47. 두 경기자의 힘이 같다. 즉, 각 게임에서 이길 수 있는 기회는 서로 같다. 이들은 먼저 6게임을 이기는 사람이 상금을 갖기로 약속하고 게임을 하였다. 그런데, 첫 번째 경기자가 5게임을, 두 번째 경기자가 3게임을 이기고 나서, 게임이 중단되었다. 상금을 어떤 비율로 나누어야 하는가?

14.48. 상자에 붉은색과 검은색 양말들이 있다. 만약, 상자에서 두 개의 양말을 임의로 꺼낸다면, 이들 모두 붉은 양말일 확률이 1/2이라 한다.
(a) 상자에 있는 양말 개수의 최소값을 구하여라.
(b) 만약, 검은색 양말의 개수가 짝수라면, 상자에 있는 양말 개수의 최소값을 구하여라.

14.49. 주사위의 각 면에 1에서 6까지의 수들 중의 하나가 적혀있으며, 어떤 수들은 몇 번 사용될 수도 있다. 만약, 주사위 X와 Y를 동시에 던져서, X에 나온 수가 Y에 나온 수보다 크고, 그럴 확률이 1/2보다 크면, 주사위 X가 주사위 Y를 이긴다고 말하자. 그러면, 주사위 A, B, C에 대해, B는 A를 이기고, C는 B를 이기고, A는 C를 이길 수 있는가?

힌트 및 증명

14.1. (a) 첫 번째 대상을 n가지 방법으로 택할 수 있으며, 두 번째 대상을 $n-1$가지 방법, $\ldots$, k번째 대상을 $n-k+1$가지 방법으로 택할 수 있다. 그러면,

$$n(n-1)\ldots(n-k+1)=\frac{n!}{(n-k)!}$$

가지 서로 다른 방법을 얻을 수 있다.

(b) 대상들의 순서를 고려하지 않는 k개의 대상으로 된 각각 방법에 대상의 순서를 고려하는 $k!$개의 방법(k개의 서로 다른 대상으로부터 k개를 택하는 방법)을 대응시킬 수 있다. 결국, $\frac{1}{k!}\cdot\frac{n!}{(n-k)!}=\binom{n}{k}$개의 서로 다른 방법을 얻게 된다.

14.2. 답: 3.
검은 구슬은 흰구슬을 두 묶음으로 나눈다(이들 묶음 중 하나에는 구슬 0개가 포함될 수 있다). 목걸이의 형태는 전적으로 작은 묶음에 속하는 구슬의 개수에 의해 결정된다. 그 개수는 0, 1, 2가 될 수 있다.

14.3. (a) 답: 720.
강강술래에서 일곱 곳의 서로 다른 위치에 7명의 소녀를 $7! = 5040$가지 방법으로 배열할 수 있다. 그러나, 강강술래를 하면서 회전하여 얻어진 위치는 서로 다른 것으로 계산할 수 없다. 강강술래를 돌면서 하나의 배열은 7개의 서로 다른 위치를 가질 수 있다. 그러므로, 전체 경우의 수는 $7!/7 = 6! = 720$이다.

(b) 답: 360.
강강술래와는 달리, 목걸이는 회전 뿐만 아니라 뒤집을 수도 있다. 그러므로, $720/2 = 360$가지의 서로 다른 목걸이를 얻을 수 있다.

14.4. 답: $\binom{n}{m}$.
전체적으로, m번은 위로, $n-m$번은 왼쪽으로 이동하게 된다. 그러므로, n번의 이동들로부터 m번의 위로의 이동을 택해야 한다.

14.5. (a) 답: $\binom{n+m-1}{n}$가지.
배열 $n = x_1 + \cdots + x_m$을 1과 0으로 된 다음 수열에 대응시키자: 처음에 1이 x_1개, 그 다음에 0이 하나, 그 다음에 1이 x_2개, 그 다음에 0, $\ldots$, 맨 끝에는 1이 x_m개 온다. 이 수열은 $n+m-1$개의 숫자로 구성되며, 이들 중에서 1은 n개이다. 그러므로, 번호가 붙은 $n+m-1$개의 대상으로부터 n개의 대상을 택해야 한다.

(b) 답: $\binom{n-1}{n-m}$.
각각의 배열 $n = x_1 + \cdots + x_m$(단, $x_1, \ldots, x_m$은 자연수)에 배열 $n - m = y_1 + \cdots + y_m$(단, $y_1 = x_1 - 1, \ldots, y_m = x_m - 1$)을 대응시키자.

14.6. (a) $2^n = (1+1)^n = \binom{n}{0} + \binom{n}{1} + \cdots + \binom{n}{n}$.

(b) $0 = (1-1)^n = \binom{n}{0} - \binom{n}{1} + \binom{n}{2} - \binom{n}{3} + \cdots$.

14.7. 등식 $(x+1)^{m+n} = (x+1)^m(x+1)^n$에서 x^k의 계수들을 비교하자.

14.8. $n = m = k$에 대해 문제 14.7의 항등식을 사용하고, 등식 $\binom{n}{i} = \binom{n}{n-i}$을 이용하자.

14.9. $(1+x)^{2n}$의 전개에서 x^{n-k}의 계수는 $\binom{2n}{n-k} = \binom{2n}{n+k}$이다. 한편, $(1+x)^{2n} = \left(x^2 + (1+2x)\right)^n = \sum_i \binom{n}{i} x^{2i}(1+2x)^{n-i} = \sum_i \binom{n}{i} x^{2i} \sum_j \binom{n-i}{j} 2^j x^j$이다. 마지막 식에서 x^{n-k}의 계수는 $\sum_i 2^{n-k-2i}\binom{n}{k}\binom{n-i}{n-k-2i} = \sum_i 2^{n-k-2i}\binom{n}{k}\binom{n-i}{i+k}$이다.

14.10. 다음을 증명하면 된다.

$$\frac{(n-1)!}{(k-1)!(n-k)!} \cdot \frac{n!}{(k+1)!(n-k-1)!} \cdot \frac{(n+1)!}{k!(n-k+1)!} = \\ = \frac{(n-1)!}{k!(n-k-1)!} \cdot \frac{(n+1)!}{(k+1)!(n-k)!} \cdot \frac{n!}{(k-1)!(n-k+1)!}.$$

이 등식은 자명하다.

14.11. $S_n = \sum_{0 \le r \le n/2} (-1)^r \binom{n-r}{r} p^r q^r$라 하자. 실제로, 모든 정수 r에 대해 합하는 것을 할 수 있다. 왜냐 하면, 만약 $r > n/2$이면, $n - r < r$이므로, $\binom{n-r}{r} = 0$이다. 그러므로, $S_{n+1} - S_n = \sum (-1)^r \left(\binom{n+1-r}{r} - \binom{n-r}{r}\right) p^r q^r = \sum (-1)^r \binom{n-r}{r-1} p^r q^r = -pqS_{n-1}$이다. 그리고, $S_0 = S_1 = 1$이다. 한편, $\frac{p-q}{p-q} = 1$이고 $\frac{p^2-q^2}{p-q} = p + q = 1$이다. 그러므로, $n = 0$, $n = 1$인 경우에 명제가 성립한다.

만약, 등식 $S_k = \frac{p^{k+1}-q^{k+1}}{p-q}$이 모든 $k \le n$에 대해 증명되었다고 하면, $S_{n+1} = S_n - pqS_{n-1} = \frac{p^{n+1}-q^{n+1}-pq(p^n-q^n)}{p-q} = \frac{p^{n+1}(1-q)-q^{n+1}(1-p)}{p-q} = \frac{p^{n+2}-q^{n+2}}{p-q}$가 성립한다.

14.12. 답: $P(n+2) = 2^{n+2} - 2$.
식 $\binom{x-1}{m} = \frac{(x-1)(x-2)\dots(x-m)}{m!}$을 변수 x에 대한 m차 다항식이라 할 수 있다.

$$f(x) = 2\left(\binom{x-1}{0} + \binom{x-1}{1} + \cdots + \binom{x-1}{n}\right)$$

이라 하자. 그러면, $x = 1, 2, \dots, n+1$에 대해, $\binom{x-1}{0} + \binom{x-1}{1} + \cdots + \binom{x-1}{n} = (1+1)^{x-1} = 2^{x-1}$이다. 그러므로, $P(x) = f(x)$이다. 왜냐 하면, $n+1$개의 서로 다른 x값에 대해 이들 n차 다항식은 일치한다. 결국, 다음이 성립한다.

$$\begin{aligned} P(n+2) &= 2\left(\binom{n+1}{0} + \binom{n+1}{1} + \cdots + \binom{n+1}{n}\right) \\ &= 2\left(\binom{n+1}{0} + \binom{n+1}{1} + \cdots + \binom{n+1}{n} + \binom{n+1}{n+1} - \binom{n+1}{n+1}\right) \\ &= 2(2^{n+1} - 1) = 2^{n+2} - 2. \end{aligned}$$

14.13. 항등식 $(1+x)^n = \sum_{m=0}^{n} x^m \binom{n}{m}$을 미분하고, 얻어진 등식에 x를 곱하자. 그러면, $nx(1+x)^{n-1} = \sum_{m=1}^{n} mx^m \binom{n}{m}$을 얻을 수 있다. 이때, $x=1$을 대입하면, 증명할 항등식들 중에서 첫 번째 것을 얻는다. 다시금, x에 대해 미분하고 x를 곱하면, 다음을 얻을 수 있다.

$$nx(nx+1)(1+x)^{n-2} = \sum_{m=1}^{n} m^2 x^m \binom{n}{m}.$$

이때, $x=1$을 대입하면 두 번째 등식을 얻을 수 있다.

14.14. 항등식 $(1+t)^n = \sum_{m=0}^{n} t^m \binom{n}{m}$을 쓰고, 이를 적분하자.

$$\int_0^x (1+t)^n dt = \sum_{m=0}^{n} \int_0^x t^m \binom{n}{m} dt,$$

즉,

$$\frac{(1+x)^{n+1}-1}{n+1} = \sum_{m=0}^{n} \frac{x^{m+1}}{m+1} \binom{n}{m}.$$

$x=1$을 대입하면 첫 번째 등식을 얻고, $x=-1$을 대입하면 두 번째 등식을 얻을 수 있다.

14.15. n에 대한 수학적 귀납법을 사용하자. $n=1$이면, 일반적인 무한등비급수의 합에 대한 공식을 얻게 된다. n으로부터 $n+1$로 옮겨가기 위해, 다음 항등식을 증명해야 한다.

$$\left(1+\sum_{k=1}^{\infty}\binom{n+k}{n}x^k\right)(1-x) = 1+\sum_{k=1}^{\infty}\binom{n+k-1}{n-1}x^k.$$

좌변과 우변에서 x^k의 계수는 $\binom{n+k}{n} - \binom{n+k-1}{n}$, $\binom{n+k-1}{n-1}$이다. 이들 수는 서로 같다.

14.16. 첫 번째 수에 대해서만 증명하자(두 번째 수에 대해서는 유사한 방법으로 증명할 수 있다). $n=0$이면, 명제는 자명하다. $n=1$이면, $(1+a)^a - 1 \equiv a \cdot a + \binom{a}{2}a^2 \pmod{a^3}$을 얻게 된다. 수 $a^2 + \binom{a}{2}a^2 = a^2\left(\frac{a^2+a+1}{2}\right)$은 a^2으로 나누어 떨어지지만, a^3으로는 나누어 떨어지지 않는다.

이제, 어떤 $n \geq 1$에 대해 $(a+1)^{a^n}-1$이 a^{n+1}으로 나누어 떨어지지만, a^{n+2}으로는 나누어 떨어지지 않는다고 가정하자. 그러면, $(a+1)^{a^{n+1}}-1 = \left((a+1)^{a^n}-1\right)^n = (1+ba^{n+1})^a - 1 = a \cdot ba^{n+1} + \binom{a}{2}b^2a^{2n+2} + \binom{a}{3}b^3a^{3n+3} + \cdots$ (여기서, b는 a로 나누어 떨어지지 않는 정수임). 만약, $n \geq 1$이면, $2n+2 > n+2$이므로, $(a+1)^{a^{n+1}} - 1 \equiv ba^{n+2} \pmod{a^{n+3}}$이다. 그리고, 수 ba^{n+2}는 a^{n+2}로 나누어 떨어지지만, a^{n+3}로는 나누어 떨어지지 않는다.

14.17. n에 대한 수학적 귀납법으로, $n \geq 2$에 대해 $p_k \leq n$이면, $p_1 \cdots p_k \leq 4^n$임을 증명하자. $n = 2$인 경우에는 자명하다. 명제가 $n-1$을 넘지 않는 모든 수에 대해 증명되었다고 가정하자. 증명을 위해, 두 가지 경우로 나누어 살펴보자.

$n = 2m$이라 하자. 수학적 귀납법의 가정에 의해, m을 넘지 않는 모든 소수의 곱은 4^m을 넘지 않는다. 게다가, $m+1 \leq p_i \leq 2m$인 모든 소수 p_i는 수 $\binom{2m}{m} = \frac{(2m)!}{m!m!}$을 나누며, 이 수는 $2^{2m} = 4^m$을 넘지 않는다. 결국, $n = 2m$을 넘지 않는 소수들의 곱은 $4^m \cdot 4^m = 4^{2m} = 4^n$을 넘지 않는다.

$n = 2m+1$이라 하자. 수학적 귀납법의 가정에 의해, $m+1$을 넘지 않는 모든 소수의 곱은 4^{m+1}을 넘지 않는다. 게다가, $m+2 \leq p_i \leq 2m+1$인 모든 소수 p_i는 수 $\binom{2m+1}{m} = \frac{(2m+1)!}{m!(m+1)!}$을 나눈다. 그리고, $\binom{2m+1}{m} = \binom{2m+1}{m+1}$이고, $\binom{2m+1}{m} + \binom{2m+1}{m+1} \leq 2^{2m+1}$이다. 그러므로, $\binom{2m+1}{m} \leq 2^{2m}$. 결국, $n = 2m+1$을 넘지 않는 모든 소수의 곱은 $4^{m+1} \cdot 2^{2m} = 4^{2m+1} = 4^n$을 넘지 않는다.

14.18. 답: 669.

처음 두 숫자의 합을 n, 마지막 두 숫자의 합을 n이라 하자. 수 n은 1에서 18까지의 값을 가진다. 만약, 숫자의 합이 n인 두 자리수인 번호의 개수가 a_n이면, 구하는 수는 $a_1^2 + a_2^2 + \cdots + a_{18}^2$이다. 숫자의 합이 n인 두 자리수인 번호는 숫자 a와 $n-a$로 이루어진다(단, $0 \leq a \leq 9$, $0 \leq n-a \leq 9$). 이와 같이, $0 \leq a \leq 9$이고 $n-9 \leq a \leq n$이다. 만약, $n \leq 9$이면 부등식 $0 \leq a \leq n$이 남고, 만약 $n \geq 9$이면 부등식 $n-9 \leq a \leq 9$이 남는다. 결국, $a_1 = 2$, $a_2 = 3$, $\ldots$, $a_8 = 9$, $a_9 = 10$, $a_{10} = 9$, $\ldots$, $a_{17} = 2$, $a_{18} = 1$을 얻을 수 있다.

14.19. 답: $142^2 = 20164$.

수 $x^2 + y^2$이 7로 나누어 떨어질 필요충분조건은 두 수 x, y가 7로 나누어 떨어지는 것이다. 실제로, 정수의 제곱을 7로 나누면, 나머지가 0, 1, 2, 4가 된다. 1에서 1000사이에 있으며 7로 나누어 떨어지는 정수의 개수는 142이다. 그러므로, 구하는 수는 $142^2 = 20164$이다.

14.20. 답: 686개.

우선, 수들 $1, 2, \ldots, 999$에서 5의 배수에 빗금을 치자. 이들의 개수는 $\left[\frac{999}{5}\right] = 199$이다. 그리고 나서, 수 $1, 2, \ldots, 999$에서 7의 배수를 빗금치자. 7의 배수의 개수는 $\left[\frac{999}{7}\right] = 142$이다. 이때, 35의 배수에는 두 개의 빗금이 쳐지게 된다. 그러한 수의 개수는 $\left[\frac{999}{35}\right] = 28$이다. 즉, $199 + 142 - 28 = 313$개의 수에 빗금이 있으며, 남은 수의 개수는 $999 - 313 = 686$이다.

14.21. 답: 338 350.

방정식 $|x|+|y|=0$, $|x|+|y|=1$, $|x|+|y|=2$, $\ldots$, $|x|+|y|=99$은 각각 1, 2^2, 3^2, $\ldots$, 100^2개의 정수해를 가진다. 그러므로, 구하는 수는 다음과 같다.

$$1^2+2^2+3^2+\cdots+100^2=\frac{100\cdot 101\cdot 201}{6}$$

참고. 문제 9.12를 보시오.

14.22. 답: 2857.

수 2^x와 x^2을 7로 나눈 나머지들은 각각 3개, 7개의 숫자들이 주기적으로 반복된다. 그러므로, 수 2^x-x^2을 7로 나누면, 나머지는 21개의 숫자가 주기적으로 반복된다. 1에서 21까지의 수들 중에서 2^x과 x^2을 7로 나누어 같은 나머지가 되는 수는 6개이다. 그러므로, 1에서 $9996=21\cdot 476$까지의 수들 중에는 구하는 수는 $476\cdot 6=2856$개가 있다. 한편, 남은 수들 9997, 9998, 9999 중에서는 오직 9998만이 요구된 성질을 가지고 있다.

14.23. 이 문제는 문제 4.19의 일반화로, $a_1=p^{\alpha_1}$, $\ldots$, $a_n=p^{\alpha_n}$, $\alpha_1\le\alpha_2\le\cdots\le\alpha_n$인 경우만 살펴보면 충분하다.

인수 p^{α_1}는 오직 $P_{홀수}$에만 정확히 한 번 속한다(하나의 수 a_1으로만 된 쌍들을 잡을 때에). 이제, $P_{홀수}$와 $P_{짝수}$에 속하는 나머지 모든 인수들은 서로 약분된다는 것을 보이자. 만약, 수들 중의 하나는 a_{k+1}이고 모든 나머지 수들은 a_1, $\ldots$, a_k에서 잡으면, 이들 수의 묶음에 대한 최소공배수는 $p^{\alpha_{k+1}}$이다. 그러므로, $P_{홀수}$에 인수 $p^{\alpha_{k+1}}$는 $\binom{k}{0}+\binom{k}{2}+\binom{k}{4}+\ldots$ 번 들어가고, $P_{짝수}$에는 이 인수가 $\binom{k}{1}+\binom{k}{3}+\binom{k}{5}+\ldots$ 번 들어간다. 문제 14.6(b)에 의해, 이들 합 각각은 2^{k-1}과 같다.

14.24. 답: 1 769 580.

생각하는 수들에 대해 천들의 합, 백들의 합, 십들의 합, 일들의 합을 따로 따로 계산하자. 첫 번째 자리에는 다섯 개의 숫자 1, 2, 3, 4, 5가 올 수 있다. 첫 번째 숫자가 정해지면, 두 번째 자리와 세 번째 자리에는 여섯 개의 숫자가 모두 올 수 있으며, 네 번째 자리에는 세 개의 숫자 0, 2, 4만이 올 수 있다(짝수만 생각하므로). 즉, 첫 번째 숫자가 정해졌을 때에 얻을 수 있는 모든 짝수의 개수는 $6\cdot 6\cdot 3=108$이다. 그러므로, 천들의 합은 $(1+2+3+4+5)\cdot 108\cdot 1000=1\,620\,000$이다. 두 번째 숫자가 정해지면, 가능한 수들의 개수는 $5\cdot 6\cdot 3=90$이다(첫 번째 자리에는 다섯 개의 숫자가 올 수 있음). 그러므로, 백들의 합은 $(1+2+3+4+5)\cdot 90\cdot 100=135\,000$이다. 같은 방법으로, 십들의 합을 계산하면, $(1+2+3+4+5)\cdot 90\cdot 10=13\,500$이고, 일들의 합은 $(2+4)\cdot 5\cdot 6\cdot 6=1\,080$이다.

14.25. 인수들이 $2^{a_1}5^{b_1}$, $2^{a_2}5^{b_2}$, $2^{a_3}5^{b_3}$인 꼴이라 하자. 그러면, $a_1+a_2+a_3 = 6$이고, $b_1+b_2+b_3 = 6$이다. 이때, 수 a_i와 b_i는 0이 될 수 있다. 만약, $a_1 = k$이면, 분해 $a_2+a_3 = 6-k$에 대해 $7-k$개의 변형을 얻을 수 있다. 그러므로, 분해 $a_1+a_2+a_3 = 6$에 대해, $7+6+5+4+3+2+1 = 28$개의 변형을 얻는다. 결국, 전체 $(28)^2 = 784$개의 방법을 얻을 수 있다.

우리는 아직 인수들의 순서에서만 차이가 나는 분해들의 상등성을 고려하지 않았다. 인수들의 순서에 관계없는 분해는 하나 있는데, 모든 인수 100인 경우이다. 한편, 두 개의 같은 인수를 가지는 분해를 세 번 중복하여 세었다. 같은 인수들 각각에 대해 2는 지수가 $0, 1, 2, 3$인 꼴로 포함될 수 있으므로, 네 가지의 서로 다른 방법을 얻을 수 있다. 그리고, 5도 똑같은 방법으로 생각할 수 있다.

결국, 모두 합하여 16가지의 그러한 형태의 분해를 얻을 수 있으며, 이들 중의 하나는 위에서 살펴본 세 인수가 같은 분해이다. 이제, 15개의 분해가 남는데, 이들 각각을 세 번씩 세었다. 인수들이 쌍쌍이 서로 다른 분해의 개수는 $784-1-45 = 738$이다. 이들 각각을 6번씩 세었으므로, 이들 중에서 $738/6 = 123$개가 서로 다른 분해의 개수이다. 결국, $1+15+123 = 139$개의 분해를 얻게 된다.

14.26. 한편으론, 다음이 성립한다.

$$2^{2n} = (1+1)^{2n} = \binom{2n}{0} + \binom{2n}{1} + \cdots + \binom{2n}{2n} \geq \binom{2n}{n}.$$

다른 한편으론, $k = 0, 1, \ldots, n-1$에 대해 $\frac{2n-k}{n-k} \geq 2$이므로, 다음이 성립한다.

$$\binom{2n}{n} = \frac{(2n)!}{n!n!} = \frac{2n}{n} \cdot \frac{2n-1}{n-1} \cdot \cdots \cdot \frac{n+1}{1} \geq 2^n.$$

14.27. 정의에 의해, 다음이 성립한다.

$$\binom{p}{k} = \frac{p(p-1)\cdots(p-k+1)}{1 \cdot 2 \cdots k}.$$

분자는 p로 나누어 떨어지며, 분모는 p로 나누어 떨어지지 않는다. 그러므로, 분자를 분모로 나누어 얻어진 정수는 p로 나누어 떨어진다.

14.28. 항등식

$$\binom{p}{k} = \binom{p-1}{k-1} + \binom{p-1}{k}$$

으로부터, 다음을 알 수 있다.

$$\sum_{k=0}^{m}(-1)^k\binom{p}{k} = (-1)^m\binom{p-1}{m}, \quad 즉 \sum_{k=1}^{m}(-1)^k\binom{p}{k} = (-1)^m\binom{p-1}{m} - 1.$$

만약, $1 \le m \le p-1$이면, 문제 14.27에 의해, 각각의 가수 $(-1)^k\binom{p}{k}$는 p로 나누어 떨어진다.

14.29. 항등식 $(1+x)^{np} = \big((1+x)^n\big)^p$로부터, 다음을 알 수 있다.

$$\binom{np}{n} = \sum_{k_1+\cdots+k_n=p}\binom{p}{k_1}\cdots\binom{p}{k_n}.$$

만약, $0 < k < p$이면, 문제 14.27에 의해 수 $\binom{p}{k}$는 p로 나누어 떨어진다. 그러므로, 어떤 i에 대해 $k_i = p$인 경우를 제외하고, 위의 합에서 모든 가수들은 p^2으로 나누어 떨어진다. 나누어 떨어지지 않는 가수들 각각은 1이며, 이들의 개수는 n이다.

14.30. $m = 2$인 경우에, $\binom{n}{m} = \frac{n(n-1)}{2}$이 n으로 나누어 떨어진다는 것을 증명해야 한다. 그런데, 이것은 자명하다.

이제, $m \ge 3$이라 하자. 식

$$\binom{n}{m} = \frac{n(n-1)\dots(n-m+1)}{1\cdot 2\cdot\dots\cdot m}$$

에서 분자는 $n = p^{\alpha-2}$으로 나누어 떨어지며, 분모를 나누는 p의 최대차수는

$$\left[\frac{m}{p}\right] + \left[\frac{m}{p^2}\right] + \cdots \le \frac{m}{p} + \frac{m}{p^2} + \cdots = \frac{m}{p-1}$$

이다. 만약, $m = 3$이면, $\binom{n}{m}$는 차수가

$$\alpha - 2 - \left[\frac{3}{p}\right] + \left[\frac{3}{p^2}\right] + \cdots = \alpha - 2 - \left[\frac{3}{p}\right] \ge \alpha - 3 = \alpha - m$$

인 p로 나누어 떨어진다.

만약, $m \ge 4$이면, $\binom{n}{m}$는 차수가

$$\alpha - 2 - \left[\frac{m}{p}\right] + \left[\frac{m}{p^2}\right] + \cdots \ge \alpha - 2 - \frac{m}{p-1} \ge \alpha - 2 - \frac{m}{2} \ge \alpha - m$$

인 p로 나누어 떨어진다.

14.31. 항등식
$$\binom{n}{k} = \frac{n(n-1)\dots(n-k+1)}{k!}$$
은 자명하다. 생각하는 소수 p는 이 분수의 분자를 나눈다. 수 $n-k+1$에서 n가지의 수들 중에서 적어도 하나를 나누는 p의 최대 거듭제곱을 p^r이라 하자. 그리고, 이러한 수를 m이라 하자(만약, 그러한 수들이 몇 개가 된다면, 이들 중에서 임의의 수를 잡으면 된다). 수 m에 주의를 집중하여, 이에 따라 살펴본 분수의 분자를 다음과 같은 꼴로 나타내자.

$$(m+a)(m+a-1)\dots(m+1)m(m-1)\dots(m-b).$$

여기서, $m+a=n$이고 $m-b=n-k+1$이므로, $k=a+b+1$이다. 분모의 인수들을 분자의 표기에 맞추어 재배열하자. 그러면,

$$k! = a(a-1)\cdot\ldots\cdot 1\cdot(a+1)(a+2)\dots(a+b+1).$$

수
$$\frac{(a+1)(a+2)\dots(a+b+1)}{b!} = \binom{a+b+1}{b}$$
는 정수이며, l이라 하자. 그러면,
$$\binom{n}{k} = \frac{m+a}{a}\cdot\frac{m+a-1}{a-1}\cdot\ldots\cdot\frac{m+1}{1}\cdot\frac{m-1}{1}\cdot\frac{m-2}{2}\cdot\ldots\cdot\frac{m-b}{b}\cdot\frac{m}{l}.$$
이때, 인수 $\frac{m}{l}$을 맨 끝에 놓았다.

x를 어떤 정수라 하고, $-b \le x \le a$이고, p^{r_1}은 x를 나누는 p의 최대 거듭제곱이라 하자. 만약, $r_1 < r$이면, 분수 $\frac{m+x}{x}$의 분자를 나누는 p의 최대 거듭제곱은 p^{r_1}이다. 분자와 분모에서 p의 거듭제곱들은 약분된다. 이제, $r_1 \ge r$이라고 가정하자. x에 대한 부등식들로부터, $n-k+1 \le m+x \le n$이 유도된다. 그러므로, 수 m의 선택에 의해, 분수 $\frac{m+x}{x}$의 분자를 나누는 p의 최대 거듭제곱은 p^r을 넘지 않는다. 이러한 경우에, 약분을 하면, p의 거듭제곱은 분모에만 남게 된다. 결국, $\binom{n}{k}$을 나누는 p의 최대 거듭제곱은 m을 나누는 p의 최대 거듭제곱을 넘지 못한다. 즉, $p^\alpha \le p^r \le m \le n$이 성립한다.

참고. 문제 21.31, 21.32를 보시오.

14.32. 첫 번째 풀이. 주어진 성질의 어느 것도 가지지 않는 원소는 오직 첫 번째 항 N만을 증가시킨다. 정확히 하나의 성질을 가지는 원소는 처음 두 항을 증가시키며, 결국 $1-1=0$이 된다. 정확히 $k \ge 2$개의 성질을 가지는 원소는 처음 $k+1$개의 항 각각을 증가시킨다. 이때, 항 $\sum_{i_1<\dots<i_l} N_{i_1\dots i_l}$에서 $\binom{k}{l}$만큼을 증가시키므로, 결국 다음이 성립한다.
$$1-\binom{k}{1}+\binom{k}{2}+\dots+(-1)^l\binom{k}{l}+\dots+(-1)^k\binom{k}{k} = (1-1)^k = 0.$$

두 번째 풀이. 다음과 같이 놓자.

$$C(K,i) = \begin{cases} 1, & \text{만약, } K\text{번째 대상이 성질 } P_i\text{를 가지면;} \\ 0, & \text{만약, 가지지 않으면.} \end{cases}$$

그러면, 구하는 수는 다음과 같다.

$$\sum_{K=1}^{N} \big(1 - C(K,1)\big)\big(1 - C(K,2)\big) \dots \big(1 - C(K,n)\big)$$
$$= N - \sum_{i=1}^{n} \sum_{K=1}^{N} C(K,i) + \sum_{i_1<i_2} \sum_{K=1}^{N} C(K,i_1)C(K,i_2) - \dots$$

이제,

$$\sum_{i=1}^{n} \sum_{K=1}^{N} C(K,i) = N_i, \quad \sum_{i_1<i_2} \sum_{K=1}^{N} C(K,i_1)C(K,i_2) = N_{i_1 i_2}$$

등을 생각하면 된다.

14.33. 주어진 대상이 수 1에서 n까지 이고, 성질 P_i는 주어진 수가 p_i로 나누어 떨어지지 않는 것이라 하자. p_i로 나누어 떨어지는 1에서 n까지의 수들은 n/p_i개이며, p_i와 p_j로 나누어 떨어지는 수들은 $\frac{n}{p_i p_j}$개이다 등등. 그러므로, 포함과 배제 공식에 의해, 다음을 얻을 수 있다.

$$\varphi(n) = n - n\left(\frac{1}{p_1} + \cdots + \frac{1}{p_k}\right) + n\left(\frac{1}{p_1 p_2} + \cdots +\right) - \cdots + (-1)^k \frac{n}{p_1 \cdots p_k}$$
$$= n\left(1 - \frac{1}{p_1}\right) \cdots \left(1 - \frac{1}{p_k}\right).$$

14.34. (a) 포함과 배제 공식을 이용하자. 대상들이 수 1, ..., n의 순열이라 하면, 이들의 개수는 $n!$이다. 성질 P_i는 $a_i = i$라 하자. 그러면, $N_{i_1 \dots i_k} = (n-k)!$는 k개의 수 i_1, ..., i_k을 자신의 자리에 남겨두는 순열의 개수이다. 합 $\sum_{i_1<\cdots<i_k} N_{i_1 \dots i_k}$에서 가수의 개수는 $\binom{n}{k}$이며, 이것은 n개의 원소에서 k개의 원소 i_1, ..., i_k을 뽑는 방법의 개수이다. 이제, $(n-k)!\binom{n}{k} = \frac{n!}{k!}$을 생각하면 된다.

(b) 그러한 순열들의 비는

$$1 - 1 + \frac{1}{2!} - \frac{1}{3!} + \cdots + \frac{(-1)^k}{k!} + \cdots + \frac{(-1)^n}{n!}$$

이다. $n \to \infty$이면, 이 수는 e^{-1}에 수렴한다(문제 29.47).

14.35. $A(m,n) = \frac{m!(2n+2m)!}{(2m)!n!(n+m)!}$라 놓자. 그러면, $A(m,0)=1$, $A(0,n)=\binom{2n}{n}$이다. 게다가,

$$4A(m,n-1)+A(m-1,n) = \frac{(m-1)!(2n+2m-2)!}{(2m-2)!(n-1)!(n+m-1)!}\left(\frac{4m}{2m(2m-1)}+\frac{1}{n}\right).$$

이제,

$$\frac{2n+2m-1}{n(2m-1)} = \frac{(2n+2m-1)(2n+2m)m}{n(2m-1)2m(n+m)}$$

을 생각하면, $4A(m,n-1)+A(m-1,n)=A(m,n)$을 얻을 수 있다.

14.36. 구하는 수가 d_n과 같다고 하자. 이때, $d_3=1$, $d_4=2$이다. 편의상, $d_2=1$라 두자. 이제, $d_5 = d_2d_4+d_3d_3+d_4d_2$을 확인하자. 오각형의 변들 중 하나를 고정시키자. 이 오각형을 교차하지 않는 대각선들을 이용하여 삼각형으로 분할하였다고 하자. 이들 삼각형 중에서 하나가 고정된 변에 인접하게 된다. 이때, 세 가지 경우가 가능하다: 이 삼각형의 왼쪽에 사각형이 놓이는 경우; 변을 따라 양쪽으로 삼각형들이 놓이는 경우; 오른쪽에 사각형이 놓이는 경우.

이들 다각형을 각각 대각선으로 삼각형들로 분할하고, 그리고 나서 세 가지 경우에 대한 전체 개수를 구하자. 결국, $d_4+d_3d_3+d_4 = d_2d_4+d_3d_3+d_4d_2$을 얻을 수 있다. 임의의 n에 대해, 같은 방법으로 $d_n = d_2d_{n-1}+d_3d_{n-2}+\cdots+d_{n-1}d_2$을 얻는다. 결국, $d_n = c_{n-2}$이 성립한다.

14.37. $n+1$개의 알파벳에 괄호를 넣는 것과 $(n+2)$각형을 교차하지 않는 대각선들로 삼각형으로 분할하는 것 사이에 전단사함수를 만들 수 있다. 이것을 하는 구체적인 방법이 그림 14.1에 제시되어 있다.

알파벳들을 순서대로 시계방향으로 $(n+2)$각형의 변에 적는다. 이때, 고정된 한 변은 남겨둔다. 만약, $(n+2)$각형의 대각선들이 주어지면, 각각의 대각선을 그 대각선에 놓인 삼각형의 변들에 적힌 식을 묶는 괄호의 쌍에 대응시킨다. 그러면, 각각의 대각선에 괄호로 묶인 식들이 적히게 되며, 최종적으로 빈(남겨진) 변에는 구하는 괄호의 배열이 적히게 될 것이다.

역으로, 만약 괄호의 쌍들의 배열이 주어지면, 인접한 알파벳들의 쌍을 포함하는 괄호로부터 시작하여 각각의 괄호의 쌍에 대각선을 대응시켜, 괄호의 쌍들의 배열에 대각선들의 모임을 대응시킬 수 있다.

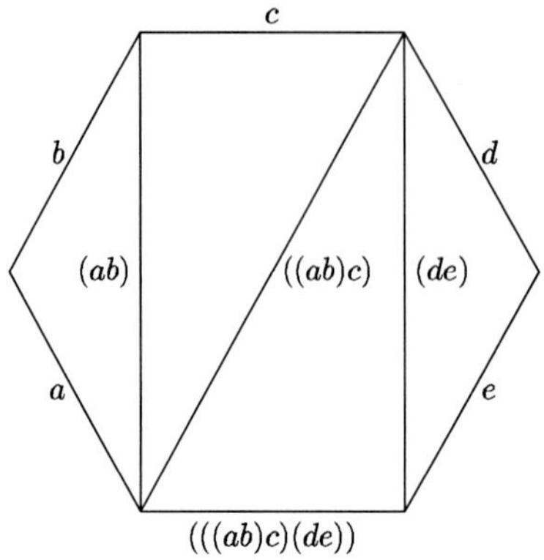

그림 14.1

14.38. n개의 괄호로 된 괄호의 정구조에서는 n개의 왼쪽 괄호와 n개의 오른쪽 괄호가 있고, 정구조의 임의의 시작 부분에서 오른쪽 괄호의 개수가 왼쪽 괄호의 개수를 넘지 않는다. $n = 1, 2$인 경우에 괄호의 정구조 개수는 각각 1, 2이다. 구하는 점화 관계식은 다음과 같은 방법으로 증명된다. 가장 왼쪽 괄호에 첫 번째 오른쪽 괄호를 대응시키면, 이들 괄호 사이에 있는 왼쪽 괄호의 개수와 오른쪽 괄호의 개수는 같다. 그러면, 이들 괄호 사이에는, 어떤 k에 대해 괄호 k쌍으로 된 괄호의 정구조가 놓이게 된다($k = 0$도 가능함). 실제로, 그렇지 않다면, 선택된 오른쪽 괄호는 첫 번째 괄호가 될 수 없다. 이들 괄호 밖에 $n-k-1$개의 괄호 쌍들로 된 정구조가 놓이게 된다. 그리고, 이들 괄호 정구조 모두는 임의의 것이 될 수 있다.

14.39. (a) 벡터 $(1, 1)$을 왼쪽 괄호에 대응시키고, $(1, -1)$을 오른쪽 괄호에 대응시키면, 문제 14.38에서의 괄호의 정구조와 Dyck의 경로사이에 일대일대응을 만들 수 있다.

(b) 하나의 벡터 $(1, -1)$을 Dyck의 경로에(끝에) 추가하자. 얻어진 경로에서 $n+1$개의 변들 중에서 한 벡터(변) $(1, -1)$을 고정시키고, 이것에 점 $(1, -1)$으로부터 $(2n+1, -1)$으로 가는 경로를 다음과 같이 대응시키자. 고정된 변과 그 다음에 오는 Dyck의 경로의 부분으로 구성된 경로(추가된 변을 포함하는)를 평행하게 좌표의 원점으로 이동시키자. 좌표의 원점으로부터 고정된 변까지의 Dyck의 경로의 시작 부분을 얻어진 경로의 끝으로 이동시키자. 이제, 고정된 변은 항상 점 $(1, -1)$으로 가므로, 점 $(1, -1)$에서 $(2n+1, -1)$으로 가는 경로를 얻을 수 있다. 이 경로를 따라 처음의 Dyck의 경로를 재생할 수 있다.

경로의 아래쪽에 있는 모든 점들을 생각하여, 이들 중에서 가장 오른쪽에 있는 점을 잡자. 이 점은 경로를 두 부분으로 분할한다. 첫 번째 부분을 점 $(2n+1, -1)$에서 끝나도록 이동하고, 두 번째 부분을 점 $(0,0)$에서 시작하도록 이동시킨다. 결국, 마지막 변을 버리고 Dyck의 경로를 얻을 수 있다: 이것은 얻어진 경로의 첫 번째 부분에 대해서는 자명하고, 두 번째 부분에 대해서도 쉽게 확인할 수 있다. 만약, 경로의 아래쪽에 있는 다른 점을 잡고, 똑같은 방법을 사용한다면, 얻어진 경로의 첫 번째 부분에 대해서는 요구된 성질이 성립하지만, 두 번째 부분에 대해서는 그렇지 못하다.

점 $(-1,1)$에서 $(2n+1,-1)$로 가는 모든 경로의 개수는 $\binom{2n}{n}$이다. 실제로, $2n$개의 변들로부터 n개의 변 $(1,1)$을 택해야 한다. 각각의 Dyck의 경로에 정확히 $n+1$개의 그러한 경로가 대응되므로, Dyck의 경로의 개수는 $\frac{1}{n+1}\binom{2n}{n}$이다.

14.40. (a) a_i를 변 $(1,a_i)$에 대응시키면, 그러한 수열들과 Dyck의 경로들 사이에는 일대일대응이 성립한다.

(b) 만약, i번째 사람이 줄에서 5000원을 가지고 있으면, $a_i=1$이라 놓고, 10000원을 가지고 있으면 $a_i=-1$라 놓자. 점원이 모든 사람에게 거스름돈을 줄 수 있을 필요충분조건은 각각의 판매에 있어 받은 5000원짜리의 개수가 10000원짜리의 개수보다 적지 않은 것이다. 즉, $a_1\geq 0$, $a_1+a_2\geq 0$, $\ldots$, $a_1+a_2+\cdots+a_{2n-1}\geq 0$(조건에 의해, $a_1+a_2+\cdots+a_{2n}=0$)이다. 그러면, 문제 (a)로 귀착된다.

14.41. 말의 첫 번째와 마지막 걸음은 유일하게 정의된다. 그러므로, 첫 번째와 마지막 걸음을 제외하고 말의 경로를 생각할 수 있다. 그러한 경로들과 $2(n-2)$개의 변으로 된 Dyck의 경로들 사이에는 일대일대응이 존재한다.

14.42. 그림 14.2에서는 하나의 뿌리와 n개의 잎을 가지는 평면이항나무에 $(n+1)$각형을 삼각형들로 분할하는 것, n개의 알파벳에 대한 괄호의 배열을 어떻게 대응시키는가를 보여준다. 뿌리에 대응되는 다각형의 한 변이 구분되도록 표시되어 있다. 나머지 변들은 잎에 대응된다.

14.43. (a) $(2n+1)$각형에서 n개의 꼭지점에 1을 놓는(나머지 위치에는 0을 놓음) 전체 방법의 개수는 $\binom{2n+1}{n}$이다. 수 $2n+1$는 n으로 나누어 떨어지지 않으므로, $(2n+1)$각형을 회전시켜 얻어진 배열이 처음 배열과 일치하는, 그러한 배열은 존재하지 않는다. $(2n+1)$각형을 자신으로 보내는 회전의 개수는 $2n+1$이다. 그러므로, 서로 다른 배열의 개수는 $\frac{1}{2n+1}\binom{2n+1}{n}$이다.

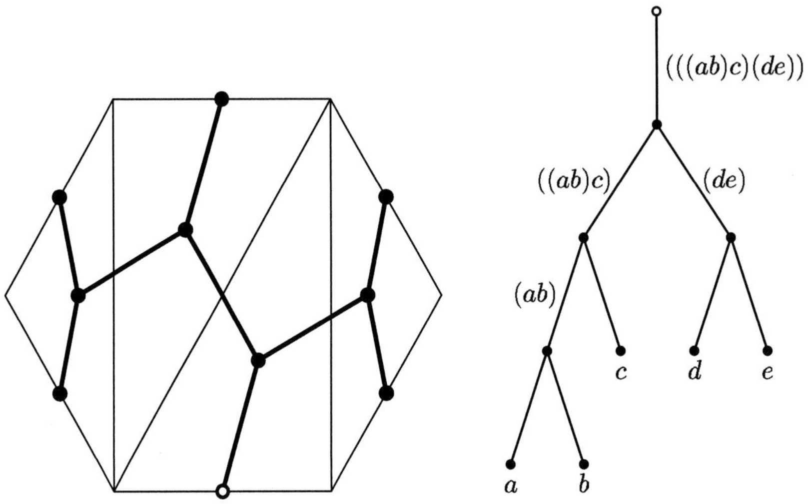

그림 14.2

(b) 다각형에 숫자들의 배열들과 $n+1$개의 알파벳에 n쌍의 괄호를 배열하는 것 사이에 일대일대응이 성립한다는 것을 보이자. 괄호의 배열에 0과 1로 된 수열을 대응시키자. 이때, 각각의 왼쪽 괄호는 1로 바꾸고, 알파벳은 0으로, 오른쪽 괄호는 무시한다. 이때, 수열들에 대한 역조작이 항상 정의되는 것은 아니다. 왜냐 하면, 괄호의 배열에 0으로 시작되는 수열은 대응시킬 수가 없다. 이제, 얻어진 수열을 정$(2n+1)$각형의 꼭지점에 시계방향으로 적자. 그러한 수들의 배열에 대한 역조작은 유일하게 정의된다. 실제로, 0들이 1들보다 많으므로, 반드시 세 숫 자의 수열 100을 찾을 수 있다. 그러한 세 숫자에 대해 괄호의 배열은 유일하게 정의된다: 오른쪽 괄호는 상응하는 두 알파벳 다음에 서 있다. 괄호 안에 있는 식은 알파벳과 같은 역할을 한다. 그러므로, $(2n-1)$각형으로 오면서 수열 100을 0으로 바꿀 수 있다 등등.

14.44. 문제 14.15의 공식을 이용하면, 다음을 얻을 수 있다.

$$\begin{aligned}\frac{1}{1-x-y+2xy} &= \frac{1}{(1-x)(1-y)}\cdot\frac{1}{1+\frac{xy}{(1-x)(1-y)}}\\ &= \sum_{k=0}^{\infty}\frac{(-1)^k x^k y^k}{(1-x)^{k+1}(1-y)^{k+1}}\\ &= \sum_{i,j,k=0}^{\infty}(-1)^k\binom{k+i}{k}\binom{k+j}{k}x^{k+i}y^{k+j}\\ &= \sum_{p,q=0}^{\infty}x^p y^q\sum_{k\geq 0}(-1)^k\binom{p}{k}\binom{q}{k}.\end{aligned}$$

이것은, $a_{p,q}=\sum_{k\geq 0}(-1)^k\binom{p}{k}\binom{q}{k}$가 식 $(1+x)^p(1-x)^q$에서 x^p의 계수이라는 것을 의미한다. $p=2n$, $q=2n+2$인 경우를 살펴보자. 이때, $(1+x)^p(1-x)^q=(1-x^2)^{2n}(1-x)^2$이고, x^{2n}의 계수는 다음과 같다.

$$(-1)^n\binom{2n}{n}+(-1)^{n-1}\binom{2n}{n-1}=(-1)^n\frac{(2n)!}{n!n!}\left(1-\frac{n}{n+1}\right)=(-1)^n\frac{1}{n+1}\binom{2n}{n}$$

14.45. 답: 9.

수 9와 10을 서로 다른 두 가지 방법으로 얻을 수 있다: $9=3+6=4+5$, $10=4+6=5+5$. 주사위에 수들이 나오는 순서를 고려해야 한다. 그러므로, 수 9는 네 가지 서로 다른 방법에 의해 얻어지며, 수 10은 세 가지 방법에 의해 얻어진다: $9=3+6=6+3=4+5=5+4$, $10=4+6=6+4=5+5$.

14.46. 답: 아버지-어머니-아버지(이러한 답이 좀 이상하게 보일 수 있을 것이다. 왜냐 하면, 강자와 두 번 게임을 하게 된다. 그러나, 게임을 다른 순서로 하게 되면, 강자와 치르는 한 게임을 반드시 이겨야 한다. 아버지-어머니-아버지의 순서에서는 강자와 치르는 두 게임 중에서 한 게임만 이기면 된다).

아버지와 게임을 하여 이길 확률을 p, 어머니와 게임하여 이길 확률을 q라 하자. 조건에 의해, $p<q$이다. 소년은 다음과 같은 경우에 승리할 수 있다: 승리-승리-패배, 승리-승리-승리, 패배-승리-승리. 아버지-어머니-아버지의 순서에 따른 게임에서 그러한 확률은 $pq(1-p)$, pqp, $(1-p)qp$이다. 그러므로, 소년이 이길 확률은 $2pq-pqp$이 된다. 그러나, 같은 방법으로 어머니-아버지-어머니와 같은 순서에 따른 승리 확률을 계산하면, $2pq-qpq$이 된다. 그런데, $pqp<qpq$이므로, $2pq-pqp>2pq-qpq$이다.

14.47. 답: 7:1.

경기자들이 세 게임을 더 했다고 하자. 즉, 게임이 가상적으로 진행된다고 하자(첫 번째 경기자가 상금을 받은 후에라도). 두 번째 경기자가 상금을 받을 필요충분조건은 모든 세 게임을 이기는 것이다. 이들 세 경기에 대한 모든 $2^3 = 8$가지 결말은 확률이 같으므로, 두 번째 경기자가 상금을 받을 확률은 1/8이다. 결국, 첫 번째 경기자가 상금을 받을 확률은 7/8이 된다.

14.48. (a) 답: 4.

상자에 m개의 빨간 양말과 n개의 검은 양말이 있다고 하자. 첫 번째 선택한 양말이 빨간 것일 확률은 $\frac{m}{n+m}$이다. 첫 번째 빨간 양말이 선택되었다는 조건에서 두 번째 선택된 양말이 빨간 것일 확률은 $\frac{m-1}{n+m-1}$이다. 그러므로, 두 양말이 빨간 것일 확률은 $\frac{m}{n+m} \cdot \frac{m-1}{n+m-1}$이다. 이와 같이, 다음 등식이 성립해야 한다.

$$\frac{m}{n+m} \cdot \frac{m-1}{n+m-1} = \frac{1}{2}. \tag{1}$$

$n = 1$인 경우에, $m = 3$을 얻을 수 있다. 그러한 양발의 쌍이 구하는 것이다.

(b) 답: 21.

$n > 0$인 것은 자명하다. 그러면, 쉽게 $\frac{m}{n+m} > \frac{m-1}{n+m-1}$을 확인할 수 있다. 그러므로, 다음 부등식이 성립해야 한다.

$$\left(\frac{m}{n+m}\right)^2 > \frac{1}{2} > \left(\frac{m-1}{n+m-1}\right)^2.$$

즉, $(\sqrt{2}+1)n < m < (\sqrt{2}+1)n + 1$이다. 조건에 의해, 수 n은 짝수이다. $n = 2,\ 4,\ 6$에 대해, $m = 5,\ 10,\ 15$을 얻을 수 있다. 처음 두 경우에서 등식 (1)은 성립되지 않으며, 세 번째 경우에서 성립한다. 이때, $n + m = 6 + 15 = 21$이다.

참고. 등식 (1)은 $(2x-1)^2 - 2(2y)^2 = 1$와 같이 쓸 수 있다(단, $x = m - n$, $y = n$). 그러므로, 일반적인 경우에서는 Pell의 방정식을 다루게 된다.

14.49. 답: 가능하다.

예를 들어, 주사위의 면에 다음과 같이 숫자들이 적혔다고 하자.

주사위 A	1,4,4,4,4,4;
주사위 B	2,2,2,5,5,5;
주사위 C	3,3,3,3,3,6.

만약, B에 5가 나오거나 B에 2가 나오고 A에 1이 나오면, B는 A를 이기게 된다. 그러한 확률은 $\frac{1}{2}+\frac{1}{2}\cdot\frac{1}{6}=\frac{7}{12}>\frac{1}{2}$이다.

만약, C에 6이 나오거나 C에 3이 나오고, B에 2가 나오면 C는 B를 이긴다. 그러한 확률은 $\frac{1}{6}+\frac{5}{6}\cdot\frac{1}{2}=\frac{7}{12}>\frac{1}{2}$이다.

만약, A에 4가 나오고 C에 3이 나오면, A는 C를 이긴다. 그러한 확률은 $\frac{5}{6}\cdot\frac{5}{6}=\frac{25}{36}>\frac{1}{2}$이다.

제 15 장

점화수열

수열 $u_1, u_2, \ldots$이 주어졌다(단, $u_1, u_2, \ldots, u_k$는 임의의 수들). $n \geq 1$인 경우에, 정해진 수들 $a_1, a_2, \ldots, a_k$에 대해, $u_{n+k} = a_1 u_{n+k-1} + \cdots + a_k u_n$이 성립한다. 그러면, 수열 $u_1, u_2, \ldots$을 k차의 **점화수열**이라 부른다.

제 1 절 일반적인 성질

15.1. $a_1, a_2, \ldots, a_k$는 정해진 수이고, $u_{n+k} = a_1 u_{n+k-1} + \cdots + a_k u_n$라 하자. 이때, 다음을 증명하여라.

$$u_1 + u_2 x + u_3 x^2 + u_4 x^3 + \cdots = \frac{P_{k-1}(x)}{1 - a_1 x - a_2 x^2 - \cdots - a_k x^k}$$

단, $P_{k-1}(x)$는 차수가 $k-1$보다 크지 않는 다항식이다.

15.2. $a_1, a_2, \ldots, a_k$은 정해진 수이고, $u_{n+k} = a_1 u_{n+k-1} + \cdots + a_k u_n$라 하자. $x_1, \ldots, x_k$은 방정식 $x^k = a_1 x^{k-1} + a_2 x^{k-2} + \cdots + a_k$의 서로 다른 근이라 하자. 이때, 정해진 $c_1, \ldots, c_k$에 대해, $u_n = c_1 x_1^{n-1} + \cdots + c_k x_k^{n-1}$임을 증명하여라.

제 2 절 Fibonacci 수열

$n \geq 3$에 대해, $F_1 = 1,\ F_2 = 1,\ F_n = F_{n-1} + F_{n-2}$인 수열을 **Fibonacci 수열**이라 부른다. 이 수열은 1, 1, 2, 3, 5, 8, 13, 21, …와 같다. Fibonacci 수열의 각 항들을 **Fibonacci 수**라고 부른다.

15.3. $F_{n+k} = F_{n-1}F_k + F_nF_{k+1}$을 증명하여라.

15.4. (a) 수 F_n와 F_{n+1}이 서로소라는 것을 증명하여라.
(b) $\gcd(F_m, F_n) = F_d$임을 증명하여라(단, $d = \gcd(m, n)$).

15.5. $m > 2$이면, F_n이 F_m으로 나누어 떨어질 필요충분조건은 n이 m으로 나누어 떨어지는 것임을 증명하여라.

15.6. 다음을 증명하여라(**Binet 공식**).

$$F_n = \frac{1}{\sqrt{5}}\left(\left(\frac{1+\sqrt{5}}{2}\right)^n - \left(\frac{1-\sqrt{5}}{2}\right)^n\right)$$

15.7. 임의의 자연수 n에 대해, 수

$$\binom{n}{1} + 5\binom{n}{3} + 25\binom{n}{5} + 125\binom{n}{7} + \ldots$$

이 2^{n-1}으로 나누어 떨어진다는 것을 증명하여라.

15.8. (a) $n \geq 3$인 경우에 다항식열 $f_1(x) = 1,\ f_2(x) = x,\ f_n(x) = xf_{n-1}(x) + f_{n-2}(x)$을 생각하자. 이때, 다음을 증명하여라.

$$f_{n+1}(x) = x^n + \binom{n-1}{1}x^{n-2} + \binom{n-2}{2}x^{n-4} + \binom{n-3}{3}x^{n-6} + \ldots$$

(b) 다음을 증명하여라.

$$F_{n+1} = 1 + \binom{n-1}{1} + \binom{n-2}{2} + \binom{n-3}{3} + \ldots$$

15.9. 다음을 증명하여라.

$$\frac{1}{1-x-x^2} = F_1 + F_2x + F_3x^2 + F_4x^3 + \cdots$$

15.10. 임의의 자연수 n에 대해, n으로 나누어 떨어지는 Fibonacci 수를 찾을 수 있다는 것을 증명하여라.

15.11. 연속하는 여덟 개의 Fibonacci 수들의 합은 Fibonacci 수와 같을 수 없다는 것을 증명하여라.

15.12. 만약, $a^2 - ab - b^2 = \pm 1$(단, a, b는 자연수)이면, 어떤 n에 대해 $a = F_{n+1}$, $b = F_n$임을 증명하여라.

15.13. $\binom{n}{m} = \frac{n!}{m!(n-m)!}$은 이항계수이다. 자연수범위에서 방정식 $\binom{n}{m-1} = \binom{n-1}{m}$의 모든 해를 구하여라.

15.14. (a) $F_{2n+1}F_{2n-1} = F_{2n}^2 + 1$임을 증명하여라.
(b) $F_{2n+1}^2 + F_{2n-1}^2 + 1 = 3F_{2n+1}F_{2n-1}$임을 증명하여라.

15.15. 수 $a^2 + b^2 + 1$이 ab로 나누어 떨어지는 자연수 a, b를 구하여라.

15.16. $a^2 + 1$이 b로 나누어 떨어지며, $b^2 + 1$이 a로 나누어 떨어지는 모든 자연수의 쌍 a, b를 구하여라.

15.17. 임의의 자연수 n을 $n = F_{k_1} + F_{k_2} + \cdots + F_{k_m}$인 꼴로 표현할 수 있으며, 그 방법은 유일하다는 것을 증명하여라(단, $k_1 > k_2 + 1$, $k_2 > k_3 + 1$, $\ldots$, $k_{m-1} > k_m + 1$, $k_m > 1$).

15.18. 짝수 번째 항에 있는 Fibonacci 수는 $4k + 3$인 꼴의 소수로 나누어 떨어지지 않는다는 것을 증명하여라.

제 3 절 Fibonacci 수와 Euclid 알고리즘

15.19. a, b는 자연수이고, $a > b$, $\gcd(a, b) = d$이다. a, b에 대한 Euclid 알고리즘이 n번 시행 후에 끝난다고 하면, $a \geq dF_{n+2}$, $b \geq dF_{n+1}$임을 증명하여라.

15.20. (a) $n \geq 2$이다. 이때, $F_{n+5} \geq 10F_n$을 증명하여라.
(b) $F_{n+1} < 10^k$이면, $n \leq 5k$임을 증명하여라.

15.21. $a > b$인 자연수의 쌍에 사용된 Euclid 알고리즘의 단계의 수는 b에 5를 곱하여 얻어진 수의 숫자의 개수를 넘지 않는다는 것을 증명하여라.

제 4 절 조합론에서 Fibonacci 수

15.22. $\{1, 2, 3, \ldots, n\}$에서 연속하는 두 수를 포함하지 않는 부분집합의 개수를 구하여라.

15.23. 수 n을 1또는 2의 합들로 표현하는 방법의 수를 구하여라(가수의 순서가 틀린 표현은 다른 것으로 간주한다).

15.24. 수 n을 $a_i \geq 2$인 몇몇 정수들의 합으로 표현하는 방법의 수를 구하여라(가수의 순서가 틀린 표현은 다른 것으로 간주한다).

15.25. 수 n을 양수이며 홀수인 가수들의 합으로 표현하는 방법의 수를 구하여라(단, 가수의 순서가 다른 표현은 다른 것으로 간주한다).

제 5 절 특별한 점화수열

15.26. $a_1 = 1,\ a_2 = 0,\ a_3 = 1$이고, $n \geq 1$에 대해,

$$a_{n+3} = \frac{(n^2+n+1)(n+1)}{n}a_{n+2} + (n^2+n+1)a_{n+1} - \frac{n+1}{n}a_n$$

라 하자. 이때, 임의의 $n \geq 1$에 대해, a_n이 정수의 제곱이라는 것을 증명하여라.

15.27. $u_1 = 1$, $u_2 = 0$, $u_3 = 1$, $n \geq 4$에 대해 $u_n = u_{n-2} + u_{n-3}$라 하자. 이때, $u_{2n} - u_{n-1}^2$와 $u_{2n+1} - u_{n+1}^2$은 u_n으로 나누어 떨어진다는 것을 증명하여라.

힌트 및 증명

15.1. 곱 $(u_1 + u_2x + u_3x^2 + u_4x^3 + \cdots)(1 - a_1x - a_2x^2 - \cdots - a_kx^k)$에서 x^{n+k-1}의 계수는 $u_{n+k} - a_1u_{n+k-1} - \cdots - a_ku_n = 0$이다(단, $n \geq 1$). 즉, 이 곱은 차수가 $k-1$보다 크지 않은 다항식 $P_{k-1}(x)$으로 표현된다.

15.2. 문제 10.34에 의해, 다음과 같은 수 $c_1, \ldots, c_k$을 택할 수 있다.

$$\begin{aligned}
&u_1 = c_1 + \cdots + c_k,\\
&u_2 = c_1x_1 + \cdots + c_kx_k,\\
&\cdots\cdots\\
&u_k = c_1x_1^{k-1} + \cdots + c_kx_k^{k-1}.
\end{aligned}$$

그러면,

$$\begin{aligned}
c_1x_1^k + \cdots + c_kx_k^k &= c_1(a_1x_1^{k-1} + \cdots + a_k) + \cdots + c_k(a_1x_k^{k-1} + \cdots + a_k) =\\
&= a_1u_k + \cdots + a_ku_1 = u_{k+1}.
\end{aligned}$$

마찬가지로, $c_1x_1^{k+1} + \cdots + c_kx_k^{k+1} = u_{k+2}$ 등등.

15.3. k에 대한 수학적 귀납법을 사용하자. $k=1$이면, $F_{n+1}=F_{n-1}+F_n$이고, $k=2$이면, $F_{n+2}=F_{n-1}+2F_n=F_{n-1}+F_n+F_n=F_{n+1}+F_n$이다.

이제, $F_{n+k-2}=F_{n-1}F_{k-2}+F_nF_{k-1}$, $F_{n+k-1}=F_{n-1}F_{k-1}+F_nF_k$라고 가정하자. 그러면, $F_{n+k}=F_{n-1}(F_{k-2}+F_{k-1})+F_n(F_{k-1}+F_k)=F_{n-1}F_k+F_nF_{k+1}$이 성립한다.

15.4. (a) 수 F_n, F_{n+1}이 정수 $d>1$로 나누어 떨어진다고 가정하자. 그러면, $F_{n-1}=F_{n+1}-F_n$ 또한 d로 나누어 떨어진다 등등. 결국, $F_2=1$이 d로 나누어 떨어진다는 것을 얻을 수 있다.

(b) 공식 $F_{n+k}=F_{n-1}F_k+F_nF_{k+1}$을 사용하자(문제 15.3). 그리고, $m=n+k$라 놓자. $m>k$일 때에, $\gcd(F_m,F_k)=\gcd(F_{m-k-1}F_k+F_{m-k}F_{k+1},F_k)=\gcd(F_{m-k}F_{k+1},F_k)=\gcd(F_{m-k},F_k)$이다. 왜냐 하면, 수 F_k와 F_{k+1}는 서로소이다. 이제, 문제 4.11의 결과를 이용할 수 있다.

15.5. 수 F_n이 F_m으로 나누어 떨어질 필요충분조건은 $\gcd(F_n,F_m)=F_m$인 것이다. 한편, 문제 15.4에 의해, $\gcd(F_n,F_m)=F_{\gcd(n,m)}$이다. 이와 같이, 다음을 얻을 수 있다: $\gcd(n,m)=m$(단, $m>2$을 사용함). 얻어진 등식은 n이 m으로 나누어 떨어진다는 것과 동치이다.

15.6. 문제 15.2에 의해, $F_n=c_1x_1^n+c_2x_2^n$이다(단, x_1, x_2는 방정식 $x^2=x+1$의 근이고, c_1, c_2는 어떤 상수). 이차방정식을 풀면, $x_{1,2}=\frac{1\pm\sqrt{5}}{2}$을 얻을 수 있다. $F_1=1$과 $F_2=1$을 이용하여 상수 c_1과 c_2를 구할 수 있다.

15.7. Binet 공식(문제 15.6)으로부터, 다음을 알 수 있다.

$$2^{n-1}F_n=\binom{n}{1}+5\binom{n}{3}+25\binom{n}{5}+125\binom{n}{7}+\dots$$

15.8. (a) 다항식 $f_1(x)$과 $f_2(x)$는 기술된 꼴을 가진다. 그러므로, 기술된 꼴의 다항식들이 기술된 점화 관계를 만족시킨다는 것을 보이면 된다. 만약, x의 거듭제곱에서 계수들만 따로 생각하면, 이 점화 관계는 이항계수에 대한 다음의 기본적인 항등식으로 귀착된다.

$$\binom{n-k}{k}=\binom{n-k-1}{k}+\binom{n-k-1}{k-1}$$

(b) $F_n=f_n(1)$이므로, (a)로부터 곧바로 유도된다.

15.9. $(1-x-x^2)(F_1+F_2x+F_3x^2+F_4x^3+\cdots)=F_1+(F_2-F_1)x+(F_3-F_2-F_1)x^2+(F_4-F_3-F_2)x^3+\cdots$ 임이 자명하다. 이때, $F_1=1$, $F_2-F_1=0$, $F_3-F_2-F_1=0$, $F_4-F_3-F_2=0, \ldots$

15.10. $k=1, 2, \ldots, n^2+1$에 대해 Fibonacci 수열의 인접한 수들 F_k과 F_{k+1}을 n으로 나눈 나머지들의 쌍을 생각하자. 서로 다른 나머지의 쌍들의 개수가 n^2이므로, 살펴본 쌍들 중에서 같은 쌍 두 개를 찾을 수 있다. 즉, 어떤 $1 \le k < l \le n^2+1$에 대해, 수 F_k-F_l와 $F_{k+1}-F_{l+1}$이 n으로 나누어 떨어진다. 그러면, 수 $F_{k-1}-F_{l-1}=F_{k+1}-F_{l+1}-(F_k-F_l)$도 n으로 나누어 떨어진다 등등. 결국, 수 F_2-F_{l-k+2}와 F_1-F_{l-k+1}이 n으로 나누어 떨어진다. 그러므로, $F_{l-k}=F_{l-k+2}-F_{l-k+1}\equiv F_2-F_1\equiv 0 \pmod n$이 성립한다.

15.11. $S=F_{k+1}+F_{k+2}+\cdots+F_{k+8}$는 Fibonacci 수열에서 연속하는 여덟 개의 항들의 합이라 하자. 이제, $F_{k+9}<S<F_{k+10}$을 증명하면 된다. 첫 번째 부등식은 자명하다: $S>F_{k+7}+F_{k+8}=F_{k+9}$. 이제, 두 번째 부등식을 증명하자. 다음은 자명하다.

$$\begin{aligned}
F_{k+10} &= F_{k+8}+F_{k+9}\\
&= F_{k+8}+F_{k+7}+F_{k+8}\\
&= F_{k+6}+F_{k+7}+F_{k+7}+F_{k+8}\\
&= F_{k+5}+F_{k+6}+F_{k+6}+F_{k+7}+F_{k+8}\\
&\cdots\quad\cdots\quad\cdots\\
&= F_{k+1}+2F_{k+2}+F_{k+3}+\cdots+F_{k+8}.
\end{aligned}$$

마지막 식은 S보다 크다.

15.12. 등식 $a^2=b^2+ab\pm1$로부터, $a\ge b$을 알 수 있다. 특히, $a=b$인 것은 이들 두 수가 1인 경우에만 가능하다. 그러므로, $a>b$라고 할 수 있다. $b^2-(a-b)b-(a-b)^2=-(a^2-ab-b^2)$이므로, 쌍 b, $a-b$에 대해 요구된 등식이 성립한다. 그러므로, 그러한 몇 번의 대치 후에 쌍 $(1,1)$에 도달할 수 있다. 역변환은 $(x,y)\mapsto(x+y,x)$꼴이므로, 쌍 $(1,1)$로부터 $n=2, 3, \ldots$에 대해 순차적으로 쌍 (F_{n+1},F_n)을 얻을 수 있다.

15.13. 주어진 방정식은 $mn=(n-m)(n-m+1)$와 동치이다. 가령, $d=\gcd(m,n)$, $n=da$, $m=db$라 놓자. d로 약분하면, 방정식 $abd=(a-b)\big((a-b)d+1\big)$을 얻을 수 있

다. 수 d는 $(a-b)d+1$와 소로소이고, 수 ab는 $a-b$와 서로소이므로, $ab=(a-b)d+1$, $d=a-b$이다. 첫 번째 방정식에 식 $a=b+d$을 대입하고, $a-b$을 d로 바꾸자. 그러면, $b^2+bd=d^2+1$, 즉 $b^2+bd-d^2=1$을 얻게 된다. 문제 15.12에는 우변이 ±1인 경우보다 약간 일반화된 꼴의 방정식 풀이가 제시되어 있다. -1에 대응하는 해를 버리면, $d=F_{2k}$, $b=F_{2k-1}$, $a=b+d=F_{2k+1}$를 얻을 수 있다. 이와 같이, $n=F_{2k}F_{2k+1}$, $m=F_{2k}F_{2k-1}$이다.

참고. 등식 $\binom{n}{m-1}=\binom{n-1}{m}$는 등식 $\binom{n-1}{m-1}+\binom{n-1}{m-2}=\binom{n-1}{m}$와 동치이다.

15.14. (a) n에 대한 수학적 귀납법을 사용하자. $n=1$이면, 등식은 자명하자. 어떤 n에 대해, 등식 $F_{2n+1}F_{2n-1}=F_{2n}^2+1$이 증명되었다고 가정하자. 그러면, $F_{2n+2}^2+1=(F_{2n+1}+F_{2n})^2+1=F_{2n+1}^2+2F_{2n+1}F_{2n}+F_{2n}^2+1=F_{2n+1}^2+2F_{2n+1}F_{2n}+F_{2n+1}F_{2n-1}=F_{2n+1}(F_{2n+1}+2F_{2n}+F_{2n-1})$이 성립한다. 이제, $F_{2n+1}+2F_{2n}+F_{2n-1}=F_{2n+2}+F_{2n+1}=F_{2n+3}$을 생각하면 된다.

(b) 문제 (a)를 이용하면, $F_{2n+1}^2+F_{2n-1}^2-2F_{2n+1}F_{2n-1}=(F_{2n+1}-F_{2n-1})^2=F_{2n}^2=F_{2n+1}F_{2n-1}-1$을 얻을 수 있다. 즉, $F_{2n+1}^2+F_{2n-1}^2+1=3F_{2n+1}F_{2n-1}$이다.

15.15. $a\geq b$라고 할 수 있다. 문제 15.14에서, 수 $(a,b)=(F_{2n+1},F_{2n-1})$(단, $n\geq1$)은 요구되는 성질을 가지고 있다; 수 $(a,b)=(1,1)$도 또한 가진다. 이제, $a\geq b$인 다른 어떤 자연수의 쌍 (a,b)도 이 성질을 가지지 못한다는 것을 보이자.

a에 대한 수학적 귀납법을 사용하자. 우선, $a=b$이면, 수 $2a^2+1$이 a^2으로 나누어 떨어지므로, $a=1$이다. 이제, $a^2+b^2+1=kab$라고 가정하자(단, k는 자연수이고, $a>1$). 그리고, $a_1=b$, $b_1=kb-a=\frac{b^2+1}{a}$라 놓자. 그러면, $a_1^2+b_1^2+1=b^2+k^2b^2-2kab+a^2+1=k^2b^2-kab=kb(kb-a)=ka_1b_1$이므로, 수 (a_1,b_1)은 요구된 성질을 가진다. $1\leq b_1\leq a_1<a$임을 확인하자. 실제로, $b_1=\frac{b^2+1}{a}<\frac{b^2+1}{b}<b+1$이다. 수 b_1은 정수이므로, $b_1\leq b=a_1$이다. 게다가, 조건에 의해 $a_1=b<a$이다. 즉, 수학적 귀납법의 가정에 의해, 어떤 $n\geq0$에 대해 $b=a_1=F_{2n+1}$, $kb-a=b_1=F_{2n-1}$이다($F_{-1}=1$이라 하자). 그러한 경우에, 등식 $a^2+b^2+1=kab$로부터, $k=3$이 유도된다. 그러므로, $a=kb-b_1=3F_{2n+1}-F_{2n-1}=2F_{2n+1}+F_{2n+1}-F_{2n-1}=F_{2n+1}+F_{2n+1}+F_{2n}=F_{2n+1}+F_{2n+2}=F_{2n+3}$이다.

15.16. 문제 15.14의 공식 $F_{2n+1}^2+F_{2n-1}^2+1=3F_{2n+1}F_{2n-1}$로부터, 쌍 (F_{2n-1},F_{2n+1})이 요구된 성질을 가진다는 것을 알 수 있다. $a\leq b$인 어떤 자연수의 쌍 (a,b)도 그러한 성질을 가지지 않는다는 것을 보이자.

b에 대한 수학적 귀납법을 사용하자. 우선, $a = b$이면, a^2+1이 a로 나누어 떨어지므로, $a = b = 1$라는 것을 생각하자. $b > 1$, $a \le b$, $a^2+1 = \lambda b$, $b^2+1 = \mu a$라 하자(단, λ, μ는 정수). 그러면, $(a^2+1)^2 = \lambda^2 b^2 = \lambda^2(\mu a - 1)$이므로, $1 \equiv -\lambda^2 \pmod{a}$, 즉 λ^2+1은 a로 나누어 떨어진다. 게다가, $ab \ge a(a+1) \ge a^2+1$이므로, $\lambda \le a < b$이다. 수학적 귀납법의 가정을 사용하면, $\lambda = F_{2n-1}$, $a = F_{2n-1}$을 얻을 수 있다. 즉,

$$b = \frac{F_{2n+1}^2+1}{F_{2n-1}} = \frac{3F_{2n+1}F_{2n-1} - F_{2n-1}^2}{F_{2n-1}} = 3F_{2n+1} - F_{2n-1} = F_{2n+1}.$$

15.17. F_{k_1}으로 n을 넘지 않는 가장 큰 Fibonacci 수를 잡자. 즉, $F_{k_1} \le n < F_{k_1+1}$라 하자. 그러면, $0 \le n - F_{k_1} < F_{k_1+1} - F_{k_1} = F_{k_1-1}$이다. 그러므로, F_{k_2}로 $n - F_{k_1}$을 넘지 않는 가장 큰 Fibonacci 수를 잡으면, $F_{k_2} < F_{k_1-1}$, 즉 $k_2+1 < k_1$이다. 그리고 나서, $n - F_{k_1} - F_{k_2}$을 넘지 않는 가장 큰 Fibonacci 수를 잡자 등등. 표현의 유일성으로부터, $F_{k_1} \le n < F_{k_1+1}$이 유도된다. 실제로, $F_{k_1} + F_{k_2} + \cdots + F_{k_m} \le F_{k_1} + F_{k_1-2} + F_{k_2-4} + \ldots$ 이고, 마지막 가수는 홀수 k_1에 대해 F_3과 같고, 짝수 k_1에 대해 F_2와 같다. F_3를 $F_4 - 1$로 바꾸고, F_2를 $F_3 - 1$로 바꾸자. 그러면, $F_{k_1+1} - 1$을 얻게 된다.

15.18. 문제 15.3에서 $k = n-1$라 놓자. 그러면, $F_{2n-1} = F_{n-1}^2 + F_n^2$을 얻을 수 있다.그러므로, F_{2n-1}이 $4k+3$꼴의 소수 p로 나누어 떨어지면, 두 수 F_{n-1}과 F_n은 p로 나누어 떨어진다(문제 31.2). 그러한 경우에, 수 $F_{n-2} = F_n - F_{n-1}$은 또한 p로 나누어 떨어진다 등등. 그러면, $F_1 = 1$이 p로 나누어 떨어지지 않으므로, 모순이 유도된다.

15.19. n에 대한 수학적 귀납법을 사용하자. 만약, $n = 1$이면, $b = d = dF_2$이고, $a \ge 2d = dF_3$이다. 이제, 명제가 어떤 $n \ge 1$에 대해 증명되었다고 가정하자. Euclid 알고리즘이 $n+1$ 단계를 거치면 종료되는 수들 $a > b$를 생각하자. 첫 번째 단계에서 쌍 (a, b)은 쌍 (b, c)로 대치된다(단, $c = a - qb \le a - b$). 쌍 (b, c)에 대해, Euclid 알고리즘은 n 단계를 거치면 종료되며, $\gcd(b, c) = \gcd(a, b) = d$이다. 그러므로, 수학적 귀납법의 가정에 의해, $b \ge dF_{n+2}$, $c \ge dF_{n+1}$이다. 결국, $a \ge b + c \ge d(F_{n+2} + F_{n+1}) = dF_{n+3}$이다.

15.20. (a) $n = 2$인 경우에는 구하는 부등식이 쉽게 확인되므로, $n > 3$이라 하자. 문제 15.3의 항등식을 이용하면, $F_{n+5} = F_{(n-2)+7} = F_{n-3}F_7 + F_{n-2}F_8 = 13F_{n-3} + 21F_{n-2} > 10F_{n-3} + 20F_{n-2} = 10F_n$을 얻을 수 있다.

(b) k에 대한 수학적 귀납법을 이용하자. $k = 1$일 때에, $F_7 = 13 > 10$을 생각하면 된다. 주어진 $k \geq 1$에 대해, 부등식 $F_{n+1} < 10^k$로부터 부등식 $n \leq 5k$이 유도된다는 것을 증명하였다고 가정하자. 이제, $F_{m+1} < 10^{k+1}$라 놓자. 그러면, 문제 (a)에 의해, $10F_{m-4} < F_{m+1} < 10^{k+1}$이므로, $F_{(m-5)+1} < 10^k$이다. 결국, 수학적 귀납법의 가정에 의해, $m - 5 \leq 5k$, 즉 $m \leq 5(k+1)$이고, 이로부터 명제가 증명된다.

15.21. 쌍 (a, b)에 대한 Euclid 알고리즘이 n단계를 거쳐 종료되었다고 하자. 그러면, 문제 15.19에 의해, $b \geq F_{n+1}$이다. 수 b의 십진법표기에서 숫자의 개수가 k이면, $b < 10^k$이므로, $F_{n+1} < 10^k$이다. 이제, 문제 15.20의 결과를 이용하면 된다.

15.22. 답: F_{n+2}.
구하는 수를 x_n이라 하자. $n = 1$인 경우에는 부분집합이 $\varnothing$, $\{1\}$이므로, $x_1 = 2$이다. $n = 2$인 경우에는 부분집합이 $\varnothing$, $\{1\}$, $\{2\}$이므로, $x_2 = 3$이다. 쉽게, $n \geq 3$에 대해, $x_n = x_{n-1} + x_{n-2}$임을 확인할 수 있다. 실제로, 고찰하는 부분집합이 n을 포함하면, 이 부분집합은 $n-1$을 포함하지 않으며, 다른 어떤 제한도 부과되지 않는다. 고찰하는 부분집합의 개수는 x_{n-2}이다. 그리고, n을 포함하지 않는 부분집합의 개수는 x_{n-1}이다.

15.23. 답: F_{n+1}.
구하는 수를 x_n이라 하자. 이때, $x_1 = 1, x_2 = 2$이다. 이제, $n \geq 3$에 대해, $x_n = x_{n-1} + x_{n-2}$임을 증명하자. 실제로, 첫 번째 가수로 1을 가지는 수 n의 표현의 개수는 x_{n-1}이고, 첫 번째 가수가 2인 표현의 개수는 x_{n-2}이다.

15.24. 답: F_{n-1}.
구하는 수를 x_n이라 하자. 이때, $x_1 = 0$, $x_2 = 1$, $x_3 = 1$이다. 이제, $n \geq 3$에 대해, $x_n = x_{n-1} + x_{n-2}$임을 증명하자. 첫 번째 가수는 2가 될 것이고, 그러한 표현의 개수는 x_{n-2}개이다. 첫 번째 가수는 2보다 클 수 있다. 그러면, 이로부터 1을 뺄 수 있고, 수 $n-1$의 표현을 얻을 수 있다. 그러므로, 그러한 표현의 개수는 x_{n-1}개이다.

15.25. 답: F_n.
구하는 수를 x_n이라 하자. 이때, $x_1 = 1, x_2 = 1$이다. 이제, $n \geq 3$에 대해 $x_n = x_{n-1} + x_{n-2}$임을 증명하자. 실제로, 첫 번째 가수가 1인 표현의 개수는 x_{n-1}이다. 만약, 첫 번째 가수가 3보다 작으면, 이로부터 2를 뺄 수 있고, 수 $n-2$의 표현을 얻을 수 있다.

15.26. $b_1 = 1,\ b_2 = 0$이고, $n \geq 1$인경우에 $b_{n+2} = nb_{n+1} + b_n$인 수열 b_n을 생각하자. 등식 $b_n = b_{n+2} - nb_{n+1}$, $b_{n+3} = (n+1)b_{n+2} + b_{n+1}$을 제곱하자. 그리고 나서, 항 $b_{n+2}b_{n+1}$을 없애기 위해, 얻어진 등식들에서 첫 번째에 $n+1$을 곱하고, 두 번째에 n을 곱하여, 이들을 더하자. 그러면, 다음을 얻을 수 있다.

$$b_{n+3}^2 = \frac{(n^2+n+1)(n+1)}{n}b_{n+2}^2 + (n^2+n+1)b_{n+1}^2 - \frac{n+1}{n}b_n^2.$$

게다가, $b_3 = 1$이다. 즉, $a_n = b_n^2$이다.

15.27. $0 < k < m-2$일 때에, 다음 등식이 성립한다는 것을 증명하자.

$$u_m = u_{k+1}u_{m-k} + u_{k+2}u_{m-k-1} + u_k u_{m-k-2}. \tag{1}$$

$k = 1$인 경우에, 이 등식은 자명하다. 그러므로, $u_{k+1}u_{m-k} + u_{k+2}u_{m-k-1} + u_k u_{m-k-2} = u_{k+2}u_{m-k-1} + u_{k+3}u_{m-k-2} + u_{k+1}u_{m-k-3}$을 증명하면 된다. 양변에서 항 $u_{k+2}u_{m-k-1}$을 약분하고, 등식 $u_{k+1}u_{m-k} = u_{k+1}u_{m-k-2} + u_{k+1}u_{m-k-3}$을 사용하자. 항 $u_{k+1}u_{m-k-3}$을 약분하면, 자명한 등식 $(u_{k+1} + u_k)u_{m-k-2} = u_{k+3}u_{m-k-2}$을 얻을 수 있다.

등식 (1)에 $m = 2n$, $k = n-1$을 대입하면, $u_{2n} - u_{n-1}^2 = 2u_n u_{n+1}$을 얻을 수 있다. 등식 (1)에 $m = 2n+1$, $k = n-1$을 대입하면, $u_{2n+1} - u_{n+1}^2 = u_n(u_{n-1} + u_{n+2})$을 얻을 수 있다.

제 16 장

예들과 조직들

제 1 절 수들의 쌍

16.1. 10개의 자연수를 택한다고 하자. 이들 중에 어느 것도 다른 수로 나누어 떨어지지 않으며, 임의의 수의 제곱은 이들 수 각각으로 나누어 떨어져야 한다. 이와 같은 10개의 자연수를 택할 수 있는가?

16.2. (a) 어떤 자연수 n에 대해, $k!l! = n!$을 만족시키는 무한히 많은 자연수들의 쌍 $k, l \geq 2$이 존재한다는 것을 증명하여라.
(b) 각각의 자연수 m에 대해, 어떤 n에 대해 $a_1!a_2! \cdots a_m! = n!$을 만족시키는 무수히 많은 자연수들의 쌍 $a_1, \ldots, a_m \geq 2$이 존재한다는 것을 증명하여라.

16.3. 임의의 자연수 n에 대해, n개의 서로 다른 자연수를 생각하자. 이들 중에서 임의의 두 수의 합이 이들의 차로 나누어 떨어지는, 그러한 n개의 자연수가 존재한다는 것을 증명하여라.

16.4. (a) 수 a, b의 소인수는 같고, 수 $a+b$, $b+1$의 소인수 또한 같은 자연수 a, b의 쌍은 유한집합인가 무한집합인가? 단, $a \neq b$이다.

(b) a와 $b+1$의 소인수가 같고 $a+1$과 b의 소인수가 같은 자연수 a, b의 쌍은 유한집합인가 무한집합인가?

16.5. $p^2+q^2+r^2 = p_1^2+q_1^2+r_1^2$이고 $p^4+q^4+r^4 = p_1^4+q_1^4+r_1^4$을 만족시키는 쌍쌍이 서로 다른 자연수들 p, q, r, p_1, q_1, r_1을 구하여라(**Ramanujan**).

제 2 절 무한수열

16.6. 임의의 자연수 n에 대해, 수열 1, 1/2, 1/3, 1/4, ...으로부터 길이가 n인 등차수열을 택할 수 있는가?

16.7. 자연수열 a_1, a_2, ...을 생각하자. 이때, 수열의 항에는 자연수의 거듭제곱이 없고, 서로 다른 몇몇 항들의 어떤 합도 자연수의 거듭제곱이 되지 않아야 한다. 그러한 무한자연수열이 존재하는가?

16.8. 수 1, 2, 3, ..., 32가 적힌 카드들을 순서대로 쌓아 놓았다. 윗쪽에 있는 임의의 개수의 카드를 꺼내 나머지 카드들 사이에 끼워놓을 수 있다. 이때, 두 부분 각각에서 카드의 순서는 바꾸지 못하며, 나머지 부분에서는 임의로 할 수 있다.
(a) 그러한 조작을 5번 실행하면, 카드를 임의의 순서로 만들 수 있다.
(b) 그러한 조작을 4번 실행하여 카드를 역의 순서로 놓는 것은 불가능하다.

제 3 절 다항식과 유리함수

16.9. 상수함수가 아니며 $R(x) = R(1/x)$, $R(x) = R(1-x)$을 만족시키는 유리함수(즉, 두 다항식의 비) $R(x)$의 예를 제시하여라.

16.10. 모든 범위에서 0이 아닌 값을 가지지만 0에 원하는 만큼 가까운 값을 가지는, 실수인 두 변수에 대한 그러한 다항식 $f(x, y)$가 존재하는가?

16.11. 몇몇 서로 다른 실수들 x에 대해 같은 값들을 가지지만 서로 다른 모든 유리수 x에 대해서는 다른 값을 가지는, 계수가 정수인 그러한 다항식 $f(x)$가 존재하는가?

제 4 절 다양한 예들과 조직들

16.12. $2n$명의 사람을 $2n-1$가지 방법으로 쌍으로 분할하려고 한다. 이때, 각각의 사람은 다른 사람 각각과 정확히 한 번의 분할에서만 쌍을 이루어야 한다. 그러한 분할이 가능한가?

16.13. (a) 1g씩 나가는 60개의 고리로 된 사슬이 하나 있다. 사슬에서 몇몇 개의 고리를 풀어, 얻어진 조각의 무게가 1g, 2g, ..., 60g이 되도록 해야 한다(풀어진 고리의 무게도 1g임). 최소한 몇 개의 고리를 풀어야 하는가?
(b) 150개의 고리로 된 사슬에 대해, (a)와 같은 문제를 풀어라.

16.14. 도시에 10개의 버스노선과 정류장들을 만들려고 한다. 어떤 8개의 버스노선을 잡더라도 어느 노선에도 속하지 않는 정류장이 있어야 하며, 임의의 9개 버스노선은 모든 정류장을 지나야한다. 이와 같은 버스노선과 정류장을 만들 수 있는가?

16.15. n개의 정수 $a_1 = 1,\ a_2,\ a_3,\ \ldots,\ a_n$이 주어졌고, $a_i \le a_{i+1} \le 2a_i(, i = 1, 2, \ldots, n-1)$이며, 모든 수의 합은 짝수이다. 이들 수를 두 묶음으로 나누어, 각 묶음에 있는 수들의 합이 같도록 할 수 있는가?

16.16. 라디오 진공관은 둥글게 배열된 7개의 접지선을 가지고 있으며, 진공관에 연결되는 플러그는 7개의 구멍으로 되어있다. 이때, 진공관의 각 접지선과 플러그의 각 구멍에 번호를 붙이자. 임의로 진공관을 플러그에 연결하였을 때, 접지선의 번호와 플러그 구멍의 번호가 적어도 하나는 일치하도록, 진공관과 플러그에 번호를 붙일 수 있는가?

16.17. (a) 무게가 1g, 2g, 3g, 4g, $\ldots$, 555g인 555개의 추가 있다. 이들을 무게가 같은 세 묶음으로 나누어라.
(b) 무게가 1^2g, 2^2g, 3^2g, $\ldots$, 81^2g인 81개의 추가 있다. 이들을 무게가 같은 세 묶음으로 나누어라.

16.18. 숫자 2와 1로 만들 수 있는 모든 10자리 수들을 생각하자. 이들을 두 묶음으로 나누어, 각 묶음에 있는 임의의 두 수를 합한 결과에 숫자 3이 두 개보다 적지 않게 포함되도록 해야 한다. 그러한 분할을 제시하여라.

16.19. 직각을 한 변이 1인 무한개의 정사각형들로 나누었다. 이들 정사각형 각각에 자연수를 써넣어, 직각의 변들 중의 하나에 평행한 정사각형들의 각 열에 임의의 자연수가 정확히 한 번만 나타나야 한다. 이와 같이, 자연수들을 적는 것이 가능한가?

힌트 및 증명

16.1. 답: 가능하다.
$p_1, \ldots, p_{10}$은 서로 다른 소수이고, $N = p_1 \cdots p_{10}$라 하자. 그러면, 수 $N_1 = p_1 N, \ldots, N_{10} = p_{10} N$은 요구된 성질을 가지게 된다. 실제로, 수 N_i는 p_i^2으로 나누어 떨어지고, 수 N_j(단, $j \neq i$)는 오직 p_i로만 나누어 떨어지며, p_i^2으로는 나누어 떨어지지 않는다. 한편, N_i^2은 N^2으로 나누어 떨어지며, N^2는 N_j로 나누어 떨어진다.

16.2. (a) $k = l! - 1$라 두자. 그러면, $k!l! = n!$이 성립한다(단, $n = l!$).
(b) $a_1 = a_2! \cdots a_m! - 1$라 두자. 그러면, $a_1!a_2! \cdots a_m! = n!$이 성립한다(단, $n = a_2! \cdots a_m!$).

16.3. $n = 2$에 대해, 수 1과 2를 잡을 수 있다. 수 $a_1, \ldots, a_n$이 요구된 성질을 만족시킨다고 하자. 그러면, 수 A, $A + a_1$, $\ldots$, $A + a_n$(단, $A = a_1 \cdots a_n$) 또한 요구된 성질을 만족시킨다는 것을 보이자. A가 a_k로 나누어 떨어지므로, $A + a_k + A$는 $A + a_k - A = a_k$로 나누어 떨어진다. $A + a_i + A + a_j$이 $A + a_i - (A + a_j) = a_i - a_j$로 나누어 떨어지는가를 확인하자. 조건에 의해, $a_i + a_j$은 $a_i - a_j$로 나누어 떨어진다. 게다가, $2a_i = (a_i + a_j) + (a_i - a_j)$은 $a_i - a_j$로 나누어 떨어지며, 즉 $2A$는 $a_i - a_j$로 나누어 떨어진다.

16.4. (a) 답: 무한집합이다.
예를 들어, $a = 2^n - 2$, $b = 2^n(2^n - 2)$라고 하자. 그러면, $a + 1 = 2^n - 1$이고, $b + 1 = 2^{2n} - 2 \cdot 2^n + 1 = (2^n - 1)^2$이다.

(b) 답: 무한집합이다.
예를 들어, $a = 2^k + 1$, $b = a^2 - 1 = 2^{k+1}(2^{k-1} + 1)$라고 하자. 그러면, 수 a와 $b + 1 = a^2$은 같은 소인수를 가진다. 그리고, 수 $a + 1 = 2(2^{k-1} + 1)$와 $b = 2^{k+1}(2^{k-1} + 1)$도 같은 소인수를 가진다.

16.5. 문제 32.23의 Ramanujan 항등식 $f_2 = f_4 = 0$을 사용하자. 이때, $a = 1$, $b = 2$, $c = 3$, $d = 6$라 놓으면, 구하는 수들의 쌍 11, 6, 5와 10, 9, 1을 얻을 수 있다.

16.6. 답: 택할 수 있다.
수 $\frac{1}{n!}, \frac{2}{n!}, \ldots, \frac{n}{n!}$은 길이가 n이며, 공차가 $\frac{1}{n!}$인 등차수열을 이룬다. 이들 수는 $1/(n!/k)$인 꼴이다(단, 수 $n!/k$는 정수임).

16.7. 답: 존재한다.
$a_1 = 2$, $a_2 = 2^2 3$, $a_3 = 2^2 3^2 5$, $\ldots$, $a_n = 2^2 3^2 \cdots p_{n-1}^2 p_n$이라고 놓자(단, p_n은 n번째 소수). 수 $a_k + a_{k+l} + \cdots + a_{k+r}$은 p_k로 나누어 떨어지지만, p_k^2으로는 나누어 떨어지지 않는다. 그러므로, 이 수는 자연수의 거듭제곱이 될 수 없다.

16.8. (a) 카드에 다시 번호를 붙이면, 카드가 임의의 순서로 놓여있다고 간주할 수 있으며, 이제 이들을 순서대로 놓으면 된다. 번호가 i와 $i+1$인 인접한 카드에 수 $a_i > a_{i+1}$이 적혀있으면, 이들 카드의 쌍이 무순배열 되었다고 부르자. 카드들을 무순배열이 없는 묶음들로 나누자(묶음에 하나의 카드만 있을 수도 있음). 이때, 임의의 두 묶음을 무순배열 없도록 결합시킬 수 있다. 이때, 각 묶음에서는 카드 순서가 바뀌지 않는다.

맨처음 묶음들의 개수는 32를 넘지 않는다. 윗쪽으로부터 처음 16개 묶음을 꺼내어, 번호가 i인 묶음과 번호가 $i+16$인 묶음을 결합시키자. 그러면, 16개보다 많지 않는 정렬된 묶음들을 얻게 된다. 이제, 윗쪽으로부터 처음 8개의 묶음을 꺼내, 번호가 i인 묶음과 번호가 $i+8$인 묶음을 결합시키자. 이 조작을 수행하고 나면, 8개보다 많지 않은 묶음들이 남게 되며, 세 번째 조작을 마치면 4개보다 많지 않은 묶음들이, 네 번째 조작을 마치면 2개보다 많지 않은 묶음들이, 다섯 번째 조작을 마치면, 카드들이 정렬될 것이다.

(b) 만약, 카드들이 역순서로 놓여있다면, 무순배열의 개수는 31이다. 윗쪽에서 카드의 일부를 꺼내면, 무순배열 하나가 사라지며, 얻어진 두 묶음의 카드에는 모두 합하여 30개의 무순배열이 있을 것이다. 그러므로, 한 묶음에는 15개보다 적지 않은 무순배열이 있을 것이다. 만약, 무순배열인 두 카드 사이에 임의의 카드를 넣으면, 적어도 하나는 무순배열이 만들어진다. 이것은, 만약 이들 사이에 몇몇 카드를 넣으면, 적어도 하나는 무순배열이 만들어진다는 것을 의미한다. 그러므로, 첫 번째 조작을 수행하고 나면, 15개보다 적지 않은 무순배열이 남고, 두 번째 조작을 수행하고 나면 7개보다 적지 않은 무순배열이, 세 번째 조작을 수행하고 나면 3개보다 적지 않은 무순배열이, 네 번째 조작을 수행하고 나면, 하나보다 적지 않은 무순배열이 남는다.

16.9. x를 $1-x$와 $1/x$로 바꾸면, 각각의 수로부터 모두 여섯 개의 서로 다른 수 x, $1/x$, $1-x$, $\frac{1}{1-x}$, $\frac{x}{x-1}$, $\frac{x-1}{x}$을 얻을 수 있다. 그러므로, 함수

$$R(x) = x^2 + \frac{1}{x^2} + (1-x)^2 + \frac{1}{(1-x)^2} + \frac{x^2}{(1-x)^2} + \frac{(x-1)^2}{x^2}$$

는 요구된 성질을 가진다.

16.10. 답: 존재한다.

예를 들어, $f(x,y) = x^2 + (xy-1)^2$라 하자. 만약, $f(x,y) = 0$이면, $x = 0$, $xy - 1 = 0$이고, 이것은 불가능하다. 한편, 임의의 $\epsilon > 0$에 대해, $x = \sqrt{\epsilon}$, $xy - 1 = \sqrt{\epsilon}$, 즉 $y = 1 + \frac{1}{\sqrt{\epsilon}}$이다. 그러면, $f(x,y) = 2\epsilon$이다.

16.11. 답: 존재한다.

예를 들어, $f(x) = x^3 - 2x$라 놓자. 이 함수는 $x = 0, \pm\sqrt{2}$에서 0이 된다. $x = m/n, y = p/q$는 기약분수이고($n > 0$, $q > 0$), $f(x) = f(y)$라고 가정하자. 그러면,

$$q^3 m(m^2 - 2n^2) = n^3 p(p^2 - 2q^2). \tag{1}$$

수 p와 q는 서로소이므로, 수 $p^2 - 2q^2$와 q는 서로소이다. 결국, n^3은 q^3으로 나누어 떨어진다. 같은 방법으로, q^3은 n^3으로 나누어 떨어지며, $n = q$이다. 그러한 경우에 등식 (1)을 $m^3 - 2mq^2 = p^3 - 2pq^2$, 즉 $m^3 - p^3 = 2q^2(m - p)$와 같이 쓸 수 있다. $m \neq p$인 경우에, $m^2 + pm + p^2 = 2q^2$을 얻을 수 있다. 그러나, 그러한 경우에, 두 수 m, p, q는 짝수가 된다. 이것은 p, q가 서로소라는 것에 모순된다.

16.12. 답: 가능하다.

한 사람을 원의 중심에 위치하도록 하고, 나머지 사람들을 원에 같은 간격으로 세운다. 쌍으로 다음과 같이 분할할 수 있다. 원주에 있는 한 사람을 잡아, 이 사람을 지나는 지름을 긋자. 선택된 사람과 중심에 서 있는 사람을 한 쌍으로 한다. 나머지 쌍은 작도된 지름에 직교하는 현의 끝에 서 있는 사람들로 만든다.

16.13. (a) 답: 3개의 고리.

n개의 고리로 된 사슬에서 k개의 고리를 풀어, 얻어진 조각들로 1에서 n까지의 모든 무게를 만들 수 있는 n의 최대값을 생각하자. 만약, k개의 고리를 풀었다면, 1에서 k까지의 임의의 개수의 고리를 만들 수 있다. 그러나, $k+1$개의 고리로 된 조각 또는 더 작은 개수의 고리로 된 조각이 없다면, $k+1$개의 고리를 만들 수 없을 것이다. 여기서, 가장 편리한 것은 정확히 $k+1$개의 고리로 된 조각을 가지는 것이다. 그러면, 1에서 $2k+1$개까지의 임의의 개수의 고리로 된 사슬을 얻을 수 있다(그렇지 않으면, 1에서 $l_1 + k$개의 고리로 된 조각들을 얻을 수 있다. 단, $l_1 \leq k$).

그리고 나서, 가장 바람직 한 것은 $2(k+1)$개의 고리로 된 조각을 가지는 것이고, 그리고 나서 $4(k+1)$개의 고리로 된 조각 등등. 결국, 만약 k개의 고리를 풀었을 때에, 가장 바람직한 상황은 얻어진 $k+1$개의 조각들이 $k+1, 2(k+1), 4(k+1), 8(k+1), \ldots, 2^k(k+1)$개의 고리로 된 조각들인 경우이다. 그러한 경우에, 1에서 $n = 2^{k+1}(k+1) - 1$까지의 임의의 개수의 고리를 만들 수 있다. 결국, 만약 $2^k k \leq n \leq 2^{k+1}(k+1) - 1$이면, k개의 고리를 열지 않아도 되지만 $k-1$개의 고리는 반드시 열어야 한다.

만약 $24 \le n \le 63$이면, 열린 고리의 최소 개수는 3이다. 열 때에 얻어진 사슬의 네 조각은 4, 8, 16, 29개의 고리로 된 조각들이어야 한다.

(b) 답: 4개의 고리.
문제 (a)의 풀이에 따라, $n(64 \le n \le 159)$개의 고리로 된 사슬은 4개의 고리를 열어야 한다.

16.14. 답: 가능하다.
서로 교차하는 10개의 직선을 작도하자. 버스노선이 직선을 따라 이루어졌으며, 정류장은 직선들의 교점이라 하자. 임의의 9개 버스노선은 모든 정류장을 지난다. 왜냐 하면, 나머지 직선에 속하는 각각의 정류장을 이들 버스노선에 해당하는 9개의 직선들 중의 하나가 지난다. 임의의 8개의 버스노선은 나머지 두 버스노선의 교점인 정류장을 지나지 않는다.

16.15. 수 a_n은 한 묶음에, a_{n-1}은 다른 묶음에 놓자. 그리고 나서, 순차적으로 수들 a_{n-2}, $a_{n-3}, \ldots, a_1$을 합이 작은 묶음에 놓자(만약, 합이 같으면, 어떤 묶음에 놓아도 된다). 가령, $\Delta_k \ge 0$는 a_k를 넣은 다음에, 두 묶음에 속하는 수들의 합의 차라 하자. $\Delta_k \le a_k$임을 보이자. 실제로, $\Delta_{n-1} = a_n - a_{n-1} \le 2a_{n-1} - a_{n-1} = a_{n-1}$이다. 그리고, 만약 $\Delta_k \le a_k$이면, $\Delta_{k-1} = |\Delta_k - a_{k-1}|$이고, $-a_{k-1} \le \Delta_k - a_{k-1} \le a_k - a_{k-1} \le 2a_{k-1} - a_{k-1} = a_{k-1}$이다.

두 묶음에 모든 수들을 분배하고 나면, 합이 S_1, S_2인 묶음을 얻게 되며, 이때 $|S_1 - S_2| \le a_1 = 1$이다. 조건에 의해, 수 $S_1 + S_2$은 짝수이고, 그러므로 $S_1 = S_2$이다.

16.16. 답: 가능하다.
진공관의 접지선에 순서대로 번호를 붙이고, 플러그의 구멍에는 반대 순서로 번호를 붙이자. 그러면, 번호가 k인 접지선은 번호가 $a - k$(a는 정해진 수)인 구멍에 들어가게 된다(좀 더 정확하게 말하자면, 여기서는 번호 자체가 아니라, 이들을 7로 나눈 나머지를 다루며, 번호가 일치할 필요충분조건은 나머지가 일치하는 것이다).

수 k와 $a - k$를 7로 나누면 같은 나머지가 되도록, k를 잡아야 한다. 즉, 수 $2k$와 a와 같은 나머지를 가지도록. k를 7로 나누어 모든 나머지가 가능하다면, $2k$도 모든 나머지가 가능하다는 것을 쉽게 확인할 수 있다.

16.17. (a) 무게가 $n, n+1, \ldots, n+8$인 9개의 추를 무게가 (1) $n, n+4, n+8$; (2) $n+1, n+5, n+6$; (3) $n+2, n+3, n+7$와 같은 세 묶음으로 나눌 수 있다. 이것은 무게가 1, 2, $\ldots, 549 = 61 \cdot 9$인 추들을 무게가 같은 세 묶음으로 나눌 수 있다는 것을 의미한다. 무게가

550, 551, ..., 555인 나머지 6개의 추들은 무게가 같은 세 묶음으로 다음과 같이 나눌 수 있다: (1) 550와 555; (2) 551와 554; (3) 552와 553.

(b) 무게가 n^2, $(n+1)^2$, ..., $(n+8)^2$인 추들을 세 묶음으로 다음과 같이 나눌 수 있다: (1) n^2, $(n+5)^2$, $(n+7)^2$; (2) $(n+1)^2$, $(n+3)^2$, $(n+8)^2$; (3) $(n+2)^2$, $(n+4)^2$, $(n+6)^2$. 처음 두 묶음은 같은 무게를 가지며, 세 번째 묶음은 18g이 적다. 그러므로, 무게가 n^2, $(n+1)^2$, ..., $(n+26)^2$인 27개의 추를 6묶음은 무게가 같고, 3묶음은 처음 6개보다 18이 적은 9개의 묶음으로 나눌 수 있다. 이들 9개의 묶음으로부터, 무게가 같은 세 묶음을 만들 수 있다. 이와 같이, 무게가 1^2, 2^2, 3^2, ..., $(27k)^2$인 $27k$개의 추를 무게가 서로 같은 세 묶음으로 나눌 수 있다. $k=3$인 경우에 구하는 것을 얻을 수 있다.

16.18. 2가 짝수 개 포함된 모든 수들을 첫 번째 묶음에 넣고, 2가 홀수 개 포함된 수들은 두 번째 묶음에 넣자. 같은 묶음에 있는 두 수는 같은 개수의 2를 포함하거나 또는 한 수에 포함된 2의 개수가 다른 수에 포함된 2의 개수보다 적어도 2개가 많다.

만약, 두 수가 서로 다르면, 어떤 자리에 한 수는 1이 있고, 다른 수는 그 자리에 2가 있는 것이다. 그리고, 만약, 두 수에 2가 같은 개수만큼 포함되어 있으면, 그러한 자리가 적어도 두 개 존재한다. 만약, 한 수에 포함된 2의 개수가 다른 수에 포함된 2의 개수보다 적어도 2개가 많으면, 첫 번째 수의 표기에서 두 개의 2에 대해, 두 번째 수의 표기에서는 1이 대응된다.

16.19. 답: 가능하다.

A는 한 변이 2^n인 정사각형으로, 한 변이 1인 정사각형들로 분할되어 그 안에 자연수가 적혀있다고 하자. 이 정사각형에 한 변이 2^{n+1}인 정사각형

$A+2^n$	A
A	$A+2^n$

을 대응시키자. 만약, 수 1이 적힌 한 변이 1인 정사각형에서 시작하면, 순차적으로 모든 직각을 채우게 된다. 이때, 한 변이 2^n인 각각의 정사각형에서, 직각의 한 변과 평행한 작은 정사각형의 각 열에서는 1에서 2^n까지의 수를 정확히 한 번씩 만나게 된다.

참고. 문제 20.9를 보시오.

제 17 장

비둘기집의 원리, 극단의 원리

제 1 절 나머지들

17.1. 유리수의 십진법표기는 순환소수임을 증명하여라.

참고. 이것은 문제 9.3의 역명제임.

17.2. 자연수 a와 b가 서로소이면, 어떤 자연수 n에 대해 $a^n - 1$은 b로 나누어 떨어진다는 것을 증명하여라.

17.3. $p < q$는 자연수이며, q는 2와 5로 나누어 떨어지지 않는다. 문제 17.2에 의해, $10^n - 1$이 q로 나누어 떨어지는 n을 잡을 수 있다. p/q는 순순환소수이며, 순환마디의 길이가 n으로 나누어 떨어진다는 것을 증명하여라.

17.4. 100개의 임의의 정수로부터 하나 또는 몇몇 개의 수를 잡아, 이들의 합이 두 개의 0으로 끝나도록 할 수 있다는 것을 증명하여라.

17.5. 수 1, 2, ..., n에서 $(n+1)/2$개보다 많은 서로 다른 수들을 잡았다. 선택한 수들 중에서 하나는 다른 수로 나누어 떨어진다는 것을 증명하여라.

17.6. 소수 a_1, a_2, $\ldots$, a_p은 증가하는 등차수열을 이루며, $a_1 > p$이다. 만약, p가 소수이면, 수열의 공차는 p로 나누어 떨어진다는 것을 증명하여라.

17.7. $n > 1$은 자연수이고, e은 $\sqrt{n}$을 넘지않는 가장 작은 정수이다. n과 서로소인 임의의 자연수 a에 대해, $e-1$을 넘지 않으며, $ay \equiv \pm x \pmod{n}$인 자연수 x, y를 잡을 수 있다는 것을 증명하여라.

참고. 문제 15.10도 보시오.

제 2 절 수열

17.8. $mn+1$개의 서로 다른 수들로 된 임의의 수열은 $m+1$개의 수들로 된 증가수열을 포함하거나 또는 $n+1$개의 수들로 된 감소수열을 포함한다는 것을 증명하여라.

제 3 절 다양한 문제들

17.9. $n \geq 2$명의 임의의 사람이 있으며, 이들 중에서 서로 아는 사람의 수를 생각하자. 이때, 아는 사람의 수가 같은 두 명을 찾을 수 있다는 증명하여라.

17.10. 수 $[a]$, $[2a]$, $\ldots$, $[Na]$은 서로 다르며, 수 $\left[\frac{1}{a}\right]$, $\left[\frac{2}{a}\right]$, $\ldots$, $\left[\frac{M}{a}\right]$도 서로 다르다. 그러한 a를 모두 구하여라.

제 4 절 유리수에 의한 무리수의 근사값

17.11. α는 무리수이다. $|x/y-\alpha| < 1/y^2$을 만족시키는 무한히 많은 서로소인 수 x, y의 쌍이 존재한다는 것을 증명하여라.

17.12. α는 양수이다. 임의의 $C > 1$에 대해, $x < C$와 $|x\alpha - y| \le \frac{1}{C}$인 자연수 x, 정수 y를 잡을 수 있다는 것을 증명하여라.

17.13. (a) α는 무리수이다. 임의의 수 $a < b$에 대해, $a < m\alpha - n < b$을 만족시키는 정수 m, n을 잡을 수 있다는 것을 증명하여라.
(b) 수 m, n을 자연수에서도 잡을 수 있다는 것을 증명하여라.

제 5 절 극단의 원리

어떤 양이 최대값 또는 최소값을 가지는 원소에 대해 생각하는 것은 **극단의 원리**에 관련된다. 극단의 원리는 많은 문제의 해결에서 사용된다.

17.14. (a) 무한히 넓은 장기판(체스판)에 수들을 써넣어, 각각의 수는 인접한 네 수(위, 아래, 왼쪽, 오른쪽)의 산술평균이 되도록 하였다. 장기판에 있는 모든 수는 서로 같다는 것을 증명하여라.
(b) 무한히 넓은 초등학교 국어공책의 각 칸에 어떤 실수를 하나씩 써넣었다. 어떤 칸에 적힌 수가 이 칸을 둘러싸는 8개의 칸들 중에서 적어도 네 칸에 적힌 수들보다 크지 않은, 그러한 칸이 존재한다는 것을 증명하여라.

17.15. 격자칸이 그려진 직사각형 모양의 종이가 있다. 종이의 각 격자칸에는 수들이 하나씩 적었다. 그런데, 종이의 귀퉁이(즉, 인접한 칸이 적어도 하나는 존재하지 않는)를 제외한 나머지 칸들에 적힌 수들 각각은 인접한 네 격자칸에 있는 수들의 산술평균이었다. 그리고, 표에 있는 모든 수들은 서로 다르다. 가장 큰 수는 귀퉁이에 적힌 수라는 것을 증명하여라.

17.16. 각각의 무게가 정수값(단위는 g)인 13개의 추가 있다. 이들 중에서 임의로 12개를 뽑아, 양팔저울의 양쪽에 6개씩 올려놓아, 무게가 서로 같도록 할 수 있다. 이때, 모든 추의 무게가 같다는 것을 증명하여라.

17.17. (a) 수 1, 2, 3, 4, 5, 6, 7, ..., 199, 200에서 임의로 101개를 뽑았다. 뽑힌 수들 중에는 한 수가 다른 수로 나누어 떨어지는, 그러한 두 수가 존재한다는 것을 증명하여라.

(b) 200개의 수 1, 2, 3, ..., 199, 200에서 16보다 작은 한 수를 뽑고, 99개의 수를 또 뽑았다. 뽑힌 수들 중에서 한 수가 다른 수로 나누어 떨어지는, 그러한 두 수가 존재한다는 것을 증명하여라.

17.18. 한 개의 박테리아에서 다음과 같은 방법으로 n개의 박테리아가 얻어진다. 처음에 박테리아는 두 개로 분할되고, 그리고 나서 얻어진 두 개의 박테리아 중의 하나는 두 개로 분할된다. 그리고 나서, 얻어진 세 개의 박테리아 중의 하나는 두 개로 분할된다 등등. 임의의 자연수 $a \le n/2$에 대해, 어떤 박테리아의 후손의 수가 a보다 작지 않고 $2a-1$보다 크지 않게 되는(최종적으로 얻어진 n개의 박테리아 중에서), 그러한 박테리아가 어떤 순간에 존재한다는 것을 증명하여라.

17.19. 세 수 x, y, z를 잡았다. 이들 수의 차의 절대값 $x_1 = |x-y|$, $y_1 = |y-z|$, $z_1 = |z-x|$을 계산하자. 이러한 방법으로, 수 x_1, y_1, z_1에 대해 수 x_2, y_2, z_2을 만들었다. 어떤 n에 대해, n $x_n = x$, $y_n = y$, $z_n = z$을 생각하자. $x = 1$일 때, y, z를 구하여라.

17.20. 수 $a_1, a_2, \ldots, a_n$로부터

$$b_1 = \frac{a_1+a_2}{2},\ b_2 = \frac{a_2+a_3}{2},\ \ldots,\ b_{n-1} = \frac{a_{n-1}+a_n}{2},\ b_n = \frac{a_n+a_1}{2}$$

을 만들자. 그리고, 얻어진 수들에 같은 방법을 적용하자. 만약, 얻어진 수들이 항상 정수라 하면, $b_1 = b_2 = \cdots = b_n$임을 증명하여라.

힌트 및 증명

17.1. p/q꼴인 유리수만 살펴보면 된다(단, $1 \le p < q$). 그러한 경우에, 십진법표기 $p/q = 0, a_1a_2a_3\ldots$의 숫자들은 다음과 같은 방법으로 구할 수 있다: $a_k = \left[\frac{10^k p}{q}\right] - 10\left[\frac{10^{k-1}p}{q}\right]$. 이

제, $10^{k-1}p = Mq + r_k$라 하자(단, r_k는 $10^{k-1}p$를 q로 나눈 나머지). 그러면, $a_k = 10M + \left[\frac{10r_k}{q}\right] - 10M = \left[\frac{10r_k}{q}\right]$이다. 수들 $r_1, \ldots, r_{q+1}$ 중에 두 개의 같은 수 $r_i = r_{i+n}$이 존재한다. 그리고, r_{k+1}는 $10r_k$을 q로 나눈 나머지이다. 그러므로, $r_{i+1} = r_{i+n+1}$ 등등. 즉, 숫자 a_k의 수열은 주기적으로 반복된다(번호 i 다음에).

17.2. 수 $a, a^2, \ldots, a^{b+1}$ 중에서 두 수는 b로 나누어 같은 나머지를 가진다. 이러한 수를 a^k, a^l라 하자(단, $k > l$). 그러면, $a^k - a^l = a^l(a^{k-l} - 1)$은 b로 나누어 떨어진다. 수 a^l과 b은 서로소이므로, $a^{k-l} - 1$는 b로 나누어 떨어진다.

17.3. $10^n - 1 = rq$라 놓자. 그러면, 다음이 성립한다.

$$\frac{p}{q} = \frac{rp}{rq} = \frac{rp}{10^n - 1} = rp \cdot 10^{-n} + rp \cdot 10^{-2n} + rp \cdot 10^{-3n} + \cdots.$$

이때, $rp < rq = 10^{n-1}$이다.

17.4. $a_1, \ldots, a_{100}$을 주어진 수들이라 하자. 수 $S_1 = a_1,\ S_2 = a_1 + a_2, \ldots, S_{100} = a_1 + a_2 + \cdots + a_{100}$ 중에서 어느 수도 100으로 나누어 떨어지지 않는다고 가정하자. 그러면, 이들을 100으로 나누면, 99개의 서로 다른 나머지 1, 2, …, 99을 얻는다. 그러므로, 두 수 S_n와 $S_m (n > m)$을 100으로 나누면, 나머지가 같다. 즉, 수 $S_n - S_m = a_{m+1} + \cdots + a_n$은 100으로 나누어 떨어진다.

17.5. 선택된 각각의 수에 대해 가장 큰 홀수인 약수를 대응시키자. n이 짝수인 경우에, n을 넘지 않는 홀수의 개수는 $n/2$이고, n이 홀수인 경우에는 $(n+1)/2$이다. 그러므로, 선택된 수들 중에서 두 수는 가장 큰 홀수인 약수가 서로 같다. 이들 수 중에서 큰 수가 작은 수로 나누어 떨어진다.

17.6. 수 $a_1, \ldots, a_p$을 p로 나눈 나머지들을 살펴보자. 수 $a_1, \ldots, a_p$는 소수이며, 이들 모두는 p보다 크므로, 이들 중에서 어느 것도 p로 나누어 떨어지지 않는다. 이와 같이, p와는 다른 p개의 나머지들을 얻었다. 결국, p로 나누어 같은 나머지를 가지는 두 수 a_i, a_j가 존재한다. 그러므로, 이들의 차는 p로 나누어 떨어진다. 그러나, $a_i - a_j = (i-j)d$이다(단, d는 수열의 공차). 수 $|i-j|$는 p보다 작으므로, 수 d는 p로 나누어 떨어져야 한다.

17.7. 수들 $ay + x$(단, $x, y = 0, 1, 2, \ldots, e-1$)의 e^2을 생각하자. $e^2 > n$이므로, 이 수들 중에서 n으로 나누어 같은 나머지를 가지는 수 $ay_1 + x_1$, $ay_2 + x_2$을 찾을 수 있다. 결국, $a(y_1 - y_2) \equiv x_2 - x_1 \pmod{n}$이 성립한다. 수 $|y_1 - y_2|$와 $|x_1 - x_2|$는 $e-1$을 넘지 않으므로, 이들이 0인 경우에만 n으로 나누어 떨어질 수 있다. 조건에 의해, 수 a는 n과 서로소이다. 그러므로, $x_1 = x_2$일 필요충분조건은 $y_1 = y_2$이다. 결국, $|y_1 - y_2| \neq 0$이고 $|x_1 - x_2| \neq 0$이다. 그러므로, 수 $x = |x_1 - x_2|$와 $y = |y_1 - y_2|$는 요구된 성질을 가진다.

17.8. 주어진 수열의 항 a_k에 두 수 x_k와 y_k을 대응시키자(단, x_k는 a_k로 시작하는 증가수열의 가장 긴 길이이고, y_k는 a_k로 시작하는 감소수열의 가장 긴 길이이다). 이제, 모든 k에 대해 $x_k \le m$, $y_k \le n$라고 가정하자. 그러면, 서로 다른 모든 쌍 (x_k, y_k)의 개수는 mn을 넘지 않는다. 그러므로, 어떤 번호 $k \neq l$에 대해, $x_k = x_l$이고 $y_k = y_l$이다. 그러나, 이것은 불가능하다. 실제로, 편의상 $k < l$라 하자. 그러면, 만약 $a_k < a_l$이면, $x_k > x_l$이고, $a_k > a_l$이면, $y_k > y_l$이다.

17.9. 주어진 N명의 사람 각각에 대해, n명의 사람 중에서 그 사람과 아는 사람의 수를 대응시키자. 그 수는 n개의 수 $0, 1, \ldots, n-1$ 중의 하나가 될 것이다. 그러나, 만약 어떤 사람에게 아는 사람이 전혀 없다면, 모든 사람을 아는 사람은 존재하지 않게 된다. 역으로, 만약 누군가가 모든 사람을 안다면, 아는 사람이 한 명도 없는 사람은 존재하지 않는다. 이와 같이, 아는 사람의 수는 $n-1$보다 크지 않는 값들 중의 하나를 가지게 된다. 그러므로, 어떤 두 사람에 대해, 이들 값은 같게 된다.

17.10. 답: $\frac{N-1}{N} \le |a| \le \frac{M}{M-1}$.
수 $[x]$과 $[y]$이 서로 다를 필요충분조건은 수 $[-x]$와 $[-y]$이 서로 다른 것이다. 그러므로, $a > 0$인 경우만 생각하면 된다. 만약, $a < \frac{N-1}{N}$이면, 수들 $[a], [2a], \ldots, [Na]$ 중에 일치하는 것들이 존재한다. 왜냐 하면, 이들 N개의 수는 $N-1$개의 수 $0, 1, \ldots, N-2$에 포함되기 때문이다. 그러므로, $a \ge \frac{N-1}{N}$이다. 같은 방법으로, $1/a$에 대해 생각하면, $\frac{1}{a} \ge \frac{M-1}{M}$, 즉, $a \le \frac{M}{M-1}$을 알 수 있다.

이제, 만약 $\frac{N-1}{N} \le a \le \frac{M}{M-1}$이면, 모든 수 $[a], [2a], \ldots, [Na]$이 서로 다르다는 것을 보이자. 실제로, 만약 $a \ge 1$이면, 모든 수들 $[a], [2a], [3a], \ldots$은 서로 다르고, $a < 1$이면, $1 - \frac{1}{N} \le a < 1$, $2 - \frac{2}{N} \le a < 2$, $\ldots$, $N - 1 \le a < N$이므로, $k = 1, 2, \ldots, N$에 대해 $[ka] = k - 1$이다. 수들 $\left[\frac{1}{a}\right], \left[\frac{2}{a}\right], \ldots, \left[\frac{M}{a}\right]$에 대해서도 유사하게 생각할 수 있다.

17.11. 자연수 n을 고정시키자. 수들 0, α, 2α, $\ldots$, $n\alpha$의 소수부분은 구간 $[0, 1)$에 속하므로, 이들 중에서 적어도 두 수는 같은 구간 $[k/n, (k+1)/n)$에 속한다$(0 \le k \le n-1)$. 이것은, 부등식 $0 \le p_2 < p_1 \le n$을 만족시키는 어떤 정수 p_1, p_2에 대해,

$$|p_1\alpha - [p_1\alpha] - (p_2\alpha - [p_2\alpha])| < 1/n$$

을 의미한다. 이제, $y = p_1 - p_2$, $x = [p_2\alpha] - [p_1\alpha]$라 놓자. 그러면, $|y\alpha - x| < 1/n$이다. 여기서, $\gcd(x, y)$로 나누어도 구하는 부등식은 보존되므로, 수 x와 y는 서로소라고 할 수 있다. 그리고, $0 < y \le n$이므로, $|x/y - \alpha| < \frac{1}{ny} \le \frac{1}{y^2}$이다.

이제, $|x/y - \alpha| > 1/n_1$이 되도록 자연수 n_1을 잡자. 위에서 논의한 것에 의해, $|x_1/y_1 - \alpha| < \frac{1}{n_1 y_1} < |x/y - \alpha|$인 수의 쌍 x_1, y_1을 얻을 수 있다. 이와 같은 방법으로, 수없이 많은 서로 다른 수들의 쌍 x, y를 얻을 수 있다.

17.12. 우선, 수 C가 정수라고 가정하자. 수 1과 $k = 0, 1, \ldots, C-1$에 대해 수들 $k\alpha - [k\alpha]$을 생각하자. 이들 $C+1$개의 수는 선분 $[0, 1]$에 속하므로, 이들 중에서 어떤 두 점 사이의 거리는 $1/C$을 넘지 않는다. 만약, 수 $k_1\alpha - [k_1\alpha]$과 $k_2\alpha - [k_2\alpha]$이 그러한 수들이라면$(k_1 < k_2)$, $x = k_2 - k_1$, $y = [k_2\alpha] - [k_1\alpha]$라 놓자. 그러면, $0 < x < C$이고,

$$|x\alpha - y| = |k_1\alpha - [k_1\alpha] - (k_2\alpha - [k_2\alpha])| \le \frac{1}{C}.$$

만약, 수 $k\alpha - [k\alpha]$과 1이 그러한 수들이라면, $x = k$, $y = [k\alpha] + 1$라 놓자. 그러면,

$$|x\alpha - y| = |k\alpha - [k\alpha] - 1| \le \frac{1}{C}.$$

이로부터, $x \ne 0$이 유도된다.

이제, 수 C가 정수가 아니라고 하자. 정수 $C' = [C] + 1$을 생각하자. 방금 전에 증명한 것과 같이, 자연수 x와 정수 y를 $x < C'$, $|x\alpha - y| \le \frac{1}{C'} < \frac{1}{C}$이 되도록 잡을 수 있다. 수 C는 정수가 아니므로, C'을 넘지 않는 임의의 정수는 C를 넘지 않는다. 결국, $x < C$이 성립한다.

17.13. (a) $\Delta = b - a$라 놓자. 각각의 정수 m_1에 대해, n_1을 $0 \le m_1\alpha - n_1 \le 1$이 되도록 잡을 수 있다. 선분 $[0, 1]$을 길이가 각각 Δ보다 작은 합동인 선분들로 분할하자. 이들 선분의 개수를 k라 하자. 그러면, 수들 $m_1\alpha - n_1, \ldots, m_{k+1}\alpha - n_{k+1}$ 중에 같은 선분에 속하는 두 수가 존재한다. 큰 수에서 작은 수를 빼자: $m_p\alpha - n_p - (m_q\alpha - n_q) = t$. 그리고, $0 \le t < \Delta$이 자명하다. 게다가, $\alpha = \frac{n_p - n_q}{m_p - m_q}$는 유리수이므로, $t \ne 0$이 성립한다.

정수 N에 대해, Nt꼴인 수들을 생각하자. 이들 수 각각은 $m\alpha - n$꼴을 가진다. $0 < t < \Delta$으로부터, 이 수들 중에서 적어도 하나는 a와 b사이에 놓여있다는 것이 유도된다.

(b) 수 t를 $M\alpha - N$꼴로도 $-M\alpha + N$꼴로도 잡을 수 있다는 것을 증명하자(단, M, N은 자연수). $t = M\alpha - N$라 하자. 0과 t사이에는 $m\alpha - n$꼴인 무한히 많은 수들이 존재한다(단, m, n은 정수). 이들 모든 수에서 $m > 0$이라고 가정하자. 그러면, 이들 중 하나에 대해, $m > M$이고, 그러한 경우에 수 $t = M\alpha - N - (m\alpha - n)$가 구하는 수이다. 만약, $t = -M\alpha + N$이면, 유사한 방법으로 구할 수 있다.

17.14. (a) 적힌 수들 중에서 가장 작은 수를 잡을 수 있다. 실제로, 우선 적힌 임의의 수 n을 잡는다. 만약, 택한 수보다 더 작은 수가 존재하면, 다음 단계에서 그 수를 잡는다 등등. 우리는 n개 보다 많지 않는 서로 다른 수들을 택할 수 있으므로, 이 과정은 유한하다.

m을 적힌 수들 중에서 가장 작은 수라 하고, 이것에 인접한 수들을 a, b, c, d라 하자. 그러면, $a \geq m$, $b \geq m$, $c \geq m$, $d \geq m$, $a + b + c + d = 4m$이므로, $a = b = c = d = m$이다.

장기판에서 처음에 수평을 따라, 그리고 나서 수직을 따라 가면, 장기판의 임의의 위치에서 다른 위치로 갈 수 있다. 그러므로, 모든 위치에 같은 수 m이 적혀있다.

(b) 16개의 칸으로 만들어진 정사각형을 생각하고, 이로부터 네 귀퉁이의 칸을 잘라내자. 남은 12개의 칸들 중에서 최소값이 적힌 칸을 택한다(만약, 그러한 칸이 몇 개가 된다면, 이들 중에서 어느 것을 택해도 된다). 선택된 칸은 요구된 성질을 가진다.

17.15. 가장 큰 수 a가 귀퉁이에 적혀있지 않다고 가정하자. 그러면, 표에서 a에는 네 개의 인접한 수들 a_1, a_2, a_3, a_4이 있으며, 이때 $a = (a_1 + a_2 + a_3 + a_4)/4$이다. 그리고, $a > a_1$, $a > a_2$, $a > a_3$, $a > a_4$이 성립한다. 그러므로, $a > (a_1 + a_2 + a_3 + a_4)/4$이다. 이로부터, 모순이 유도된다.

17.16. 우선, 모든 추가 동시에 짝수인 무게 또는 홀수인 무게를 가진다는 것을 증명하자. 12개의 추를 무게가 같도록 양팔저울의 양쪽에 6개씩 담았다고 하자. 그리고, 무게가 ag인 추를 따로 놓아 두었으며, 양팔저울에 있는 추들 중에서 하나의 무게가 bg이며, 수 a와 b는 서로 다른 홀짝성을 가지고 있다고 가정하자. 추 a와 b를 바꾸고, 다시금 추들이 서로 균형을 이루도록 배치하자. 양팔저울의 양쪽에는 각각 추 전체의 무게가 $\frac{1}{2}|a - b|$만큼 변화되었으며, 이로부터 수 $|a - b|$는 짝수가 된다.

모든 추의 무게가 같지는 않다고 가정하자. 각각의 추의 무게로부터 가장 작은 추의 무게를 빼자. 그러면, 다시금 문제의 조건을 만족시키는 추들을 얻게 된다(이때, 얻어진 추들 중에 적어도 하나는 무게가 0이다). 새로운 모든 추들은 짝수인 무게를 가지며 처음 추보다는 가볍다. 각각의 추의 무게를 반으로 나누면(무게가 0인 추도 포함하여), 다시금 문제의 조건을 만족시키는 추들을 얻게 된다. 만약, 이때 홀수인 무게의 추들을 얻지 못한다면, 다시금 전체 추의 무게를 이등분하고 등등. 결국, 문제의 조건을 만족시키는, 짝수(0을 포함하여)인 무게의 추들과 홀수인 무게의 추들을 얻게 된다. 그러나, 이미 그러한 것이 불가능하다는 것을 증명하였다.

17.17. (a) 택한 수들의 가장 큰 홀수인 약수들을 살펴보자. 1에서 200까지의 수들은 서로 다른 홀수인 최대 약수들 1, 3, $\ldots$, 199, 즉 100개를 가진다. 결국, 택한 수들 중에서 두 수는 홀수인 최대 약수로 같은 수를 가진다. 이것은, 택한 두 수가 2의 거듭제곱만큼 차이가 난다는 것을 의미한다. 이들 중에서 큰 수는 작은 수로 나누어 떨어진다.

(b) 수들 1, 2, 3, $\ldots$, 199, 200 중에서 100개의 수를 어떤 한 수도 다른 수로 나누어 떨어지지 않도록 잡았다고 가정하자. 택한 수들 중에서 16보다 작은 수가 없다는 것을 증명하면 된다. 택한 모든 수들에 대한 가장 큰 홀수인 약수를 생각하자. 만약, 두 수에 대한 홀수인 최대 약수가 일치하면, 이들 중의 하나는 다른 수로 나누어 떨어진다. 그러므로, 택한 수들에 대한 홀수인 최대 약수들은 1, 3, 5, $\ldots$, 199이다. 특히, 택한 수들 중에는 홀수인 최대 약수로 1, 3, 9, 27, 81을 가지는 수들이 존재한다.

택한 수들 중의 어느 것도 다른 수로 나누어 떨어지지 않으므로, 홀수인 최대 약수 27을 가지는 택한 수는 2로 나누어 떨어지며, 홀수인 최대 약수 9를 가지는 수는 2^2으로 나누어 떨어지며, 홀수인 최대 약수 3을 가지는 수는 2^3으로 나누어 떨어지며, 홀수인 최대 약수 1을 가지는 수는 2^4로 나누어 떨어진다. 결국, 택한 수들 중에는 1, 2, 3, 4, 6, 8, 9, 12가 존재하지 않는다.

그리고 나서, 홀수인 최대 약수 5, 15, 45을 가지는 택한 수들을 살펴보면, 택한 수들 중에는 5, 10, 15가 존재하지 않는다는 것을 알 수 있으며, 홀수인 최대 약수 7, 21, 63을 가지는 택한 수들을 살펴보면, 택한 수들 중에는 7, 14가 존재하지 않는다는 것을 알 수 있다. 같은 방법으로, 홀수인 최대 약수 11, 33을 가지는 수들을 생각하면, 택한 수들 중에는 11이 존재하지 않는다는 것을 알 수 있으며, 홀수인 최대 약수 13, 39을 가지는 택한 수들을 생각하면, 수 13이 존재하지 않는다는 것을 알 수 있다.

17.18. 끝에서(최종적으로) m개의 박테리아가 되는, 어떤 박테리아가 두 개의 박테리아로 분할되었다고 하자. 이들 두 자매 박테리아로부터 최종적으로 m'과 m''개의 박테리아가 얻어지며, $m' + m'' = m$이다. 즉, 수들 m', m'' 중의 하나는 $m/2$보다 작지 않다. 매번 어떤

박테리아의 후손의 수가 그 박테리아의 자매의 수보다 적지 않은 박테리아를 택하자. 그러면, 결과적으로 수열 $n = a_1 > a_2 > \cdots > a_k = 1$을 얻게 되며, $a_i \geq a_{i-1}/2$이다(단, a_i는 택한 박테리아의 후손의 수임). 그리고, 번호 i를 $a_i \geq 2a > a_{i+1}$이 되도록 잡자. 그러면, $a_{i+1} \geq a_i/2 \geq a$이고, 결국 $a \leq a_{i+1} \leq 2a - 1$이다.

17.19. 답: $y = z = 0$.
수 x_n, y_n, z_n는 음이 아니므로, 수 x, y, z도 음이 아니다. 만약, 모든 수 x, y, z가 양수였다면, 수 x_1, y_1, z_1에서 가장 큰 수는 수 x, y, z에서 가장 큰 수보다 작았을 것이며, 이때 수 x_n, y_n, z_n 중에서 가장 큰 수는 수 x, y, z 중의 가장 큰 수보다 작았을 것이다. 그러므로, 수 x, y, z 중에는 0이 존재한다. 같은 방법으로, 수들 x_1, y_1, z_1 중에 0이 존재한다는 것을 증명할 수 있다($n = 1$인 경우에는 $x_1 = x$, $y_1 = y$, $z_1 = z$이므로, 아무 것도 증명할 것이 없다). 이것은 수 x, y, z 중에서 두 개가 같다는 것을 의미한다. 결국, 수 x, y, z의 묶음(순서를 생각하지않음)은 0, 0, 1 또는 0, 1, 1와 같다. 그리고, 두 번째 묶음은 요구된 성질을 가지지 않는다.

17.20. 모든 수 x_1, x_2, $\ldots$, x_n이 같은 것은 아니라고 가정하자. 이들 중에서 가장 큰 수는 N로, 이들 수에서 k번 만나게 된다고 하자. 그러면, 새로운 수열에는 N을 초과하는 수가 없으며, 수 N은 $k-1$번보다 많지 않게 만나게 된다. 그러므로, 몇 번의 조작 후에는 최대값이 감소된다. 그리고, 최대값은 처음 수열의 최소값보다 작게 될 수 없다. 그러므로, 유한 번의 조작 후에 모든 수들은 같게 된다.

같은 수들의 모임이 모임 x_1, x_2, $\ldots$, x_n로부터 얻어졌다고 하자. 그러면, $x_1 = x_3$, $x_2 = x_4$, $\ldots$, $x_{n-1} = x_1$, $x_n = x_2$이다. 만약, n이 홀수라면, 모든 수 x_1, $\ldots$, x_n는 같다. 만약, n이 짝수라면, $x_1 = x_3 = \cdots = x_{n-1} = a$, $x_2 = x_4 = \cdots = x_n = b$이다.

이제, 만약 $a \neq b$이면, 수들 x_1, x_2, $\ldots$, x_n의 그러한 모임이 모임 y_1, y_2, $\ldots$, y_n로부터 얻어질 수 없음을 증명하면 된다. 실제로,

$$\frac{y_1+y_2}{2} = \frac{y_3+y_4}{2} = \cdots = \frac{y_{n-1}+y_n}{2} = a, \quad \frac{y_2+y_3}{2} = \frac{y_4+y_5}{2} = \cdots = \frac{y_n+y_1}{2} = b$$

라 하자. 그러면, $y_1 + y_2 + \cdots + y_n = 2na$, $y_2 + y_3 + \cdots + y_n + y_1 = 2nb$이다. 그러므로, $a = b$가 성립한다.

제 18 장

불변량과 반불변량

제 1 절 나머지

18.1. 원주를 따라 심겨진 44그루의 나무에 44마리의 새가 앉았다(나무마다 한 마리씩). 이때, 한 마리는 시계방향으로, 다른 한 마리는 시계반대방향으로 인접한 나무로 날아갔다. 이와 같은 방법으로, 두 마리씩의 새들이 인접한 나무로 날아간다고 할 때, 모든 새들이 한 나무에 모일 수 있는가?

18.2. 세 수의 쌍 (a, b, c)에 대해, 다음과 같은 조작을 수행할 수 있다: 한 수를 2만큼 증가시키며, 동시에 나머지 두 수는 1만큼 감소시킨다. 이러한 조작을 이용하여, 세 수의 쌍 $(13, 15, 17)$으로부터 두 수가 0인 세 수의 쌍을 얻을 수 있는가?

18.3. 수열 1, 0, 1, 0, 1, 0, ...을 생각하자. 수열에서 7번째 항부터는 바로 앞에 있는 여섯 개 항을 더하여, 그 합의 일의 자리 숫자를 항으로 삼는다. 이 수열에서 여섯 개의 수 0, 1, 0, 1, 0, 1이 순서대로 나타나지 않는다는 것을 증명하여라.

제 2 절 반불변량

18.4. $a_1 \le a_2 \le \cdots \le a_n$, $b_1 \le b_2 \le \cdots \le b_n$, $\sigma(1), \ldots, \sigma(n)$는 수들 $1, \ldots, n$의 임의의 치환이라 하자. 이때, 다음을 증명하여라.

$$\sum a_i b_{n-i} \le \sum a_i b_{\sigma(i)} \le \sum a_i b_i.$$

18.5. N명의 군인이 한 줄로 앞을 보며 서 있다(어깨에 어깨를 붙이고). 좌향좌라는 구령에 모든 군인이 $90°$만큼 돌하였는데, 몇몇은 왼쪽으로 돌았고 몇몇은 오른쪽으로 돌았다. 그리고 나서, 1초 후에 옆사람과 얼굴을 마주보고 있는 병사들은 $180°$만큼 돌았다. 그리고 나서, 1초 후에 옆사람과 얼굴을 맞대고 있는 병사들은 $180°$를 돌았다 등등.

(a) 각 병사가 $180°$만큼 돌은 회수는 $N-1$번보다 많지 않다는 것을 증명하여라.

(b) 일렬로 서는데 걸리는 시간이 $N-1$초를 넘지 않는다는 것을 증명하여라.

18.6. 합이 양수인 정수 x_1, x_2, x_3, x_4, x_5을 원주를 따라 놓았다. 만약, $x_i < 0$이면, 수 x_{i-1}, x_i, x_{i+1}을 $x_{i-1}+x_i$, $-x_i$, $x_{i+1}+x_i$으로 대치한다($x_{i+5} = x_5$임). 그러한 조작을 유한번 반복하면, 모든 수는 음이 아닌 수가 된다는 것을 증명하여라.

제 3 절 치환의 짝홀성

여기서는 수들의 치환의 짝홀성을 살펴보고, 이 개념이 잘 정의되었다는 것을 증명하자(문제 18.7). 치환의 짝홀성 개념은 게임 "15"의 분석에 사용된다(문제 18.8). 그리고 나서, 임의의 치환은 호환의 합성이라는 것을 증명하며(문제 18.9), 치환의 짝홀성 정의의 타당성에 대한 다른 증명을 제시할 것이다(문제 18.10, 18.11).

수열 $a_1, \ldots, a_n$에서 임의의 두 수의 치환을 **호환**이라 부른다. 즉, 호환에서 수열 $a_1, \ldots, a_i, \ldots, a_j, \ldots, a_n$는 $a_1, \ldots, a_j, \ldots, a_i, \ldots, a_n$이 된다.

18.7. $\sigma(1), \sigma(2), \ldots, \sigma(n)$은 수 $1, 2, \ldots, n$의 어떤 치환이라 하자. 이 치환은 두 가지 서로 다른 방법으로 몇몇 개의 호환으로부터 얻어졌다고 하자: 첫 번째는 m_1개의 호환에 의해, 그 다음은 m_2개의 호환에 의해. 이때, m_1과 m_2는 홀짝성이 같다, 즉 $m_1 - m_2$는 2로 나누어 떨어진다는 것을 증명하여라.

18.8. 게임 "15"는 다음과 같은 게임을 말한다. 한 변이 4인 정사각형에 단위 정사각형 크기의 말이 15개 놓여있다. 말에는 1에서 15까지 수들이 각각 적혀 있다.

1	2	3	4
5	6	7	8
9	10	11	12
13	14	15	

빈 칸과 변을 공유하는 말은 빈 칸으로 이동할 수 있다면, 14와 15가 적힌 말의 위치를 서로 바꿀 수 있는가? 이때, 처음의 빈칸은 14와 15를 바꾼 후에도 그대로 빈칸으로 남아야 한다.

18.9. 수들 $1, \ldots, n$의 임의의 치환은 $1, \ldots, n$에 대한 몇몇 호환들에 의해 얻어진다는 것을 증명하여라.

수 $1, \ldots, n$에 짝수번의 호환을 사용하여 얻어지는 치환을 우치환(짝치환)이라 하며, 그렇지 않은 치환을 기치환(홀치환)이라 부른다. 문제 18.7은 이러한 정의가 타당함을 보여준다.

18.10. σ은 수 $1, \ldots, n$에 대한 어떤 치환이라 하자. $i < j$이면 $\sigma(i) > \sigma(j)$인 임의의 쌍 $i < j$을 불변량이라 부르자. 치환의 짝홀성은 모든 불변량 개수의 짝홀성과 일치한다는 것을 증명하여라.

수 $1, \ldots, n$의 각각의 치환 σ는 순환의 곱으로 다음과 같이 나타낼 수 있다. $\sigma(a_1) = a_2$, $\sigma(a_2) = a_3$, $\ldots$, $\sigma(a_k) = a_1$이고, 수 $a_1, a_2, \ldots, a_k$는 서로 다른 수들

이라 하자. 그러면, a_1, a_2, ..., a_k을 순환의 형태로 재배열할 수 있으며, 이 순환을 $(a_1, a_2, \ldots, a_k)$와 같이 나타내자. 이때, $(a_2, a_3, \ldots, a_k, a_1)$도 같은 순환을 나타낸다. $\sigma(a_1) = a_1$이면, 상응하는 순환을 (a_1)로 나타낸다. 이제, 1에서 n까지의 수들 중에서 첫 번째 순환에 속하지 않는 임의의 수를 잡아, 이 수가 포함된 순환을 만들자. 이와 같이 계속하면, 치환에 교차하지 않는 순환들의 묶음을 대응시킬 수 있다. 예를 들어, 치환 $\sigma(1) = 2$, $\sigma(2) = 1$, $\sigma(3) = 4$, $\sigma(4) = 3$에 순환의 곱 (12)(34)이 대응된다.

18.11. (a) 수들 1, ..., n의 치환 σ가 m개의 순환의 곱이라 하자. 이 치환을 실행한 다음에, 임의의 두 수의 자리를 바꾸자. 그러면, $m \pm 1$개의 순환의 곱인 치환이 얻어진다는 것을 증명하여라.
(b) 치환이 우치환일 필요충분조건은 수 $n - m$이 짝수임을 증명하여라.

힌트 및 증명

18.1. 답: 가능하지 않다.
나무들에 시계방향으로 번호를 붙이자. 어떤 순간에 k번째 나무에 n_k마리의 새가 앉아있다고 하자. 이제, 합 $n_1 + 2n_2 + \cdots + 44n_{44}$을 생각하자. 만약, 새 한 마리가 시계방향을 따라 인접한 나무로 이동했으면, 이 합은 1만큼 증거하거나 또는 43만큼 감소하며, 시계반대방향으로 이동하면, 1만큼 감소하거나 또는 43만큼 증가한다. 그러므로, 새들이 동시에 이동할 때에 이 합을 44로 나눈 나머지는 변하지 않는다. 우선, 합은

$$1 + 2 + \cdots + 44 = \frac{44 \cdot 45}{2} = 990$$

이며, 44로 나눈 나머지는 22이다. 만약, 새들이 한 나무로 몰렸다면, 합은 44로 나누어 떨어졌을 것이다. 그러므로, 새들은 한 나무에 모일 수 없다.

참고. 이 풀이는 나무의 수와 새의 수가 짝수인 경우에 가능하며, 홀수인 경우에는 새들이 한 그루의 나무에 모일 수 없다는 것을 보여주는 예를 쉽게 만들 수 있다.

18.2. 답: 불가능하다.
기술한 조작에 의해, 처음 두 수 (a, b)는 $(a-1, b-1)$ 또는 $(a+2, b-1)$ 또는 $(a-1, b+2)$로

바뀐다. 이들 모든 경우에서, 수 $a-b$를 3으로 나눈 나머지는 변하지 않는다. 수 13과 15는 3으로 나누어 다른 나머지를 가진다. 그러므로, 세 수의 쌍 $(13, 15, 17)$으로부터 두 개의 0과 $45 = 13 + 15 + 17$로 된 쌍을 얻을 수 없다.

18.3. 여섯 개의 수들 $(x_1, \ldots, x_6)$을 $(x_2, x_3, \ldots, x_6, x_7)$으로 바꿀 것이다(단, x_7은 수 $x_1 + \cdots + x_6$의 마지막 숫자임). 이제, 이러한 조작에 의해, 수 $S(x_1, \ldots, x_6) = 2(x_1 + 2x_2 + 3x_3 + 4x_4 + 5x_5 + 6x_6)$의 마지막 숫자가 변하지 않는다는 것을 보이자. 실제로, $S(x_2, \ldots, x_7) - S(x_1, \ldots, x_6) = 12x_7 - 2(x_1 + \cdots + x_6) \equiv 2\big(x - 7 - (x_1 + \cdots + x_6)\big) \equiv 0 \pmod{10}$이다.

수 $S(1,0,1,0,1,0) = 18$, $S(0,1,0,1,0,1) = 24$의 마지막 숫자는 서로 다르므로, 고찰하는 수열에서 여섯 개의 수 0, 1, 0, 1, 0, 1을 차례대로 만날 수 없다.

18.4. 우선, σ, τ은 수 1, $\ldots$, n에 대한 치환이고, $\sigma(k) = \tau(k+1)$, $\sigma(k+1) = \tau(k)$, $\sigma(i) = \tau(i)$(단, $i \neq k$, $k+1$)라고 가정하자. 그러면, 만약 $\sigma(k+1) > \sigma(k)$이면, $\sum a_i b_{\sigma(i)} - \sum a_i b_{\tau(i)} = (a_{k+1} - a_k)(b_{\sigma(k+1)} - b_{\sigma(k)}) \geq 0$이다.

임의의 치환 σ를 잡자. 만약, $\sigma(k+1) > \sigma(k)$이면, 수 $\sigma(k+1)$와 $\sigma(k)$의 자리를 바꾸자. 그러면, 새로운 치환을 얻게 된다. 얻어진 치환에 똑같은 조작을 반복하자. 이때, 몇 차례의 조작 후에, 치환 n, $n-1$, $\ldots$, 1을 얻을 수 있다. 이것은 부등식 $\sum a_i b_{n-i} \leq \sum a_i b_{\sigma(i)}$을 증명한다. 만약, $\sigma(k+1) < \sigma(k)$인 경우에 $\sigma(k+1)$와 $\sigma(k)$의 자리를 바꾸면, 이러한 조작을 몇 차례의 반복하여 치환 1, 2, $\ldots$, n을 얻을 수 있다. 이것은 부등식 $\sum a_i b_{\sigma(i)} \leq \sum a_i b_i$을 증명한다.

18.5. (a) 주어진 병사에게로 얼굴을 향하는 모든 병사의 수를 m이라 하자. 그러면, 이 병사는 m번보다 많지 않게 $180°$만큼 돈다. 실제로, 병사가 돌지 않는 경우에는 m의 값은 변하지 않고, 병사가 도는 순간에서는 m이 1만큼 감소한다. 이제, $m \leq N-1$을 생각하면 된다.

(b) N에 대한 수학적 귀납법을 이용하자. $N=1$인 경우에, 명제는 성립한다. $N \geq 2$라 하자. 맨 오른쪽에 있는 두 병사, 즉 가장 끝에 있는 병사와 그 옆에 있는 병사를 살펴보자. 만약, 맨 오른쪽에 있는 병사가 오른쪽을 보면, 그는 더 이상 회전하지 않을 것이며, 이 병사는 옆에 있는 병사와 서로 얼굴을 마주보고 설 수가 없다. 이러한 경우에, 일렬로 서는데 걸리는 시간은 $N-1$명의 병사가 일렬로 서는데 걸리는 시간과 같다.

만약, 맨 오른쪽의 병사가 왼쪽을 바라보며, 옆에 있는 병사가 이 병사와 얼굴을 마주하고 있다면, 이들 두 병사는 $180°$만큼을 회전해야 한다. 그리고 나면, 맨 오른쪽에 있는 병사는 오른쪽을 보게 될 것이다. 이 경우에, $N-1$의 대열에서 걸리는 시간에 1초가 추가된다. 이제, 맨 오른쪽의 두 병사가 왼쪽을 보고 있는 경우만 더 생각하면 된다.

서로 얼굴을 마주하고 서 있는 병사들은 회전하지 않고, 서로의 자리를 바꾼다고 하자(즉, 얼굴을 마주하는 두 살마 각각은 한 걸음씩 앞으로 나간다). 이때, 걸리는 시간은 이전의 행동에 걸리는 시간과 같다고 하자. 이제, 오른쪽 끝에 있는 두 병사는 움직이지 않고 서 있거나 또는 앞으로 걸음을 진행할 것이다(대열의 왼쪽 끝의 방향으로). 이때, 끝에서 두 번째 병사(맨 끝의 병사 옆에 있는 병사)의 이동은 맨 끝에 있는 병사의 이동에 종속되지 않는다. 게다가, 맨 끝의 병사는 옆에 있는 병사로부터 두 걸음보다 많지 않게 떨어져 있다(즉, 이들 사이에는 한 사람보다 많은 병사가 있을 수 없음). 끝에서 두 번째 병사의 이동시간은 $N-1$명으로 된 대열에서 이 병사의 이동시간과 같다. 끝에서 두 번째 병사가 멈춘 후에, 맨 끝의 병사는 한 걸음을 진행할 수 있다. 그리고 나면, 어떤 이동도 없으며, 끝에서 두 번째 병사의 뒤에 있는 모든 병사들은 오른쪽을 보며, 앞에 있는 병사들은 왼쪽을 본다.

18.6. 우선, 기술한 조작에서 수들의 합이 변하지 않는다는 것을 생각하자. 각각의 쌍 $X=(x_1,x_2,x_3,x_4,x_5)$에 대해, $F(x)=\sum_{i=1}^{5}(x_i-x_{i+2})^2$라 놓자. 그리고, $x_i<0$, $Y=(x_{i-2},x_{i-1}+x_i,-x_i,x_{i+1}+x_i,x_{i+2})$라 하자. 계산해 보면,

$$F(X)-F(Y)=-2x_i(x_1+x_2+x_3+x_4+x_5)>0,$$

즉 $F(Y)<F(X)$임을 알 수 있다. 이것은, 각각의 조작에서 음이 아닌 정수 $F(X)$는 감소한다는 것을 의미한다. 그러한 과정은 무한히 오랫동안 계속될 수 없다.

18.7. 쌍쌍이 서로 다른 임의의 수들 $x_1, \ldots, x_n$을 잡아, 다음 수를 생각하자.

$$\prod_{i>j}\frac{x_i-x_j}{x_{\sigma(i)}-x_{\sigma(j)}}=\pm 1$$

이제, 만약 이 수가 1이면, 수 m_1과 m_2는 짝수이고, 이 수가 -1이면, 수 m_1과 m_2가 홀수라는 것을 보이자.

우선, σ를 호환, 즉 $\sigma(i)=j$, $\sigma(j)=i$, $\sigma(k)=k$(단, $k\neq i, j$)이라 가정하자. 편의상, $i<j$라 하자. 그러면, 살펴본 곱에 분수 $\frac{x_i-x_j}{x_j-x_i}=-1$이 포함된다. 쉽게, 각각의 $k\neq i,j$에 대해, 쌍 (k,i), (k,j)에 대응하는 분수들의 곱은 1이 된다는 것을 확인할 수 있다. 실제로, 만약 $k<i<j$이면, 곱 $\frac{x_i-x_k}{x_j-x_k}\cdot\frac{x_j-x_k}{x_i-x_k}$을 얻으며; 만약 $i<k<j$이면, $\frac{x_k-x_i}{x_k-x_j}\cdot\frac{x_j-x_k}{x_i-x_k}$; 만약 $i<j<k$이면, $\frac{x_k-x_i}{x_k-x_j}\cdot\frac{x_k-x_j}{x_k-x_i}$을 얻을 수 있다. 그리고, 모든 나머지 분수들은 1이다. 이와 같이, 한 호환에 대해 수 -1을 얻는다.

만약, 호환 σ 다음에, 다른 호환 τ를 수행하면, 얻어진 치환에 대해 고찰하는 수는 1이 된다. 왜냐 하면, 다음이 성립한다.

$$\frac{x_i - x_j}{x_{\tau(\sigma(i))} - x_{\tau(\sigma(j))}} = \frac{x_i - x_j}{x_{\sigma(i)} - x_{\sigma(j)}} \cdot \frac{\pm(x_{\sigma(i)} - x_{\sigma(j)})}{\pm(x_{\tau(\sigma(i))} - x_{\tau(\sigma(j))})}.$$

유사한 방법으로, 각각의 호환 후에 고찰하는 수는 부호가 바뀐다는 것이 증명된다.

18.8. 아니오, 불가능하다.
빈 칸에 번호 16을 부여하자. 그러면, 각각의 이동 후에, 수들 $1, \ldots, 16$에 대한 치환이 얻어진다. 이때, 각각의 이동은 호환으로 표현된다. 최종적으로, 호환 $14 \leftrightarrow 15$을 얻어야 한다.

빈 칸을 오직 짝수번의 이동, 즉 짝수 개의 호환을 수행해야 처음의 위치로 이동시킬 수 있다는 것을 보이자. 문제 18.7에 의해 이로부터, 호환을 얻는 것은 불가능하다는 것이 유도된다.

빈 칸이 처음 위치로 돌아오려면, 빈칸은 아래로 움직인 만큼 위로 움직이고, 오른쪽으로 움직인 만큼 왼쪽으로 움직여야 한다. 그러므로, 전체 이동의 수는 짝수이어야 한다.

18.9. 임의의 치환 $\sigma(1), \ldots, \sigma(n)$으로부터, 몇몇의 호환을 수행한 후에 묶음 $1, \ldots, n$을 얻을 수 있다는 것을 보이면 된다(이들 호환은 역순으로 행할 수도 있다). 만약, $\sigma(1) \neq 1$이면, 1과 $\sigma(1)$의 자리를 바꾼다. 그리고 나서, 새로운 묶음에서 $\sigma(2) \neq 2$이면 2와 $\sigma(2)$의 자리를 바꾼다.

18.10. 각각의 호환을 수행한 후에, 모든 불변량 개수에 대한 짝홀성이 변한다는 것을 증명하면 된다. 호환에 의해 수 $\sigma(i)$와 $\sigma(j)$이 자리를 바꾼다고 하자. 그러면, 불변량은 쌍 (i, k)와 (j, k)에 대해서만 출현할 수도 있고 또는 사라질 수도 있다. 쉽게, 불변량의 출현 또는 사라짐은 k가 i와 j사이에 포함되고, $\sigma(k)$가 $\sigma(i)$와 $\sigma(j)$사이에 포함될 때에 발생된다는 것을 알 수 있다. 그러나, 이 경우에, 모든 불변량은 동시에 출현하거나 사라진다.

18.11. (a) 호환에서 수 a와 b가 바뀐다고 하자. 이제, 두 가지 경우를 살펴보자.

(1) 수 a와 b가 하나의 순환 $(a, a_1, \ldots, a_p, b, b_1, \ldots, b_q)$에 포함된다. 그러면, 호환 후에, 이 순환으로부터 두 개의 순환 $(a, a_1, \ldots, a_p)$와 $(b, b_1, \ldots, b_q)$을 얻는다. 왜냐 하면, $a \to a_1$, $a_2 \to a_3, \ldots, a_p \to b \to a$, $b \to b_1, \ldots, b_q \to a \to b$이다. 나머지 순환은 바뀌지 않는다.

(2) 수 a와 b가 서로 다른 순환 $(a, a_1, \ldots, a_p)$와 $(b, b_1, \ldots, b_q)$에 속한다. 그러면, 호환 후에, 이들 두 순환으로부터 하나의 순환 $(a, a_1, \ldots, a_p, b, b_1, \ldots, b_q)$을 얻는다. 왜냐 하면, $a \to a_1, \ldots, a_p \to a \to b, b \to b_1, \ldots, b_q \to b \to a$이다.

(b) 모든 치환을 두 부류로 나누자: 수 $n - m$이 짝수인 치환들과 $n - m$이 홀수인 치환들. 첫 번째 부류는 항등치환 $1, 2, \ldots, n$을 포함한다(이 치환에서 $n - m = 0$). 두 번째 부류는 모든 호환을 포함한다($n - m = 1$). 문제 (a)에 의해, 호환의 사용은 부류를 변화시킨다. 그러므로, 항등치환으로부터 짝수개의 호환에 의해 얻어지는 치환들은 첫 번째 부류에 속하며, 항등치환으로부터 홀수개의 호환에 의해 얻어지는 치환들은 두 번째 부류에 속한다.

제 19 장

논리

제 1 절 논리적인 문제들

19.1. 세 개의 상자에 검은구슬, 흰구슬, 푸른구슬이 들어있다(각 상자에 구슬이 하나씩 들어있음). 첫 번째 상자에 '흰구슬'이라고 적혀있고, 두 번째 상자에 '검은구슬', 세 번째 상자에 '흰구슬 또는 푸른구슬'이라고 적혀있다. 그런데, 상자에 적힌 구슬의 색은 실제로는 전혀 맞지 않는다고 한다. 각 상자에 어떤 구슬이 들어있는가?

19.2. 한 여행자가 섬에 도착했는데, 섬주민의 일부는 항상 참을 말하고, 나머지는 항상 거짓을 말한다. 섬주민이 항상 거짓을 말하는 사람인지 참을 말하는 사람인지 알려면, 여행자는 어떤 질문을 해야 하는가?

19.3. 한 사람은 항상 참을 말하고, 다른 사람은 항상 거짓을 말한다. 이 두 사람이 같은 대답을 하도록 하려면, 어떤 질문을 두 사람에게 해야 하는가?

19.4. 어떤 사람은 항상 참을 말한다. 이 사람에게 같은 물음을 두 번 하여, 각각에 대해 서로 다른 대답을 하도록 하려 한다. 어떤 물음을 해야 하는가?

19.5. 8개의 물건이 주어졌는데, 이들 중에서 어떤 물건 하나를 추출해야 한다. 예 또는 아니오로 답할 수 있는 질문 3개를 이용하여, 추출해야 하는 물건을 찾아라.

19.6. 대학에 항상 참을 말하는 사람들과 거짓만을 말하는 거짓말쟁이들이 일하고 있다. 어느날, 대학에서 일하는 사람들 각각은 다음과 같은 두 가지 주장을 하였다.

(1) 대학에서 나보다 더 많이 일하는 10명은 없다.

(2) 대학에서 적어도 100명은 나보다 월급을 더 많이 받는다.

대학에서 일하는 모든 사람들의 일하는 양은 서로 다르며, 월급도 일하는 양에 상응한다고 한다. 대학에는 몇 명이 일하는가?

19.7. 세 명의 똑똑한 사람이 앞사람의 뒤통수가 보이도록 의자에 한 줄로 앉아있는데, 뒤쪽에는 누가 앉아있는지 보이지 않는다고 한다. 이들은 흰모자 세 개와 검은 모자 두 개가 있다는 것은 알고 있다. 세 사람은 눈을 감은 채로 모자를 하나씩 썼으며, 나머지 모자는 치워버렸다. 그리고 나서, 눈을 뜨고, 맨 뒤에 앉아있는 사람이 나는 내가 어떤 색의 모자를 썼는지 모르겠다고 말했다. 중간에 앉아있는 사람도 자신이 어떤 색의 모자를 썼는지 모르겠다고 말했다. 이제, 맨 앞에 앉은 사람은 자신이 어떤 색의 모자를 쓰고 있는지 알 수 있는가?

19.8. 몇 명의 똑똑한 사람들이 열차를 타고 여행하고 있었다. 열차가 터널을 지날 때, 유리창을 통해 먼지가 들어왔다. 승무원이 들어와서, 다음과 같이 말했다: ⟨여러분 중의 몇 사람은 얼굴이 더러워졌습니다. 그런데, 열차에는 물이 없어요. 잠시 후에, 큰 역들이 나타날 텐데, 거기서 밖으로 나가 얼굴을 씻을 수 있습니다.⟩

더럽혀진 사람들은 n번째 역에서 열차 밖으로 씻으려 나갔다. 먼지에 의해, 더럽혀진 사람은 모두 몇 명인가? 단, 열차 밖으로 얼굴을 씻으려 나갈 필요충분조건은 자신의 얼굴이 더럽혀졌다는 것을 정확하게 아는 것이다.

제 2 절 논리적인 역설들

거짓말쟁이의 역설

어떤 사람이 '내가 지금 하는 말은 거짓이다'라고 말했다. 이 말 자체는 거짓인가 또는 아닌가?

만약 이 말이 참이라고 가정하면, 이 말은 거짓이 되고, 만약 거짓이라고 가정하면, 이 말은 참이 된다.

이발사의 역설

시골 이발사는 자신의 시골에서 스스로를 면도하지 못하는 사람들만을 면도한다. 그는 스스로 면도하는가?

만약 그가 스스로를 면도하지 못한다고 가정하면, 그는 자신을 면도하고, 만약 스스로를 면도한다고 가정하면, 그는 자신을 면도해서는 안된다.

Rishar 역설

⟨천 개보다 많지 않는 알파벳을 포함하는 문장에 의해 유일하게 정의될 수 있는 수로 이루어진 모든 자연수들의 집합을 생각하자. 이러한 문장은 유한개이므로, 이 집합은 유한집합이다. 이 집합에 포함되지 않는 가장 작은 자연수를 생각하자.⟩

괄호 안에 포함된 문장은 천 개보다 작은 알파벳을 포함으로, 이 문장은 기술한 집합에서 한 자연수를 정의한다. 다른 한편으론, 이 문장은 이 집합에 포함되지 않는 자연수를 정의한다.

제 3 절 명제논리

p, q는 참(T) 또는 거짓(F)이 될 수 있는 명제라고 하자. 이들 명제로부터, 다음과 같은 합성명제를 만들 수 있다:

$\neg p$ — 부정: ⟨p는 성립하지 않는다⟩;

$p\&q$ — 연언: ⟨p 그리고 q가 성립한다⟩;

$p \vee q$ — 선언: $\langle p$ 또는 q가 성립한다$\rangle$;

$p \to q$ — 함의: $\langle p$로부터 q가 유도된다. 즉, 만약 p가 참이면, q는 참이다$\rangle$;

$p \leftrightarrow q$ — 동치: $\langle p$와 q는 동치이다$\rangle$.

이들 합성명제는 다음과 같은 진리값의 표를 가진다.

p q	$\neg p$	$p \& q$	$p \vee q$	$p \to q$	$p \leftrightarrow q$
T T	F	T	T	T	T
T F	F	F	T	F	F
F T	T	F	T	T	F
F F	T	F	F	T	T

종종, 연언에 대해 기호 $\wedge$를 사용하며, 동치에 대해서는 $\equiv$를 사용하기도 한다.

19.9. 다음 명제 각각에 대한 진리표를 만들어라.
(a) $p\&(\neg p)$; (b) $p \vee (\neg p)$; (c) $\neg(p\&q)$; (d) $(p \vee q) \vee (\neg p)$.

만약, 합성명제에 포함되는 모든 변수의 값에 대해 합성명제가 참이면, 그 합성명제를 **항등명제**라고 부른다.

19.10. 다음 명제가 항진명제인가?
(a) $p \vee (\neg p)$; (b) $(\neg(\neg p)) \equiv p$; (c) $\neg(p\&(\neg p))$; (d) $((p \to q) \to p) \to p$

19.11. 다음 명제들이 동치라는 것, 즉 같은 진리표를 가진다는 것을 증명하여라.
(a) $p\&q$와 $\neg((\neg p) \vee (\neg q)$; (b) $p \vee q$와 $\neg((\neg p)\&(\neg q)$;
(c) $p \to q$와 $(\neg q) \to (\neg p)$; (d) $p \equiv q$와 $(p \to q)\&(q \to p)$.

19.12. 임의의 주어진 진리표에 대해, 논리연결어 &, ¬, ∨를 이용하여
(a) 변수가 하나인 경우에; (b) 변수가 2개인 경우에; (c) 변수가 n개인 경우에 주어진 진리표를 가지도록 명제를 구성할 수 있다는 것을 증명하여라.

19.13. 섬의 주민 일부는 항상 참을 말하며, 나머지는 항상 거짓을 말한다. 한 여행객이 처음 만나는 섬주민 한 명에게 한 가지 질문만을 하여, 두 갈래길 중에서 어떤 길이 A마을로 가는 길인지 알려고 한다. 여행객은 어떻게 하면 되는가?

힌트 및 증명

19.1. 세 번째 상자에는 검은구슬만이 있을 수 있다. 흰구슬은 두 번째 상자에만 있을 수 있으며, 푸른구슬은 첫 번째 상자에 들어있다.

19.2. 다음과 같은 질문을 해야 한다: ⟨만약, 네가 항상 참을 말했었다면, 너는 '너는 거짓말쟁이인가?'라는 물음에 어떻게 답했을까?⟩. 항상 참을 말하는 사람은 이 물음에 아니오라고 답할 것이며, 항상 거짓을 말하는 사람은 예라고 답할 것이다.

19.3. 너는 항상 거짓을 말하는가?

19.4. 내가 너에게 오늘 무엇인가 물어봤는가?

19.5. 각각의 물건에 0에서 7까지의 번호를 붙이자. 추출해야 하는 물건이 묶음 $\{0,2,4,6\}$, $\{0,1,4,5\}$, $\{0,1,2,3\}$에 속하는가를 묻는 질문을 한다. i번째 물음에 '예'라고 답하면, $\epsilon_i = 0$이라 하고, 그렇지 않은 경우에는 $\epsilon_i = 1$이라 하자. 그러면, 뽑아야 하는 물건은 번호 $\epsilon_1 + 2\epsilon_2 + 4\epsilon_3$을 가진다.

실제로, 이진법 체계로 물건들의 번호를 매기자: $a_0 + a_1 \cdot 2 + a_2 \cdot 4$(단, $a_i = 0$ 또는 1). 그러면, k번째 물음을 다음과 같이 할 수 있다: ⟨a_{k-1}가 0인가?⟩

19.6. 답: 110
첫 번째 주장으로부터 가장 적게 일하며 참을 말하는 사람에 대해, 대학에는 참을 말하는 사람이 10명보다 많지 않다는 결론을 얻을 수 있으며, 가장 많은 일을 하며 거짓을 말하는 사람에 대해서는, 대학에는 참을 말하는 사람이 10명보다 적지 않다는 결론을 내릴 수 있다.

두 번째 주장으로부터 가장 월급을 많이 받는 참을 말하는 사람에 대해, 대학에는 거짓을 말하는 사람이 100명보다 적지 않으며, 가장 작은 월급을 받는 거짓을 말하는 사람에 대해서는, 대학에는 거짓을 말하는 사람이 100명보다 많지 않다는 것을 유도할 수 있다.이와 같이, 대학에는 참을 말하는 10명과 거짓을 말하는 100명이 일한다.

19.7. 답: 맨 앞에 앉은 사람은 자신이 흰색 모자를 썼다는 것을 안다.
만약, 앞에 앉은 두 명의 똑똑한 사람이 검은색 모자를 썼다면, 맨 뒤에 앉은 현명한 사람은 자신이 흰 모자를 썼다는 것을 알았을 것이다. 즉, 앞에 앉은 두 사람 중에서 한 명은 흰색 모자를 썼다.

한편, 맨 앞에 앉은 똑똑한 사람이 검은색 모자를 썼다면, 중간에 앉은 사람은 자신이 흰색 모자를 썼다는 것을 알았을 것이다. 결국, 맨 앞에 앉은 사람은 흰색 모자를 썼다.

19.8. 만약, n명의 똑똑한 사람의 얼굴이 더럽혀졌다면, 이들 모두는 n번째 역에서 씻으러 나간다는 것을 증명하자. $n = 1$인 경우에는 자명하다: 더럽혀진 사람은 나머지 모든 사람은 더럽혀지지 않았다는 것을 볼 것이고, 그는 누군가의 얼굴은 더럽혀졌다는 것을 알고 있다.

이제, n명보다 많지 않은 사람에 대해서 명제가 증명되었다고 가정하자. $n + 1$명의 얼굴이 더럽혀진 경우를 살펴보자. 더럽혀진 사람 각각은 다음과 같이 생각할 것이다. 두 가지 경우가 가능한데, 첫 번째는 내가 더럽혀지지 않았다; 두 번째는 내가 더럽혀졌다. 첫 번째 경우에서는, n명이 더럽혀졌고 이들은 n번째 역에서 나갈 것이다. 그러므로, n번째 역까지 나는 나가면 안된다. 왜냐하면, 첫 번째 경우가 가능하므로. 그러나, n번째 역에서 아무도 나가지 않으면, 이것은 내가 더럽혀져있다는 것을 의미한다.

19.9. 답: (a) FF; (b) TT; (c) FTTT; (d) TTTT.

19.10. 답: 그렇다.
(d)의 경우에는 명제 $(p \to q) \to p$의 진리표는 TTFF과 같은 진리값을 가진다는 것을 생각하면 된다.

19.11. 쉽게 모든 진리표를 만들 수 있다.

19.12. (a) 쉽게, 명제 p, $\neg p$, $p\&\neg p$, $p \vee \neg p$은 모든 가능한 진리표에 대응된다는 것을 볼 수 있다.

(b) 명제 $p\&q$, $p\&(\neg q)$, $\neg p\&q$, $\neg p\&(\neg q)$은 변수 p, q에 대한 네 쌍의 값들 중 하나에 대해 T의 값을 가진다. 두 쌍, 세 쌍 또는 네 쌍에서 진리값으로 T를 가지는 명제를 얻으려면, 논리연결어 선언을 사용하면 된다. 예를 들어, (p,q) =(T,T) 또는 (p,q) =(T,F)이면, 명제 $(p\&q) \vee (p\&\neg q)$는 T값을 가진다. 변수의 모든 쌍에 대해, $p\&\neg p$는 F값을 가진다. 이제, 모든 진리표에 대해 요구된 명제들을 만들었다. 모든 네 쌍의 변수값에 대해 T값을 가지는 명제는 쉽게 만들 수 있다는 것, 즉 명제 $p \vee \neg p$을 잡으면 된다는 것을 생각하자.

(c) n개의 변수에 대한 풀이는 두 개의 변수에 대한 풀이와 똑같다. 명제 $p_1\&\neg p_1$은 변수들의 모든 쌍에 대해 F값을 가진다. 명제 $p_1\&p_2\&\ldots\&p_n$, $\neg p_1\&p_2\&\ldots\&p_n$ 등은 변수들 값의 한 쌍에 대해만 T값을 가진다(그러한 명제들은 변수들 값의 서로 다른 쌍의 개수만큼, 즉 2^n개를 만들 수 있다). 주어진 진리값들의 쌍에 대해 T값을 가지는 명제들은 이들 명제로부터 논리연결어 선언을 이용하여 만들 수 있다.

19.13. p는 길이 A로 향한다는 명제이고, q는 만난 섬주민이 참을 말한다는 명제라고 하자. 기대되는 대답들과 요구된 명제의 진리값에 대한 표는 다음과 같다.

p	q	기대되는 대답들	진리표
T	T	예	T
T	F	예	F
F	T	아니오	F
F	F	아니오	T

이제, 요구된 명제는 문제 19.12에서와 같은 방법으로 만들 수 있다. 이것은 명제 $(p\&q) \vee (\neg p\&\neg q)$이다. 즉, 다음과 같이 물을 수 있다:⟨당신이 항상 참을 말하고 이 길이 A마을로 간다 또는 당신이 항상 거짓을 말하고 이길이 A마을로 가지 않는다는 명제가 올바른가?⟩. 섬주민이 '예'라고 답할 필요충분조건은 길이 A로 향하는 것이다.

참고. 명제 $(p\&q) \vee (\neg p\&\neg q)$의 진리표가 명제 $p \leftrightarrow q$의 진리표와 일치한다는 것을 쉽게 확인할 수 있다. 그러므로, 다음과 같이 물을 수도 있다: ⟨당신이 항상 참을 말하는 사람일 필요충분조건은 이 길이 A로 향하는 것이라는 명제가 올바른가?⟩.

찾아보기

한인기

한국교원대학교 수학교육과 졸업
모스크바국립사범대학교 수학과 교육학박사(Ph.D.)수학교육학 전공
경상대학교 사범대학 수학교육과 부교수
E-mail : inkiski@gsnu.ac.kr

대학수학, 제7차 교육과정과 교과서, 평면기하학의 기초,
세계의 학교교육과 교사양성교육, 교사를 위한 수학사,
유추를 통한 수학탐구, 수학교육의 기초와 실제,
대수·기초해석·조합의 탐구문제들(상),(하)
문제해결의 이론 및 실제

[개정판]
대수·기초해석·조합의 탐구문제들(상)

2006년 8월 10일 초 판 발행
2022년 11월 25일 개정판 2쇄 발행

저 자 / Prasolov V.V.
역 자 / 한인기
발행자 / 오판근
발행처 / 교우사

주 소 / 서울 동대문구 약령시로 8 교우빌딩 2층
전 화 / 925-2861(대),편집부 / 925-2825
팩 스 / 925-2860
E-mail / kyowoo@kyowoo.co.kr
http: // www. kyowoo. co. kr
등록 / 1994. 3. 24 제6-0256호

ISBN 978-89-8172-589-1 (93410)

값 23,000원